北大社 "十三五"职业教育规划教材

e联网+ 高职高专土建专业"互联网+"创新规划教材

全新修订

U0187602

建筑工程施工组织

主 编◎刘晓丽 谷莹莹 尚 华

副主编◎徐 敏 曹 玉 朱淳钊 马升军

主 审◎冯 钢

北京大学出版社

PEKING UNIVERSITY PRESS

内 容 简 介

本书系统地阐述了建筑工程施工组织的主要内容,包括建筑施工组织认知、流水施工的基本原理、网络计划技术、施工准备工作、单位工程施工组织设计、施工组织总设计及施工进度控制等知识。

本书采用全新体例编写,除附有大量工程案例外,还增加了知识链接、应用案例等模块,并在书中添加了大量的二维码资源。此外,各学习项目后还附有单选题、多选题、简答题、计算题等多种题型供读者练习。

本书可作为高等职业教育工程造价、工程管理、建筑施工技术等专业的教学用书,也可供相关专业人员学习参考,还可为备考执业资格考试的人员提供参考。

图书在版编目(CIP)数据

建筑工程施工组织/刘晓丽,谷莹莹,尚华主编.—北京:北京大学出版社,2020.1
高职高专土建专业"互联网+"创新规划教材
ISBN 978-7-301-30953-7

Ⅰ.①建… Ⅱ.①刘… ②谷… ③尚… Ⅲ.①建筑工程—施工组织—高等职业教育—教材 Ⅳ.①TU721

中国版本图书馆 CIP 数据核字(2019)第 274021 号

书 名	建筑工程施工组织	
	JIANZHU GONGCHENG SHIGONG ZUZHI	
著作责任者	刘晓丽　谷莹莹　尚　华　主编	
策 划 编 辑	杨星璐	
责 任 编 辑	伍大维	
数 字 编 辑	蒙俞材	
标 准 书 号	ISBN 978-7-301-30953-7	
出 版 发 行	北京大学出版社	
地 址	北京市海淀区成府路 205 号　100871	
网 址	http://www.pup.cn　新浪微博:@北京大学出版社	
电 子 邮 箱	编辑部 pup6@pup.cn　总编室 zpup@pup.cn	
电 话	邮购部 010-62752015　发行部 010-62750672　编辑部 010-62750667	
印 刷 者	河北滦县鑫华书刊印刷厂	
经 销 者	新华书店	
	787 毫米×1092 毫米　16 开本　18.25 印张　423 千字	
	2020 年 1 月第 1 版　2023 年 7 月修订　2024 年 12 月第 7 次印刷	
定 价	45.00 元	

本书以培养高质量的工程技术类人才为目标，在编写过程中以"必需、够用"为度，以"实用"为准，关注现代理论与实践的发展趋势，不断进行内容更新，在自编教材的基础上经过多轮教学实践，结合教学中的反馈，进行反复的修改、补充和完善。本次修订，融入了党的二十大精神，全面贯彻党的教育方针，把立德树人融入本教材，使其贯穿思想道德教育、文化知识教育和社会实践教育各个环节。

通过对本书的学习，读者可以掌握建筑工程施工组织管理的基本理论和操作技能，具备自行编制施工组织总设计和单位工程施工组织设计的能力。

全书内容可按照48～78学时安排授课，推荐学时分配：项目1，4～6学时；项目2，10～14学时；项目3，10～16学时；项目4，4～8学时；项目5，6～10学时；项目6，6～12学时；项目7，8～12学时。教师可灵活安排学时，课堂重点讲解主要知识模块，其中的知识链接、应用案例和习题等模块可安排学生课后阅读和练习。

同时，本书还通过添加二维码的方式在书中知识点旁边链接了大量学习资源，方便读者使用手机学习更多拓展内容。

本书由济南工程职业技术学院刘晓丽、谷莹莹和济南四建（集团）有限责任公司尚华担任主编，由安徽国防科技职业学院徐敏、济南工程职业技术学院曹玉、湖北工程职业学院朱淳钊和山东营特建设项目管理有限公司马升军担任副主编，济南工程职业技术学院冯钢教授担任主审。本书具体编写分工如下：刘晓丽编写项目2和项目6，谷莹莹编写项目3和项目5，徐敏编写项目1，曹玉编写项目4，刘晓丽和朱淳钊共同编写项目7，尚华和马升军为本书提供了大量实际案例并参与了书中案例的编写。全书由刘晓丽和谷莹莹负责统稿和审定。

本书在编写过程中引用了大量专业文献和资料，在此对有关文献的作者和资料的整理者表示深深的感谢。

由于编者水平有限，加之时间仓促，书中难免存在疏漏和不足之处，恳请广大读者批评指正。

编　者

【资源索引】

目 录

项目 **1** 建筑施工组织认知

了解建筑施工组织设计的概念、作用和分类；熟悉建筑产品及施工的特点；掌握建设程序、施工程序的内容；能够根据基本建设程序和建筑产品施工的特点初步设计施工组织设计的内容。

能力目标	知识要点	权重
了解建筑施工组织设计的概念、作用和分类	建筑施工组织设计的概念、作用和分类	20%
熟悉建筑产品及施工的特点；掌握建设程序、施工程序的内容	(1) 建筑产品的特点、建筑产品施工的特点 (2) 基本建设程序、建筑施工程序	50%
能够根据基本建设程序和建筑产品施工的特点初步设计施工组织设计的内容	施工组织设计的内容	30%

 引例

　　某工程为某省某公司的办公楼，位于××市郊××公路边，建筑总面积为6262m²，平面形式为L形，南北方向长61.77m，东西方向总长39.44m。该建筑物大部分为五层，高18.95m，局部六层，高22.45m，附楼（Ｆ～Ｌ轴）带地下室，在Ｈ轴线处有一道施工缝，在Ｆ轴线处有一道沉降缝。本工程承重结构除门厅部分为现浇钢筋混凝土框架结构外，其余皆采用砖混结构。基础埋深1.9m，在C15素混凝土垫层上砌毛石基础，基础中设有钢筋混凝土地圈梁，实心砖墙承重，每层设现浇钢筋混凝土圈梁；内外墙交接处和外墙转角处设抗震构造柱；楼板和屋面均采用现浇楼板，大梁、楼梯及挑檐均为现浇钢筋混凝土构件。室内地面除门厅、走廊、实验室、厕所、楼梯、踏步为水磨石面层外，其他皆采用水泥砂浆地面。室内装修主要采用白灰砂浆外喷106涂料，室外装修以涂料为主。窗间墙为干粘石，腰线、窗套为贴面砖。散水为无筋混凝土一次抹光。屋面保温为炉渣混凝土，上做二毡三油防水层，铺绿豆砂。上人屋面部分铺设预制混凝土板。设备安装及水、暖、电工程配合土建施工。工程计划于2020年6月1日正式开工，2022年6月30日完工。

　　思考：（1）该工程施工的特点有哪些？
　　　　　（2）从接受施工任务到竣工验收应遵循哪些施工程序？
　　　　　（3）该工程施工组织设计应包括哪些内容？

1.1　基本建设、基本建设程序及建筑施工程序

1.1.1　基本建设

　　基本建设是指以固定资产扩大再生产为目的而进行的各种新建、改建、扩建、迁建、恢复工程，以及与之相关的各项建设工作。

1.1.2　基本建设程序

　　基本建设程序是指建设项目从设想、选择、评估、决策、设计、施工到竣工验收、投入生产等的整个建设过程中，各项工作必须遵循的先后次序的法则。这个法则是人们在认识客观规律的基础上制定出来的，是建设项目科学决策和顺利进行的重要保证。

　　目前，我国工程基本建设程序主要有以下几个阶段：项目建议书（立项）阶段，可行性研究阶段，设计阶段（一般可分为初步设计阶段和施工图设计阶段），施工建设准备阶段，建设实施阶段，竣工验收阶段，后评价阶段。这几个大的阶段中每一个阶段都包含许多环节。

1. 项目建议书（立项）阶段

项目建议书是项目建设筹建单位根据国民经济和社会发展的长远规划、行业规划、产业政策、生产力布局、市场、所在地的内外部条件等要求，经过调查、预测分析后，提出的某一具体项目的建议文件，是基本建设程序中最初阶段的工作，是对拟建项目的框架性设想，也是政府选择项目和可行性研究的依据。项目建议书的主要作用是为了推荐一个拟进行建设项目的初步说明，论述它建设的必要性、重要性、条件的可行性和获得的可能性，供政府选择确定是否进行下一步工作。该阶段分为以下几个环节。

1）编制项目建议书

项目建议书的内容一般应包括以下几个方面：①建设项目提出的必要性和依据；②拟建规模、建设方案；③建设的主要内容；④建设地点的初步设想情况、资源情况、建设条件、协作关系等的初步分析；⑤投资估算和资金筹措及还贷方案；⑥项目进度安排；⑦经济效益和社会效益的估计；⑧环境影响的初步评价。

有些部门在提出项目建议书之前还增加了初步可行性研究工作，对拟建项目进行初步论证后，再行编制项目建议书。

2）办理建设项目选址意见书

项目建议书编制完成后，项目筹建单位应到规划部门办理建设项目选址意见书。

3）办理建设用地规划许可证和建设工程规划许可证

建设用地规划许可证和建设工程规划许可证在规划部门办理。

4）办理土地使用审批手续

土地使用审批手续在国土部门办理。

5）办理环保审批手续

环保审批手续在环保部门办理。

在开展以上工作的同时，可以做好以下工作：进行拆迁摸底调查，并请有资质的评估单位评估论证；做好资金来源及筹措准备；准备好选址建设地点的测绘。

2. 可行性研究阶段

可行性研究是对项目在技术上是否可行和经济上是否合理进行科学的分析和论证，通过对建设项目在技术、工程和经济上的合理性进行全面分析论证和多种方案比较，提出评价意见。

1）编制可行性研究报告

由经过国家资格审定的适合本项目的等级和专业范围的规划、设计、工程咨询单位承担项目可行性研究，并形成报告。

可行性研究报告一般具备以下基本内容。

（1）总论：①报告编制依据（项目建议书及其批复文件，国民经济和社会发展规划，行业发展规划，国家有关法律、法规、政策等）；②项目提出的背景和依据（项目名称、承办法人单位及法人、项目提出的理由与过程等）；③项目概况（拟建地点、建设规划与目标、主要条件、项目估算投资、主要技术经济指标）；④问题与建议。

（2）建设规模和建设方案：①建设规模；②建设内容；③建设方案；④建设规划与建设方案的比选。

（3）市场预测和确定的依据。

（4）建设标准、设备方案、工程技术方案：①建设标准的选择；②主要设备方案的选择；③工程技术方案的选择。

（5）资源、原材料、燃料、动力、运输、供水等协作配合条件。

（6）建设地点、占地面积、布置方案：①总图布置方案；②场外运输方案；③公用工程与辅助工程方案。

（7）项目设计方案。

（8）节能、节水措施及指标分析：①节能、节水措施；②能耗、水耗指标分析。

（9）环境影响评价：①环境条件调查；②影响环境因素；③环境保护措施。

（10）劳动安全卫生与消防：①危险因素和危害程度分析；②安全防范措施；③卫生措施；④消防措施。

（11）组织机构与人力资源配置。

（12）项目实施进度：①建设工期；②实施进度安排。

（13）投资估算：①建设投资估算；②流动资金估算；③投资估算构成及表格。

（14）融资方案：①融资组织形式；②资本金筹措；③债务资金筹措；④融资方案分析。

（15）财务评价：①财务评价基础数据与参数选取；②收入与成本费用估算；③财务评价报表；④盈利能力分析；⑤偿债能力分析；⑥不确定性分析；⑦财务评价结论。

（16）经济效益评价：①影子价格及评价参数选取；②效益费用范围与数值调整；③经济评价报表；④经济评价指标；⑤经济评价结论。

（17）社会效益评价：①项目对社会影响分析；②项目与所在地互适性分析；③社会风险分析；④社会评价结论。

（18）风险分析：①项目主要风险识别；②风险程度分析；③防范风险对策。

（19）招标投标内容和核准招标投标事项。

（20）研究结论与建议：①推荐方案总体描述；②推荐方案优缺点描述；③主要对比方案；④结论与建议。

（21）附图、附表、附件。

2）可行性研究报告论证

报告编制完成后，项目筹建单位应委托有资质的单位进行评估、论证。

3）可行性研究报告报批

项目筹建单位提交书面报告附可行性研究报告文本、其他附件（如建设用地规划许可证、建设工程规划许可证、土地使用审批手续、环保审批手续、拆迁评估报告、可行性研究报告的评估论证报告、资金来源和筹措情况等手续）上报原审批部门审批。经过批准的可行性研究报告，是确定建设项目、编制设计文件的依据。可行性研究报告经批准后，不得随意修改和变更。如果在建设规模、建设方案、建设地区或建设地点、主要协作关系等方面有变动及突破投资控制数时，应经原审批部门同意重新审批。可行性研究报告批准后即国家、省、市、区县同意该项目进行建设，何时列入年度计划，要根据其前期工作的进展情况及财力等因素进行综合平衡后决定。

4）办理土地使用证

土地使用证到国土部门办理。

5）办理征地、青苗补偿、拆迁安置等手续

征地、青苗补偿、拆迁安置等手续到政府征收管理部门办理。

6）地勘

根据可行性研究报告审批意见委托或通过招标或比选方式选择有资质的地勘单位进行地勘。

7）报审市政配套方案

报审市政配套方案是指报审供水、供气、供热、排水等市政配套方案。一般建设项目要在规划、建设、土地、人防、消防、环保、文物、安全、劳动、卫生等主管部门提出审查意见，取得有关协议或批件。对于一些各方面相对单一、技术工艺要求不高、前期工作成熟的教育、卫生等方面的项目，项目建议书和可行性研究报告也可以合并，一步编制项目可行性研究报告，也就是通常所说的可行性研究报告代项目建议书。

3. 设计阶段

设计是对拟建工程的实施在技术上和经济上所进行的全面而详尽的安排，是基本建设计划的具体化，是把先进技术和科研成果引入建设的渠道，是整个工程的决定性环节，是组织施工的依据。它直接关系着工程质量和将来的使用效果。可行性研究报告经批准的建设项目应委托或通过招标投标选定设计单位，按照批准的可行性研究报告的内容和要求进行设计，编制设计文件。根据建设项目的不同情况，设计阶段一般划分为两个阶段，即初步设计阶段和施工图设计阶段，重大项目和技术复杂项目可根据不同行业的特点和需要，增加技术设计阶段。

1）初步设计阶段

（1）初步设计。

项目筹建单位应根据可行性研究报告审批意见委托或通过招标投标择优选择有相应资质的设计单位进行初步设计。初步设计是根据批准的可行性研究报告和必要而准确的设计基础资料，对设计对象进行通盘研究，阐明在指定的地点、时间和投资控制数额内，拟建工程在技术上的可能性和经济上的合理性。通过对设计对象做出的基本技术规定，编制项目的总概算。根据国家规定，当初步设计提出的总概算超过可行性研究报告确定的总投资估算的10％以上，或其他主要指标需要变更时，要重新报批可行性研究报告。

初步设计主要包括以下内容。

① 设计依据、原则、范围和设计的指导思想；

② 自然条件和社会经济状况；

③ 工程建设的必要性；

④ 建设规模，建设内容，建设方案，原材料、燃料和动力等的用量及来源；

⑤ 技术方案及流程、主要设备选型和配置；

⑥ 主要建筑物、构筑物、公用辅助设施等的建设；

⑦ 占地面积和土地使用情况；

⑧ 总体运输；

⑨ 外部协作配合条件；

⑩ 综合利用、节能、节水、环境保护、劳动安全和抗震措施；

⑪ 生产组织、劳动定员和各项技术经济指标；

⑫ 工程投资及财务分析；

⑬ 资金筹措及实施计划；

⑭ 总概算表及其构成；

⑮ 附图、附表、附件。

承担项目设计单位的设计水平应与项目大小和复杂程度一致。按现行规定，工程设计单位分为甲、乙、丙三级，低等级的设计单位不得越级承担工程项目的设计任务。设计必须有充分的基础资料，且基础资料要准确；设计所采用的各种数据和技术条件要正确可靠；设计所采用的设备、材料和所要求的施工条件要切合实际；设计文件的深度要符合建设和生产的要求。

（2）办理消防手续。

消防手续到消防部门办理。

（3）初步设计文本审查。

初步设计文本完成后，应报规划管理部门审查，并报原可行性研究报告审批部门审查批准。初步设计文件经批准后，总平面布置、主要工艺过程、主要设备、建筑面积、建筑结构、总概算等不得随意修改和变更。经过批准的初步设计是设计部门进行施工图设计的重要依据。

2）施工图设计阶段

（1）施工图设计。

项目筹建单位通过招标、比选等方式择优选择设计单位进行施工图设计。施工图设计的主要内容是根据批准的初步设计，绘制出正确、完整和尽可能详尽的建筑安装图纸。其设计深度应满足设备、材料的安排，以及非标准设备的制作和建筑工程施工的要求等。

（2）施工图设计文件的审查备案。

施工图文件完成后，应将施工图报有资质的设计审查机构审查，并报行业主管部门备案。

（3）编制施工图预算。

聘请有预算资质的单位编制施工图预算。

4. 施工建设准备阶段

（1）编制项目投资计划书，并按现行的建设项目审批权限进行报批。

（2）建设工程项目报建备案。省重点建设项目、省批准立项的涉外建设项目及跨市、州的大中型建设项目，由建设单位向省人民政府建设行政主管部门报建。其他建设项目按隶属关系由建设单位向县以上人民政府建设行政主管部门报建。

（3）建设工程项目招标。业主自行招标或通过比选等竞争性方式择优选择招标代理机构；通过招标或比选等方式择优选定设计单位、勘察单位、施工单位、监理单位和设备供货单位，签订设计合同、勘察合同、施工合同、监理合同和设备供货合同。

① 项目招标核准。发改部门根据项目情况和国家规定，对项目的招标范围、招标方式、招标组织形式、发包初步方案等进行核准。

② 比选代理机构。发改部门核准的招标组织形式为委托招标方式的，按照相关规定通过比选等竞争性方式确定招标代理机构，并按照规定将委托招标代理合同报招标管理部门备案。

③ 发布招标公告。公开招标的在指定媒介上发布招标公告；邀请招标的发送招标邀请函，并在发布前5日将招标公告向发改部门和招标行政管理部门备案。

④ 编制招标文件。在发售日前5个工作日报发改部门和招标行政管理部门备案。

⑤ 发售招标文件。发售招标文件和图纸时间不得少于5个工作日，从发售招标文件至投标截止日不少于20日，招标文件补充澄清或修改的需在开标日15日前通知所有投标人。

⑥ 开标、评标、定标。按《中华人民共和国招标投标法》及《中华人民共和国招标投标法实施条例》执行，并根据评标结果确定中标候选人。

⑦ 中标候选人公示。招标人将评标报告和中标候选人的公示文本送到发改部门和招标行政管理部门备案后公示，公示期为 5 个工作日。

⑧ 中标通知。公示期满后 15 个工作日或投标有效期满 30 个工作日内确定中标人，并发出中标通知书。

⑨ 签订合同。自中标通知书发出之日起 30 日内依照招标文件签订书面合同。

⑩ 中标备案。自发出中标通知书之日起 15 日内向发改部门和招标行政管理部门书面报告招投标情况。

5. 建设实施阶段

1）开工前准备

项目在开工建设之前要切实做好以下准备工作。

（1）征地、拆迁和场地平整。

（2）完成"三通一平"，即水通、电通、路通和场地平整，修建临时生产和生活设施。

（3）组织设备、材料订货，做好开工前准备，包括计划、组织、监督等管理工作的准备，以及材料、设备、运输等物质条件的准备。

（4）准备必要的施工图纸。新开工的项目必须至少有 3 个月以上（工作量）的工程施工图纸。

 特别提示

"七通一平"是指路通、给水通、排水通、热通、电通、电信通、蒸汽及煤气通、场地平整。

2）办理工程质量监督手续

在工程质量监督机构办理工程质量监督手续需要持以下资料：施工图设计文件审查报告和批准书；中标通知书和施工、监理合同；建设单位、施工单位和监理单位工程项目的负责人和机构组成；施工组织设计和监理规划（监理实施细则）；等等。

3）办理施工许可证

向工程所在地的县级以上人民政府建设行政主管部门办理施工许可证。工程投资额在 30 万元以下或者建筑面积在 300m² 以下的建筑工程，可以不申请办理施工许可证。

4）项目开工前审计

审计机关在项目开工前，对项目的资金来源是否正当、落实，项目开工前的各项支出是否符合国家的有关规定，资金是否按有关规定存入银行专户等进行审计。建设单位应向审计机关提供资金来源及存入专业银行的凭证、财务计划等有关资料。

5）报批开工

按规定进行了建设准备并具备了各项开工条件以后，建设单位可向主管部门提出开工申请。建设项目经批准新开工建设，建设项目即进入建设实施阶段。建设项目新开工时间是指建设项目设计文件中规定的任何一项永久性工程（无论生产性或非生产性）第一次正式破土开槽开始施工的日期。不需要开槽的工程，以建筑物的正式打桩作为正式开工。公路、水库需要进行大量土方、石方工程的，以开始进行土方、石方工程作为正式开工。

6. 竣工验收阶段

（1）竣工验收的范围和标准。根据国家现行规定，凡新建、扩建、改建的基本建设项目和技术改造项目，按批准的设计文件所规定的内容建成，符合验收标准的，必须及时组织验收，办理固定资产移交手续。

进行竣工验收必须符合以下要求。

① 项目已按设计要求完成，能满足生产使用。

② 主要工艺设备配套设施经联动负荷试车合格，形成生产能力，能够生产出设计文件所规定的产品。

③ 生产准备工作能适应投产需要。

④ 环保设施、劳动安全卫生设施、消防设施已按设计要求与主体工程同时建成使用。

（2）申报竣工验收的准备工作。竣工验收依据包括批准的可行性研究报告、初步设计、施工图和设备技术说明书、现场施工技术验收规范，以及主管部门的有关审批、修改、调整文件等。

建设单位应认真做好如下竣工验收的准备工作。

① 整理工程技术资料。各有关单位（包括设计、施工单位）将以下资料系统整理，由建设单位分类立卷，交生产单位或使用单位统一保管：工程技术资料，主要包括土建方面和安装方面的各种有关文件、合同和试生产的情况报告等；其他资料，主要包括项目筹建单位或项目法人单位对建设情况的总结报告，施工单位对施工情况的总结报告，设计单位对设计的总结报告，监理单位对监理情况的总结报告，质监部门对质监评定的报告，财务部门对工程财务决算的报告，审计部门对工程审计的报告等资料。

② 绘制竣工图纸。与其他工程技术资料一样，竣工图纸是建设单位移交生产单位或使用单位的重要资料，是生产单位或使用单位必须长期保存的工程技术档案，也是国家的重要技术档案。竣工图纸必须准确、完整、符合归档要求，方能交付验收。

③ 编制竣工决算。建设单位必须及时清理所有财产、物资和未用完的资金或应收回的资金，编制工程竣工决算，分析预（概）算执行情况，考核投资效益，报主管部门审查。

④ 竣工审计。审计部门进行项目竣工审计并出具审计意见。

（3）竣工验收程序。

① 根据建设项目的规模大小和复杂程度，整个项目的验收可分为初步验收和竣工验收两个阶段进行。规模较大、较为复杂的建设项目，应先进行初步验收，然后进行全部项目的竣工验收。规模较小、较简单的项目可以一次性进行全部项目的竣工验收。

② 建设项目在竣工验收之前，由建设单位组织施工、设计及使用单位等进行初步验收。初步验收前由施工单位按照国家规定，整理好文件、技术资料，向建设单位提出交工报告。建设单位接到交工报告后，应及时组织初步验收。

③ 建设项目全部完成后，经过各单项工程的验收，符合设计要求，并具备竣工图表、竣工决算、工程总结等必要的文件资料，再由项目主管部门或建设单位向负责验收的单位提出竣工验收申请报告。

（4）竣工验收的组织。

竣工验收一般由项目批准单位或委托项目主管部门组织。竣工验收由环保、劳动、统计、消防及其他有关部门组成，建设单位、施工单位、勘察设计单位参加验收工作。验收委员会或验收组负责审查工程建设的各个环节，听取各有关单位的工作报告，审阅工程档案资料并实地察验建筑工程和设备安装情况，并对工程设计、施工和设备质量等方面做出全面的评价。不合格的工程不予验收；对遗留问题提出具体解决意见，限期落实完成。

7. 后评价阶段

国家对一些重大建设项目，在竣工验收若干年后还要进行后评价。这主要是为了总结项目建设成功和失败的经验教训，供以后项目决策借鉴。

1.1.3 建筑施工程序

1. 建筑施工程序的概念

建筑施工程序是指工程项目整个施工阶段必须遵循的顺序，它是经过多年施工实践而发现的客观规律，一般是从接受施工任务直到交工验收所包括的主要阶段的先后次序。

2. 建筑施工程序的阶段

建筑施工程序通常可分为五个阶段：确定施工任务阶段、施工规划阶段、施工准备阶段、组织施工阶段和竣工验收阶段。其先后顺序和内容如下。

1）确定施工任务阶段：落实施工任务，签订施工合同

建筑施工企业承接施工任务的方式主要有三种。

（1）国家或上级主管单位统一安排，直接下达的任务。

（2）建筑施工企业自己主动对外接受的任务或是建设单位主动委托的任务。

（3）参加社会公开的投标而中标得到的任务。

其中，国家直接下达任务的方式已逐渐减少。在市场经济条件下，建筑施工企业和建设单位自行承接和委托的方式较多。实行招标投标的方式发包和承包建筑施工任务，是建筑业和基本建设管理体制改革的一项重要措施。

无论采用哪种方式承接施工项目，施工单位均必须同建设单位签订施工合同。签订了施工合同的施工项目才算是落实了的施工任务。当然签订合同的施工项目必须是经建设单位主管部门正式批准，有计划任务书、初步设计和总概算，已列入年度基本建设计划，落实了投资的施工项目；否则不能签订施工合同。

施工合同是建设单位与施工单位根据《中华人民共和国合同法》《中华人民共和国建筑法》及有关规定而签订的具有法律效力的文件，双方必须严格履行合同，任何一方不履行合同，给对方造成的经济损失都要负法律责任并进行赔偿。

2）施工规划阶段：统筹安排、做好施工规划

施工企业与建设单位签订施工合同后，施工总承包单位在调查分析资料的基础上，拟订施工规划，编制施工组织总设计，部署施工力量，安排施工总进度，确定主要工程施工方案，规划整个施工现场，统筹安排，做好全面施工规划。施工规划经批准后，便组织施工先遣人员进入现场，与建设单位密切配合，做好施工规划中确定的各项全局性施工准备工作，为建设项目全面正式开工创造条件。

3）施工准备阶段：做好施工准备工作，提出开工报告

【"三通一平"】

施工准备工作是建筑施工顺利进行的根本保证。施工准备工作主要有：技术准备、物资准备、劳动组织准备、施工现场准备和施工场外准备。当一个施工项目进行了图纸会审，编制和批准了单位工程施工组织设计、施工图预算和施工预算，组织好了材料、半成品和构配件的生产和加工运输，组织了施工机具进场，搭设了临时设施，建立了现场管理机构，调遣了施工队伍，拆迁了原有建筑物，具备了"三通一平"，完成了场区测量和建筑物定位放线等准备工作时，施工单位即可向主管部门提出开工报告。

4）组织施工阶段：组织全面施工

组织施工阶段是建筑施工全过程中最重要的阶段。它必须在开工报告批准后才能开始。它是把建设单位的期望和设计者的意图变成现实的建筑产品的加工制作过程；必须严格按照设计图纸的要求，采用施工组织规定的方法和措施，完成全部的分部（分项）工程施工任务。这个过程决定了施工工期、产品的质量和成本，以及建筑施工企业的经济效益。因此，在施工中要跟踪检查，进行进度、质量、成本和安全控制，保证达到预期的目的。

施工过程中，往往由多单位、多专业进行共同协作，要加强现场指挥、调度，进行多方面的平衡和协调工作。在有限的场地上投入大量的材料、构配件、机具和工人，应进行全面的统筹安排，实现均衡连续施工。

5）竣工验收阶段：竣工验收、交付使用

竣工验收阶段是建筑施工的一个阶段，同时也是建设项目建设程序的一个阶段。

1.2 建筑产品特点及其施工特点

1.2.1 建筑产品特点

建筑产品和其他工农业产品一样，具有商品的属性。但从其产品和生产的特点来看，却具有与一般商品不同的特点，具体表现在以下方面。

1. 建筑产品的固定性

建筑产品从形成的那一天起，便与土地牢固地结为一体，形成了建筑产品最大的特点，即产品的固定性。建筑产品的固定性决定了生产的流动性，一支建筑队伍在某地承担的建筑生产任务完成后，即须转移到新的地点承接新的施工任务。这一特点，还使工程建设地点的气象、工程地质、水文地质和技术经济条件，直接影响着工程造价。

【中国十大古建筑】

2. 建筑产品的单件性、多样性

建筑产品的单件性表现在每幢建筑物、构筑物都必须单件设计、单件建造并单独定价。建筑产品是根据工程建设业主（买方）的特定要求，在特定的条件下单独设计的。因而，建筑产品的形态、功能多

样，各具特色。每个工程都有不同的规模、结构、造型、功能、等级和装饰，需要选用不同的材料和设备，即使是同一类工程，各个单件也有差别。由于建设地点和设计的不同，必须采用不同的施工方法，单独组织施工。因此，每个工程所需的劳动力、材料、施工机械等各不相同，每个工程必须单独定价。即使是在同一个小区内建设两栋相同的楼房，由于建设时间不同导致的建筑材料的价差，也会造成两栋楼房造价的差异。

3. 建筑产品体形庞大、生产周期长、消耗资源多且露天作业

建筑产品体形庞大，由土建、水、电、热力、设备安装、室外市政工程等各个部分组成一个整体而发挥作用，由此决定了它的生产周期长、消耗资源多、露天作业等特点。建筑产品生产过程要经过勘察、设计、施工、安装等很多环节，涉及面广，协作关系复杂，施工企业内部要进行多工种综合作业，工序繁多，往往需要长期大量地投入人力、物力、财力，致使建筑产品的生产周期长。由于建筑产品价格随时间变化、工期长、价格因素变化大，如

【建筑现场】

国家经济体制改革出现的一些新的费用项目、材料设备价格的调整等，都会直接影响建筑产品的价格。此外，由于建筑施工露天作业，受自然条件、季节影响较大，也会造成防寒、防冻、防雨等费用的增加，影响工程造价。

1.2.2　建筑产品施工特点

由于建筑产品本身的特点，决定了建筑产品施工过程具有以下特点。

1. 建筑产品生产的流动性

建筑产品地点的固定性决定了建筑产品生产的流动性。在建筑产品的生产中，工人及其使用的机具和材料等不仅要随着建筑产品建造地点的不同而流动，而且还要在建筑产品的不同部位流动生产。施工企业要在不同地区进行机构迁移或流动施工。在施工项目的施工准备阶段，要编制周密的施工组织设计，划分施工区段或施工段，使流动生产的工人及其使用的机具和材料相互协调配合，使建筑产品的生产连续均衡地进行。

2. 建筑产品生产的单件性

建筑产品地点的固定性和类型的多样性决定了产品生产的单件性。每个建筑产品应在国家或地区的统一规划内，根据其使用功能，在选定的地点上单独设计和施工。即使是选用标准设计、通用构件或配件，由于建筑产品所在地区的自然、技术、经济条件的不同，其施工组织和施工方法等也要因地制宜，要根据施工时间和施工条件来确定，而使各建筑产品生产具有单件性。

3. 建筑产品生产的地区性

由于建筑产品地点的固定性决定了同一使用功能的建筑产品因其建造地点不同，也会受到建设地区的自然、技术、经济和社会条件的约束，从而使其建筑形式、结构、装饰设计、材料和施工组织等均不同，因此建筑产品生产具有地区性。

4. 建筑产品生产的周期长

建筑产品地点的固定性和体形庞大的特点决定了建筑产品生产的周期长。因为建筑产品体形庞大，使得最终建筑产品的建成必然耗费大量的人力、物力和财力。同时，建筑产品的生产全过程还要受到工艺流程和生产程序的制约，使各专业、工种间必须按照合理的

施工顺序进行配合和衔接。又由于建筑产品地点的固定性，使得施工活动的空间具有局限性，从而导致建筑产品具有生产周期长、占用流动资金大的特点。

5. 建筑产品生产的露天作业多

建筑产品地点的固定性和体形庞大的特点，使建筑产品不可能在工厂、车间内直接进行施工，即使建筑产品生产达到了高度的工业化水平，也需经总装配后，才能形成最终的建筑产品。

6. 建筑产品生产的高空作业多

由于建筑产品体形庞大，特别是随着城市现代化的进展，使得建筑产品生产高空作业多的特点日益明显。

7. 建筑产品生产的协作单位多

建筑产品生产涉及面广，在建筑企业内部，要在不同时期和不同建筑产品上组织多专业、多工种的综合作业。在建筑企业的外部，需要不同种类的专业施工企业及城市规划、土地征用、勘察设计、公安消防、公用事业、环境保护、质量监督、科研试验、交通运输、银行财务、物资供应等单位和主管部门协作配合。

【中国路】

 拓展讨论

　　结合党的二十大报告，建成世界最大的高速铁路网、高速公路网，机场港口、水利、能源、信息等基础设施建设取得重大成就。结合中国公路的建设，谈一谈对建筑产品特点和建筑产品施工特点的认识。

1.3 施工组织设计概述

1.3.1 施工组织设计的概念和作用

1. 施工组织设计的概念

施工组织设计是用来指导施工项目全过程各项活动的技术、经济和组织的综合性文件，是施工技术与施工项目管理有机结合的产物。它能保证工程开工后施工活动有序、高效、科学合理地进行，并安全施工。施工组织设计是指针对施工安装过程的复杂性，用系统的思想并遵循建设经济规律，对拟建工程的各阶段、各环节及所需的各种资源进行统筹安排的计划管理行为。

2. 施工组织设计的主要作用

（1）实现基本建设计划和设计要求，衡量设计方案施工的可能性和经济合理性。

（2）科学地组织施工，建立正常的施工程序，有计划地开展各项施工过程。

（3）为及时做好各项施工准备工作提供依据，保证劳动力和各种物资的供应和使用。

（4）协调在施工中各施工单位之间、各工种之间、各资源之间及空间布置与时间之间的合理关系，以保证施工的顺利进行。

（5）为建筑施工中的技术、质量、安全生产、文明施工等各项工作提供切实可行的保证措施。

1.3.2 施工组织设计的分类

1. 根据阶段的不同划分

施工组织设计根据阶段的不同，可以分为两类：一类是投标前编制的施工组织设计（简称标前设计），另一类是签订工程承包合同后编制的施工组织设计（简称标后设计）。

（1）标前设计。在建筑工程投标前由经营管理层编制的用于指导工程投标与签订施工合同的规划性的控制性技术经济文件，以确保建筑工程中标、追求企业经济效益为目标。

（2）标后设计。在建筑工程签订施工合同后由项目技术负责人编制的用于指导施工全过程各项活动的技术经济、组织、协调和控制的指导性文件，以实现质量、工期、成本三大目标，追求企业经济效益最大化。

2. 根据编制对象划分

施工组织设计根据编制对象不同可以分为三类，即施工组织总设计、单位工程施工组织设计和分部（分项）工程施工组织设计。

（1）施工组织总设计。施工组织总设计是以一个建设项目或建筑群体为施工对象而编制的，由该工程的总承建单位牵头，会同建设、设计及分包单位共同编制。其目的是对整个工程的施工进行全盘考虑、全面规划，用以指导全场性的施工准备，以及有计划地运用施工力量开展施工活动。其作用是确定拟建工程的施工期限、临时设施及现场总的施工部署，是指导整个施工过程的组织、技术、经济的综合设计文件，是修建全工地暂设工程、施工准备和编制年（季）度施工计划的依据。

（2）单位工程施工组织设计。单位工程施工组织设计是以单位工程（一个建筑物或构筑物）作为组织施工对象而编制的。它一般是在有了施工图纸后，由工程项目部组织编制的，是单位工程施工全过程的组织、技术、经济的指导文件，并作为编制季、月、旬施工计划的依据。简单的单位工程施工组织设计通常只包括"一案、一图、一表"，即编制施工方案、施工现场平面布置图和施工进度表。

（3）分部（分项）工程施工组织设计。分部（分项）工程施工组织设计是以施工难度较大或技术复杂的分部（分项）工程为编制对象，用来指导其施工活动的技术经济文件。它结合施工单位的月、旬作业计划，把单位工程施工组织设计进一步具体化，是专业工程的具体施工设计。一般的单位工程施工组织设计确定施工方案后，由项目技术负责人编制。它的内容包括施工方案、施工进度计划表、技术组织措施等。

施工组织总设计、单位工程施工组织设计和分部（分项）工程施工组织设计之间有以下关系：施工组织总设计是对整个建设项目的全局性战略部署，其内容和范围比较概括；单位工程施工组织设计是在施工组织总设计的控制下，以施工组织总设计和企业施工计划为依据编制的，针对具体的单位工程，把施工组织总设计的内容具体化；分部（分项）工程施工组织设计是以施工组织总设计、单位工程施工组织设计和

【施工组织设计对比】

企业施工计划为依据编制的，针对具体的分部（分项）工程，把单位工程施工组织设计进一步具体化，它是专业工程具体的组织施工的设计。

特别提示

单位工程施工组织设计编制的对象是单位工程。

1.3.3 施工组织设计的内容

1. 施工组织总设计的内容

（1）工程概况和工程特点的说明。

（2）施工总进度计划和主要单位工程的进度计划。

（3）总的施工部署和主要单位工程的施工方案。

（4）分年度的各种资源的总需要量计划（包括劳动力、原材料、加工构件、施工机械、安装设备）。

（5）全场性施工准备工作计划（包括"三通一平"的准备，临时设施施工的准备，原有道路、房屋、动力和加工厂条件的利用，机构组织的设置等）。

（6）施工总平面图的设计。

（7）有关质量、安全和降低成本等技术组织措施和技术经济指标。

2. 单位工程施工组织设计的内容

（1）工程概况和工程特点分析（包括工程的位置、建筑面积、结构形式、建筑特点及施工要求等）。

（2）施工准备工作计划（包括进场条件、劳动力、材料、机具等的准备及使用计划，"三通一平"的具体安排，预制构件的施工，特殊材料的订货等）。

（3）施工方案的选择（包括流水段的划分、主要项目的施工顺序和施工方法、劳动组织及有关技术措施等）。

（4）工程进度表（包括确定工程项目及计算工程量，确定劳动量及建筑机械台班数，确定各分部（分项）工程的工作日，考虑工序的搭接，编排施工进度计划等）。

（5）各种资源需要量计划（包括劳动力、材料、构件、机具等）。

（6）现场施工平面布置图（包括对各种材料、构件、半成品的堆放位置，水、电管线的布置，机械位置及各种临时设施的布局等）。

（7）工程质量、安全施工、降低成本等方面的技术组织措施。

1.3.4 施工组织设计的编制原则

施工组织设计的编制原则如下。

（1）重视工程的组织对施工的作用。

（2）提高施工的工业化程度。

（3）重视管理创新和技术创新。

（4）重视工程施工的目标控制。

（5）积极采用国内外先进的施工技术。

（6）充分利用时间和空间，合理安排施工顺序，提高施工的连续性和均衡性。

（7）合理部署施工现场，实现文明施工。

项目小结

本项目主要介绍了建筑施工组织设计的内容，基本建设程序，建筑产品及建筑施工的特点，通过学习，初步了解建筑施工组织设计的编制。

习　题

一、单选题

1. 单位工程施工组织设计编制的对象是（　　）。

A. 建设项目　　　　B. 单位工程　　　　C. 分部工程　　　　D. 分项工程

2. 施工组织设计是用以指导施工项目进行（　　）的基本技术经济文件。

A. 施工准备　　　　　　　　　　B. 正常施工

C. 投标报价　　　　　　　　　　D. 施工准备和正常施工

二、多选题

1. 建设项目投资决策阶段的主要工作是（　　）。

A. 可行性研究　　B. 估算和立项　　　C. 设计准备　　　D. 选择建设地点

E. 经济分析

2. 以下哪些属于建筑产品的特点？（　　）

A. 固定性　　　　　B. 单件性　　　　　C. 多样性　　　　D. 流动性

E. 庞大性

三、实训题

请用流程图归纳建筑施工的程序。

项目 **2** 流水施工的 基本原理

引例

　　某四层房屋的室内装饰工程，其每层的施工过程及工程量等见表2-1，试组织该室内装饰工程的流水施工并绘制施工进度计划横道图。

表2-1　某四层房屋室内装饰工程每层的施工过程及工程量

施工过程	工程量/m²	产量定额/(m²/工日)	劳动量/工日	班组人数/人	延续时间/工日
吊顶	210	7	30	30	1
油漆	30	1.5	20	20	1
贴墙纸	40	1	40	40	1
铺地毯	140	7	20	20	1

　　在工程施工中主要用横道图和网络图来表达流水施工的进度计划，项目2主要介绍用横道图表达流水施工的进度计划，用网络图表达流水施工的进度计划的内容详见项目3。

2.1 流水施工概述

 引例

　　某10幢同类型房屋组织施工。若组织依次施工，则工期太长；若组织平行施工，虽然工期大幅度缩短，但施工所需的班组、机具、设备、材料等会成倍增加，造成组织安排和施工管理困难，增加工程成本。那么，哪种施工组织方式能在既缩短工期又不大量增加资源消耗的情况下，更科学、更合理地完成工程任务呢？

　　任何一个建筑工程都是由许多施工过程组成的，而每一个施工过程又可以组织一个或多个施工班组来进行施工，如何安排各施工班组的先后顺序或平行搭接施工，是施工组织中最基本的问题。

　　流水施工是一种诞生较早，在施工中广泛使用、行之有效的科学组织施工的计划方法。建筑工程的流水施工来源于工业生产中的流水作业。流水施工是组织项目施工最有效的科学方法之一，它建立在分工协作的基础上，充分利用工作面和工作时间，提高劳动生产率，以保证施工连续、均衡、有节奏地进行，从而达到提高工程质量、降低工程成本、缩短工期的效果。

【火神山】

拓展讨论

　　合理的施工组织可节约成本，缩短工期，结合火神山医院的建设与党的二十大报告，坚持把发展经济的着力点放在实体经济上，推进新型工业化，加快建设制造强国、质量强国、航天强国、交通强国、网络强国、数字中国。谈一谈火神山医院的施工过程，是如何通过合理的施工组织缩短工期的，其施工组织过程中，运用了哪些网络技术和数字技术。

2.1.1 施工组织方式

考虑建筑产品的特点、工艺流程、资源利用、平面或空间布置等要求，在组织同类项目或将一个项目分成若干个施工区段进行施工时，可以采用不同的施工组织方式，通常采用的施工组织方式有依次施工、平行施工、流水施工三种。为了进一步说明建筑工程中采用流水施工的优越性，现将流水施工同其他施工方式进行比较。

【应用案例 2-1】

某 4 幢相同的混合结构房屋的基础工程，划分为基槽挖土、混凝土垫层、砖砌基础、基槽回填土 4 个施工过程，每个施工过程安排一个施工班组，一班制施工，其中每幢楼基槽挖土施工班组由 10 人组成，2 天完成；混凝土垫层施工班组由 20 人组成，1 天完成；砖砌基础施工班组由 30 人组成，3 天完成；基槽回填土施工班组由 10 人组成，1 天完成。试分别采用依次施工、平行施工、流水施工方式组织施工。

【解】

1. 依次施工

依次施工又称顺序施工。依次施工组织方式是将拟建工程项目的整个建造过程分解成若干个施工过程，按照一定的施工顺序，前一个施工过程完成后，后一个施工过程开始施工；或前一个施工对象完成后，后一个施工对象才开始施工。依此类推，直至完成所有施工对象。它是一种最基本、最原始的施工组织方式。依次施工通常有以下两种进度安排的方式。

1）按施工段（或幢号）依次施工

这种方式是各施工段依次开工、依次完工的一种施工组织方式，即第一个施工段的所有施工过程全部施工完毕后，再进行第二个施工段的施工。按施工段（或幢号）依次组织施工，单位时间内投入的劳动力和各项物资较少，施工现场管理简单，工作面能充分利用，但从事某过程的施工班组不能连续均衡地施工，工人存在窝工情况。这种施工组织方式的施工进度安排及劳动力动态曲线如图 2-1 所示。

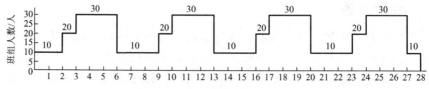

图 2-1 依次施工（按施工段）

2) 按施工过程依次施工

这种方式是各施工过程依次开工、依次完工的一种施工组织方式，即在第一个施工过程的所有施工段全部施工完毕后，再开始第二个施工过程的施工。按施工过程组织依次施工，从事某过程的施工班组都能连续均衡地施工，工人不存在窝工情况，单位时间内投入的劳动力和各项物资较小，施工现场管理简单，但施工工期长，工作面未充分利用，存在间歇时间。按施工过程依次施工一般适用于规模较小、工作面有限、工期要求紧的小工程。这种施工组织方式的施工进度安排及劳动力动态曲线如图 2-2 所示。

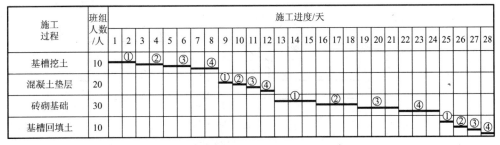

(a) 施工进度安排

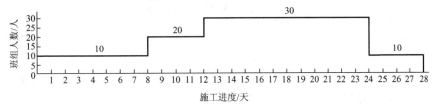

(b) 劳动力动态曲线

图 2-2 依次施工（按施工过程）

依次施工组织方式具有以下特点。

（1）没有充分地利用工作面进行施工，工期长。

（2）如果按专业成立施工班组，则各施工班组不能连续作业，有间歇时间，劳动力及施工机具等资源无法均衡使用。

（3）如果由一个施工班组完成全部施工任务，则不能实现专业化施工，不利于提高劳动生产率和工程质量。

（4）单位时间内投入的劳动力、施工机具、材料等资源量较少，有利于资源供应的组织。

（5）施工现场的组织、管理比较简单。

2. 平行施工

平行施工组织方式是指在拟建工程任务十分紧迫、工作面允许及资源供应有保证的条件下，可以组织几个相同的施工班组，在同一时间、不同的空间上依照施工工艺要求完成各自的施工任务，这样的施工组织方式称为平行施工。平行施工是全部工程任务的各施工过程同时开工、同时完成的一种施工组织方式。

平行施工一般适用于工期要求较紧、大规模的建筑群体（如住宅小区）及分期分批组织施工的工程任务，但必须保证各种资源的供应能够满足施工的需要。这种施工组织方式的施工进度安排及劳动力动态曲线如图 2-3 所示。

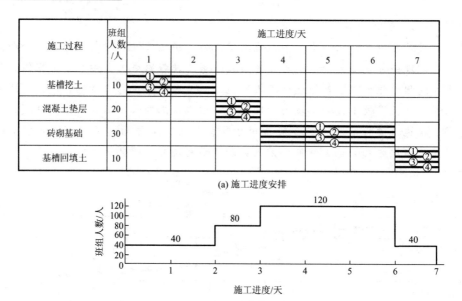

(a) 施工进度安排

(b) 劳动力动态曲线

图 2-3 平行施工

平行施工组织方式具有以下特点。

(1) 充分地利用工作面进行施工，工期短。

(2) 如果每一个施工对象均按专业成立施工班组，则各施工班组不能连续作业，劳动力及施工机具等资源无法均衡使用。

(3) 如果由一个施工班组完成一个施工对象的全部施工任务，则不能实现专业化施工，不利于提高劳动生产率和工程质量。

(4) 单位时间内投入的劳动力、施工机具、材料等资源量成倍增加，不利于资源供应的组织。

(5) 施工现场的组织、管理比较复杂。

3. 流水施工

流水施工组织方式是将拟建工程项目中的每一个施工对象分解为若干个施工过程，并按照施工过程成立相应的施工班组，所有的施工过程按一定的时间间隔依次投入施工，各个施工过程陆续开工、陆续竣工，使同一施工过程的施工班组保持连续、均衡施工，不同的施工过程尽可能平行搭接的施工组织方式。这种施工组织方式的施工进度安排及劳动力动态曲线如图 2-4 所示。

图 2-4 所示的流水施工组织方式，虽然各施工过程的施工段（施工班组）全部连续施工，但还没有充分利用工作面，在工期紧张的情况下组织流水施工，还可以在主导施工过程连续均衡施工的条件下间断安排次要施工过程的施工，即把各施工过程最大限度地搭接起来，又称为搭接施工。采用搭接施工组织方式，可使前后施工过程之间安排紧凑，充分利用工作面，有利于缩短工期，但有些施工班组会出现窝工现象。若没有使工期缩短，只是使施工班组间断施工，从而导致窝工，则不能安排该次要施工过程间断施工。

将上述 4 幢房屋的基础工程组织搭接施工，其施工进度安排及劳动力动态曲线如图 2-5 所示。

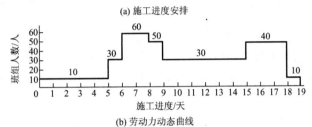

(a) 施工进度安排

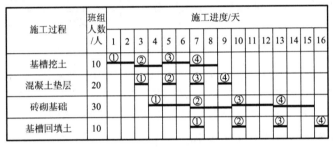

(b) 劳动力动态曲线

图 2-4　流水施工

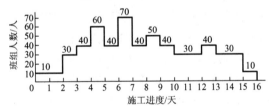

(a) 施工进度安排

(b) 劳动力动态曲线

图 2-5　搭接施工

　　流水施工是搭接施工的一种特定形式，它最主要的组织特点是每个施工班组均能连续施工，前后施工过程的最后一个施工段都能紧密衔接，使得整个工程的资源供应呈现一定的均衡性。

　　与依次施工、平行施工组织方式相比，流水施工组织方式具有以下特点。

　　(1) 科学地利用了工作面，争取了时间，工期比较合理。

　　(2) 施工班组及其工人实现了专业化施工，可使工人的操作更加熟练，更好地保证工程质量，提高劳动生产率。

　　(3) 专业施工班组及其工人能够连续作业，使相邻的专业施工班组之间实现了最大限度的、合理的搭接。

（4）单位时间投入施工的资源量较为均衡，有利于资源供应的组织工作。

（5）为文明施工和进行现场的科学管理创造了有利条件。

现代建筑施工是一项非常复杂的组织管理工作，尽管理论上的流水施工组织方式和实际情况会有差异，甚至有很大的差异，但是它所总结的一套安排生产的方法和计算分析的原理，对于施工生产活动的组织还是具有很大帮助的。

2.1.2 流水施工的技术经济效果

流水施工是依次施工和平行施工的综合，它体现了两种施工组织方式的优点，克服了它们的缺点。用流水施工组织施工生产时，工期较依次施工短，需要投入的劳动力和资源供应较平行施工均衡，且施工班组能够连续施工。三种施工组织方式的比较见表2-2。

表2-2 三种施工组织方式的比较

施工组织方式	工期	专业化程度	生产效率	质量保证程度	有无窝工现象	资源强度和均衡性	现场临时设施用量	综合成本
依次施工	长	低	低	低	有	低、不均衡	低	较低
平行施工	短	低	低	低	有	高、不均衡	高	高
流水施工	适中	高	高	高	无	适中、均衡	较低	较低

采用流水施工可以给企业带来显著的经济效果，具体可归纳为以下几点。

（1）施工班组及工人实现了专业化生产，有利于提高技术水平和技术革新，从而有利于保证施工质量，减少返工浪费和维修费用。

（2）工人实现了连续性单一作业，便于改善劳动组织，熟练操作技巧，有利于提高劳动生产率（一般可提高30%～50%），加快施工进度。

（3）由于资源消耗均衡，避免了高峰现象，有利于资源的供应与充分利用，减少现场临时设施，从而可有效地降低工程成本（一般可降低6%～12%）。

（4）施工具有节奏性、均衡性和连续性，减少了施工间歇，从而可缩短工期（比依次施工可缩短30%～50%），尽早发挥工程项目的投资效益。

（5）施工机具、设备和劳动力得到合理、充分的利用，减少了浪费，有利于提高承包单位的经济效益。

流水施工的实质是充分利用时间和空间，均衡劳动力和物资供应，从而缩短工期，提高劳动生产率，降低工程成本。

【课堂练习2-1】

建筑工程施工通常按流水施工方式组织，其特点之一是（　　　）。

A. 单位时间内所需用的资源量较少

B. 相邻专业施工班组的开工时间能够最大限度地搭接

C. 施工现场的组织、管理工作简单

D. 同一施工过程的不同施工段可以同时施工

 【课堂练习 2 - 2】

建筑工程组织依次施工时，其特点包括（　　　）。

A. 没有充分地利用工作面进行施工，工期长

B. 如果按专业成立施工班组，则各施工班组不能连续作业

C. 施工现场的组织管理工作比较复杂

D. 单位时间内投入的资源量较少，有利于资源供应的组织

E. 相邻两个施工班组能够最大限度地搭接作业

2.1.3　流水施工的组织条件

1. 划分施工过程

划分施工过程即根据拟建工程的施工特点和要求，把工程的整个建造过程分解为若干个施工过程，以便逐一实现局部对象的施工，从而使施工对象整体得以实现。它是组织专业化施工和分工协作的前提。建筑工程的施工过程一般可以划分为分部工程或分项工程，有时也可以是单位工程。

2. 划分施工段

根据组织流水施工的需要，一般将拟建工程在水平方向或垂直方向上划分为劳动量大致相同的若干个施工段。

3. 每个施工过程组织独立的施工班组

组织流水施工时，每个施工过程尽可能组织独立的施工班组，其形式可以是专业班组，也可以是混合班组。这样可使每个施工班组按施工顺序，依次、连续、均衡地从一个施工段转移到另一个施工段进行相同的操作。

4. 主要施工过程连续、均衡地施工

对工程量较大、作业时间较长的施工过程必须组织连续、均衡的施工。对于其他次要的施工过程，可考虑与相邻的施工过程合并；如不能合并，为缩短工期，可安排其间断施工。

5. 不同的施工过程尽可能地组织平行搭接施工

根据不同施工顺序和不同施工过程之间的关系，在有工作面的条件下，除必要的技术间歇和组织间歇时间外，应尽可能地组织平行搭接施工。

2.1.4　流水施工的分级

按照组织施工对象的范围进行分级，流水施工可依次分为分项工程流水施工、分部工程流水施工、单位工程流水施工和群体工程流水施工。

（1）分项工程流水施工，又称细部流水施工，是指在一个专业工程内部组织的流水施工，它是范围最小的流水施工。比如砌砖过程中各工序之间的流水施工。

（2）分部工程流水施工，又称专业流水施工，是指在一个分部工程内部，各分项工程之间组织的流水施工。比如主体结构中砌砖墙、支模、绑扎钢筋、浇筑混凝土之间的流水施工，分部工程流水施工是组织单位工程流水施工的基础。

（3）单位工程流水施工，又称综合流水施工，是指在一个单位工程内部，各分部工程之间组织的流水施工。比如一栋住宅、一栋办公楼、一间厂房等的土建部分组织的流水施工，单位工程流水施工是分部工程流水施工的扩大和组合，反映在进度计划上，是一个项目的单位工程施工进度计划。

（4）群体工程流水施工，又称大流水施工，是在若干个单位工程之间组织的流水施工，是为完成工业或民用建筑群而组织起来的全场性综合流水施工的总和，反映在进度计划上，是一个项目的施工总进度计划。

 知识链接

单位工程是具有独立的设计文件，具备独立施工条件并能形成独立使用功能，但竣工后不能独立发挥生产能力或工程效益的工程；分部工程是构成单位工程的组成部分，是指按专业性质、建筑部位确定的建筑单位；分项工程是组成分部工程的若干个分部，是指按主要工种、材料、施工工艺、设备类别等进行划分的建筑单位。将流水施工按照组织施工对象的范围进行分级，具体如图 2-6 所示。

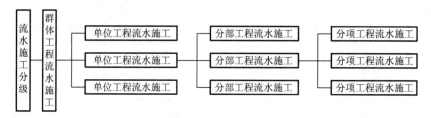

图 2-6　流水施工分级示意

分项工程流水施工与分部工程流水施工是流水施工组织的基本形式。在实际施工中，分项工程流水施工的效果不大，只有把若干个分项工程流水施工组织成分部工程流水施工，才能取得良好的效果。单位工程流水施工与群体工程流水施工实际上是分部工程流水施工的扩展应用。

2.1.5　流水施工的表达方式

流水施工的表达方式主要有横道图、垂直图和网络图三种。

1. 流水施工的横道图表示法

横道图表示法中用横坐标表示流水施工的持续时间，即施工进度；用纵坐标表示开展流水施工的施工过程、施工班组的相关情况；图中带编号的水平线段表示各施工过程在各施工段的施工时间。流水施工的横道图表示法如图 2-7 所示。

施工过程	班组人数/人	施工进度/天																										
		1	2	3	4	5	6	7	8	9	10	11	12	13	14	15	16	17	18	19	20	21	22	23	24	25	26	27	28
基槽挖土	10	①							②							③							④						
混凝土垫层	20			①							②							③							④				
砖砌基础	30				①							②							③							④			
基槽回填土	10							①							②							③							④

图 2-7 流水施工的横道图表示法

知识链接

【某装修工程横道图进度计划】

横道图又叫甘特图（Gantt Chart），是在第一次世界大战期间发明的，以发明者亨利·L.甘特先生的名字命名。横道图是了一个完整的用条形图表示进度的标志系统，即以图示的方式通过活动列表和时间刻度形象地表示出任何特定项目的活动顺序与持续时间。

2. 流水施工的垂直图表示法

垂直图表示法中用横坐标表示流水施工持续时间，即施工进度；用纵坐标表示施工段的编号；图中每一条斜线都表示一个施工过程在各施工段上工作的时间。垂直图表示法能将施工过程及其先后顺序表达清楚，时间和空间状况形象直观，斜向进度线的斜率可以直观地表示出各施工过程的进展速度，但其编制实际工程进度计划不甚方便。流水施工的垂直图表示法如图 2-8 所示。

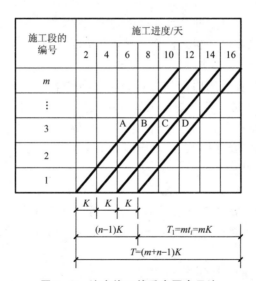

图 2-8 流水施工的垂直图表示法

横道图和垂直图都可作为流水施工的指示图，但横道图以其直观、便于绘制资源需求曲线而得到更为广泛的应用。

3. 流水施工的网络图表示法

用网络图表达施工进度计划的方式详见项目 3 的相关内容。

2.2 流水施工参数

在组织拟建工程项目流水施工时，用以表达流水施工在工艺流程、时间排列和空间布置等方面开展状态的参数，称为流水施工参数。流水施工参数按照其性质的不同，通常可分为工艺参数、时间参数和空间参数三类。

2.2.1 工艺参数

工艺参数主要是指在组织流水施工时，用以表达流水施工在施工工艺方面进展状态的参数，通常包括施工过程和流水强度两个参数。

1. 施工过程

组织建设工程流水施工时，根据施工组织及计划安排需要而将计划任务划分成的子项称为施工过程，即在组织流水施工时，将拟建工程项目的整个建造过程分解为施工过程的种类、性质和数目的总称。

施工过程的数目一般用 n 表示，它是流水施工的主要参数之一。施工过程划分的粗细程度由实际需要而定，施工过程可以是单位工程，也可以是分部工程或分项工程，甚至可以是将分项工程按照专业工种不同分解而成的施工工序。

施工过程划分的数目多少、粗细程度与下列几个因素有关。

1）施工进度计划的性质与作用

当编制控制性施工进度计划时，施工过程可划分得粗一些，一般只列出分部工程名称，如基础工程、主体结构工程、装修工程、屋面工程等。当编制实施性施工进度计划时，施工过程可划分得细一些，可将分部工程再分解为若干个分项工程，如将基础工程分解为挖土、垫层、钢筋混凝土基础、回填土等。

2）施工方案和工程结构

不同的施工方案，其施工顺序和施工方法也不相同，如框架主体结构采用钢模的施工顺序为柱筋→柱模→柱混凝土→梁板模→梁板筋→梁板混凝土，共 6 个施工过程；而采用木模的施工顺序为柱筋→柱梁板模→柱混凝土→梁板筋→梁板混凝土，共 5 个施工过程。

3）劳动组织与劳动量的大小

结合本施工单位工种划分及班组组成情况，凡是同一时期由同一个施工队进行施工的施工过程可以合并在一起，否则应该分列。当劳动量小的施工过程组织流水施工有困难时，可与其他施工过程合并。如果施工过程劳动量较大，就要单独作为一个施工过程。

4）施工过程的内容和工作范围

施工过程具体可分为三类：①制备类施工过程，是指为了提高建筑产品的装配化、工厂化、机械化和生产能力而形成的施工过程，如砂浆、混凝土、构配件、制品和门窗框扇等的制备过程；②运输类施工过程，是指将建筑材料、构配件、成品、制品和设备等运到项目工地仓库或现场使用地点形成的施工过程；③建筑安装类施工过程，是指在施工对象空间上直接进行加工，最终形成建筑产品的过程，如地下工程、主体工程、结构安装工程、屋面工程和装饰工程等施工过程。

一个工程需要确定多少个施工过程，其数目目前没有统一的规定，一般以能表达一个工程的完整施工过程，又能做到简单明了便于安排为原则。

2. 流水强度

流水强度是指流水施工的某施工过程（专业班组）在单位时间内所完成的工程量，也称为流水能力或生产能力。例如，浇筑混凝土施工过程的流水强度是指每工作班组浇筑的混凝土立方数。流水强度一般以 V 表示。

（1）机械操作流水强度可按式（2-1）计算。

$$V_i = \sum_{i=1}^{x} R_i S_i \qquad (2-1)$$

式中　V_i——某施工过程 i 的机械操作流水强度；

　　　R_i——投入施工过程 i 的某种施工机械台数；

　　　S_i——投入施工过程 i 的某种施工机械产量定额；

　　　x——投入施工过程 i 的施工机械种类数。

（2）人工操作流水强度可按式（2-2）计算。

$$V_i = R_i S_i \qquad (2-2)$$

式中　V_i——某施工过程 i 的人工操作流水强度；

　　　R_i——投入施工过程 i 的施工班组人数；

　　　S_i——投入施工过程 i 的施工班组产量定额。

已知施工过程的工程量和流水强度就可以算出施工过程的持续时间，或者已知施工过程的工程量和计划完成的时间就可以算出流水强度，从而为确定参加流水施工的各施工过程所需的施工机械台数和施工班组人数提供依据。

2.2.2　时间参数

在组织流水施工时，用以表达流水施工在时间排列上所处状态的参数称为时间参数。时间参数主要有流水节拍、流水步距、平行搭接时间、技术与组织间歇时间、层间间歇时间、流水施工工期。

1. 流水节拍

流水节拍是指在组织流水施工时，某个专业施工班组在一个施工段上的施工时间。专业施工班组在第 i 个施工段上的流水节拍一般用 t_i 来表示。流水节拍是流水施工的主要参数之一，它表明流水施工的速度和节奏性。流水节拍小，其流水速度快，节奏感强。

1）流水节拍的计算

同一施工过程的流水节拍，主要由所采用的施工方法、施工机械，以及在工作面允许的前提下投入施工的施工班组人数、机械台数和采用的工作班次等因素确定。

流水节拍的计算方法一般有经验估计法、定额计算法和工期计算法。

（1）经验估计法。

根据过去的经验进行估计，一般适用于采用新工艺、新技术、新结构、新材料等的工程。

一般为了提高其准确程度，先估计出完成该施工项目的最短估算时间（a）、最长估算时间（b）和最可能估算时间（c）三种施工时间，然后按式（2-3）进行计算。

$$t = \frac{a+b+4c}{6} \qquad (2-3)$$

式中 t——某施工过程在某施工段上的流水节拍；

　　a——某施工过程在某施工段上的最短估算时间；

　　b——某施工过程在某施工段上的最长估算时间；

　　c——某施工过程在某施工段上的最可能估算时间。

（2）定额计算法。

根据施工项目需要的劳动量或机械台班量，以及配备的施工班组人数或机械台数，然后按式（2-4）和式（2-5）进行计算。

$$P = Q/S = QH \qquad (2-4)$$

$$t = P/RN \qquad (2-5)$$

式中 P——在一个施工段上完成某施工过程所需的劳动量（工日数）或机械台班量（台班数）；

　　Q——某施工过程在某施工段上的工程量；

　　S——某施工班组的产量定额；

　　H——某施工班组的时间定额；

　　t——某施工过程的流水节拍；

　　R——某施工过程的施工班组人数或机械台数；

　　N——每天工作班次。

在应用上述公式时，S 和 H 的数值一般是本项目部的实际水平。

（3）工期计算法。

工期计算法是根据流水施工方式及总工期要求，先确定施工时间和工作班制，再确定施工班组人数或机械台数。

根据式（2-4）和式（2-5），如果计算得出的施工班组人数或机械台数对施工项目来说过多或过少，则应根据施工现场条件、工作面大小、最小劳动组合、可能安排的施工人数和机械台数等因素合理确定。如果工期太紧，施工时间不能延长，则可考虑组织多班组、多班制施工。

2）确定流水节拍的要点

（1）在确定施工班组人数时，应考虑最小劳动组合人数、最小工作面和可能安排的施工人数等因素。其中最小劳动组合人数即某一施工过程进行正常施工所必需的最低限度的班组人数及其合理组合。最小工作面即施工班组为保证安全生产和有效操作所必需的工作面，它决定了最大限度可安排多少工人。不能为了缩短工期而无限地增加人数，否则将造成工作面的不足而不能发挥正常的施工效率，且不利于安全施工。可能安排的施工人数即施工单位所能配备的人数。

（2）工作班制要恰当，工作班制的确定要视工期的要求。当工期不紧迫，工艺上又无连续施工要求时，施工过程可采用一班制；当组织流水施工时，为了给第二天连续施工创造条件，某些施工过程可考虑在夜班进行，即采用两班制；当工期较紧或工艺上要求连续施工，或为了提高施工机械的使用率时，某些项目还可考虑采用三班制。

（3）考虑机械台班效率或机械台班产量，考虑施工及技术条件的要求。

（4）在确定一个分部工程施工过程的流水节拍时，首先应考虑主要的、工程量大的施工过程的节拍，然后再确定其他施工过程的节拍。

（5）流水节拍值一般取整数，必要时可保留 0.5 天（台班）的小数值。

2. 流水步距

流水步距是指组织流水施工时，相邻两个施工过程（或施工班组）相继开始施工的最小间隔时间。流水步距一般用 $K_{i,i+1}$ 来表示，其中 i（$i=1$，2，$\cdots$，$n-1$）为施工过程或施工班组的编号。

如果施工过程数为 n 个，则流水步距的总数为 $n-1$ 个。

1）确定流水步距的原则

流水步距的大小取决于相邻两个施工过程在各个施工段上的流水节拍及流水施工组织方式。确定流水步距时，一般有以下几个原则。

（1）施工过程按各自流水节拍施工，始终按照工艺关系保持先后顺序。一般不应发生前一个施工过程尚未全部完成，后一个施工过程便提前介入的现象。

（2）流水步距的最小长度，必须使施工班组进场以后，不发生停工、窝工的现象，各施工过程的施工班组投入施工后应尽可能保持连续作业。

（3）有时为了缩短时间，在工艺技术条件许可的情况下，相邻两个施工过程（或施工班组）在满足连续施工的条件下，可以最大限度地实现合理搭接。

（4）要保证工程质量，满足安全生产、成品保护的需要。

（5）流水步距一般取 0.5 天的整数倍。

2）确定流水步距的方法

流水步距的确定方法有很多，简洁而实用的方法主要有图上计算法、分析计算法和累加数列错位相减取大差法。下面主要介绍累加数列错位相减取大差法。

累加数列错位相减取大差法也称潘特考夫斯基法，它主要应用于无节奏流水施工的计算，该方法较为简捷、准确，其计算步骤如下。

（1）根据施工班组在各施工段上的流水节拍，计算累加数列。

（2）根据施工顺序，对计算的相邻的两累加数列错位相减，得到一个差数列。

（3）根据错位相减结果，确定相邻施工班组之间的流水步距，即差数列中数值的最大者。

 【应用案例 2 - 2】

某项目由三个施工过程组成，分别由 A、B、C 三个专业施工班组完成，在平面上划分成 4 个施工段，每个专业施工班组在各施工段上的流水节拍见表 2 - 3，试确定相邻专业施工班组之间的流水步距。

表 2 - 3　流水节拍数据表　　　　　　　　　　　　　单位：天

专业施工班组	施　工　段			
	①	②	③	④
A	4	2	3	2
B	3	4	3	4
C	3	2	2	3

【解】（1）求各专业施工班组的累加数列。

A：4，6，9，11
B：3，7，10，14
C：3，5，7，10

（2）错位相减。

A 与 B：

```
  4， 6， 9， 11
－    3， 7， 10，  14
─────────────────
  4， 3， 2， 1， －14
```

B 与 C：

```
  3， 7， 10， 14
－    3， 5， 7，  10
─────────────────
  3， 4， 5， 7， －10
```

（3）求流水步距。

因流水步距等于错位相减所得结果中数值最大者，故有：

$K_{A,B} = \max\{4,3,2,1,-14\} = 4$（天）

$K_{B,C} = \max\{3,4,5,7,-10\} = 7$（天）

一般来说，在拟建工程的施工段数不变的情况下，流水步距越大，工期越长；流水步距越小，工期越短。因此，流水步距的大小，直接影响工期的长短。

3. 平行搭接时间

在组织流水施工时，有时为了缩短工期，在工作面允许的条件下，如果前一个专业施工班组完成部分施工任务后，能够提前为后一个专业施工班组提供工作面，使后者提前进入前一个施工段，这样两个相邻的专业施工班组在同一施工段上实现平行搭接施工，这个搭接的时间称为平行搭接时间，一般用 $C_{i,i+1}$ 来表示。

4. 技术与组织间歇时间

在组织流水施工时，除了要考虑相邻专业施工班组之间的流水步距外，有时根据建筑材料或现浇构件等的工艺性质或者施工组织方面的要求，还需要考虑合理的等待时间，这个等待时间称为间歇时间。按照引起间歇时间的原因不同，间歇时间可分为技术间歇时间和组织间歇时间，一般用 $Z_{i,i+1}$ 来表示。

1）技术间歇时间

在组织流水施工时，除要考虑相邻专业施工班组之间的流水步距外，还要考虑合理的工艺等待时间，这个等待时间称为技术间歇时间。如浇筑混凝土后必须经过一定时间的养护，又如设备涂刷底漆后必须经过一定的干燥时间才能涂刷面漆。

2）组织间歇时间

在组织流水施工中，由于施工技术或施工组织的原因，造成的在流水步距以外增加的间歇时间称为组织间歇时间，如流水施工中某些施工过程完成后要有必要的检查验收或施工过程准备时间，又如一些隐蔽工程的检查时间。

5. 层间间歇时间

在相邻两个施工层之间，前一个施工层的最后一个施工过程与后一个施工层相应施工段上的第一个施工过程之间的间歇时间称为层间间歇时间，用 Z_f 表示。

6. 流水施工工期

流水施工工期是指从参与流水施工的第一个施工过程的第一个施工段的工作开始到最后一个施工过程的最后一个施工段的工作结束的持续时间，也即从第一个专业施工班组投入流水施工开始，到最后一个专业施工班组完成流水施工为止的整个持续时间，一般可采用式（2-6）计算。

$$T = \sum K_{i,i+1} + T_n \tag{2-6}$$

式中　T——流水施工工期；

$\sum K_{i,i+1}$——流水施工中各流水步距之和；

　　T_n——流水施工中最后一个施工过程的持续时间之和。

2.2.3　空间参数

在组织流水施工时，用以表达流水施工在空间布置上所处状态的参数，称为空间参数。空间参数主要包括工作面、施工段和施工层。

1. 工作面

工作面是指某专业工种的工人在从事建筑产品施工生产过程中所必须具备的活动空间。工作面的确定是根据相应工种单位时间内的产量定额、建筑安装工程操作规程和安全规程等要求确定的。工作面确定的合理与否，将直接影响专业施工班组的生产效率。

根据施工过程的不同，工作面可以用不同的计量单位表示。施工对象的工作面的大小，表明能安排施工的人数或机械台数的多少。例如，挖基槽按米（m）计算，墙面抹灰按平方米（m²）计量。每个工人或每台机械的工作面不能小于最小工作面的要求。主要工种的合理工作面参数参考数据见表 2-4。

表 2-4　主要工种工作面参数参考数据

工 作 项 目	每个技工的工作面	说　明
砖基础	7.6m/人	以 1.5 砖计，2 砖乘以 0.8，3 砖乘以 0.55
砌砖墙	8.5m/人	以 1 砖计，1.5 砖乘以 0.71，2 砖乘以 0.57

续表

工 作 项 目	每个技工的工作面	说　　明
毛石墙基	3.0m/人	以60cm厚计
毛石墙	3.3m/人	以40cm厚计
混凝土柱、墙基础	8.0m³/人	机拌、机捣
混凝土设备基础	7.0m³/人	机拌、机捣
现浇钢筋混凝土柱	2.45m³/人	机拌、机捣
现浇钢筋混凝土梁	3.20m³/人	机拌、机捣
现浇钢筋混凝土墙	5.0m³/人	机拌、机捣
现浇钢筋混凝土楼板	5.3m³/人	机拌、机捣
预制钢筋混凝土柱	3.6m³/人	机拌、机捣
预制钢筋混凝土梁	3.6m³/人	机拌、机捣
预制钢筋混凝土屋架	2.7m³/人	机拌、机捣

2. 施工段

为了有效地组织流水施工，通常把施工对象在平面上划分成若干个劳动量大致相等的施工段落，一般把建筑物水平方向上划分的施工区段称为施工段，用符号 m 表示。

划分施工段的目的就是组织流水施工。将工程划分成若干个施工段，可以为组织流水施工提供足够的空间。在组织流水施工时，专业施工班组在完成一个施工段上的任务后，遵循施工组织顺序又到另一个施工段上作业，从而产生连续流动施工的效果。

组织流水施工时，可以划分足够数量的施工段，为相邻专业施工班组尽早地提供工作面，避免窝工，从而达到缩短工期的目的。划分施工段的目的实际上就是把一个庞大的施工对象划分成一定数量的施工段，从而组织批量生产。

1) 施工段划分的原则

为使施工段划分得合理，一般应遵循下列原则。

(1) 同一专业施工班组在各个施工段上的劳动量应大致相等，相差幅度不宜超过10%～15%。

(2) 每个施工段内要有足够的工作面，以保证相应数量的工人、主导施工机械的生产效率，满足合理劳动组织的要求。

(3) 施工段的界限应尽可能与结构界限（如沉降缝、伸缩缝、抗震缝等）相吻合，或设在对建筑结构整体性影响小的部位，以保证建筑结构的整体性。

(4) 施工段的数目要满足合理组织流水施工的要求。施工段数目过多会降低施工速度，延长工期；施工段数目过少，则不利于充分利用工作面，可能造成窝工。

(5) 对于多层建筑物、构筑物或需要分层施工的工程，应既分施工段，又分施工层。各专业施工班组依次完成第一施工层中各施工段的任务后，再转移到第二施工层的施工段上作业，依此类推，以确保相应专业施工班组在施工段与施工层之间组织连续、均衡、有节奏的流水施工。

2）施工段划分的部位

施工段划分的部位要有利于结构的整体性，应考虑到施工工程轮廓形状、平面组成及结构特点。在满足施工段划分原则的前提下，可按以下几种情况划分施工段部位。

（1）设置伸缩缝、沉降缝、抗震缝的建筑工程可按此类缝为界划分施工段。

（2）单元式的住宅工程可以单元为界分段，必要时可以半个单元为界分段。

（3）道路、管线等线性长度延伸的建筑工程，可按一定长度作为一个施工段。

（4）多幢同类型建筑，可以一幢房屋作为一个施工段。

3）施工段数（m）与施工过程数（n）的关系

在组织多层结构的流水施工时，为使各专业施工班组能连续施工，上一层的施工必须在下一层对应部位完成后才能开始。即各专业施工班组做完第一段后，能立即转入第二段；做完第一层的最后一段后，能立即转入第二层的第一段。因此，每一层的施工段数 m 必须大于或等于其施工过程数 n，即

$$m \geqslant n \tag{2-7}$$

 【应用案例 2-3】

某 2 层现浇钢筋混凝土结构的建筑物，在组织流水施工时将主体工程划分为支模板、绑扎钢筋和现浇混凝土三个施工过程，即 $n=3$，设每个施工过程在每个施工段上的施工持续时间均为 2 天。

【解】（1）当 $m>n$ 时，每层划分为 4 个施工段组织流水施工，其进度安排如图 2-9 所示。

施工过程		施工进度/天									
		1	2	3	4	5	6	7	8	9	10
一层	支模板	①	②	③	④						
	绑扎钢筋		①	②	③	④					
	现浇混凝土			①	②	③	④				
二层	支模板					①	②	③	④		
	绑扎钢筋						①	②	③	④	
	现浇混凝土							①	②	③	④

图 2-9 当 $m>n$ 时的进度安排

从图 2-9 中可以看出，当 $m>n$ 时，各专业施工班组可以连续工作，但施工段有空闲，这时工作面的空闲并不一定有害，有时候还是必要的，可用于弥补技术间歇和组织间歇等所必需的时间，如养护、备料和弹线等工作。但施工段数过多必然使得工作面减少，从而减少专业施工班组人数，延长工期。

（2）当 $m=n$ 时，每层划分为 3 个施工段组织流水施工，其进度安排如图 2-10 所示。

从图 2-10 可以看出，当 $m=n$ 时，各施工段之间没有空闲，且各专业施工班组能连续工作，没有窝工、停工现象，这是最理想的情况。但此种情况要求项目管理者的管理水平比较高。

施工过程		施工进度/天							
		1	2	3	4	5	6	7	8
一层	支模板	①	②	③					
	绑扎钢筋		①	②	③				
	现浇混凝土			①	②	③			
二层	支模板				①	②	③		
	绑扎钢筋					①	②	③	
	现浇混凝土						①	②	③

图 2 - 10　当 m＝n 时的进度安排

（3）当 m＜n 时，每层划分为两个施工段组织流水施工，其进度安排如图 2-11 所示。

施工过程		施工进度/天						
		1	2	3	4	5	6	7
一层	支模板	①	②					
	绑扎钢筋		①	②				
	现浇混凝土			①	②			
二层	支模板				①	②		
	绑扎钢筋					①	②	
	现浇混凝土						①	②

图 2 - 11　当 m＜n 时的进度安排

【施工段划分实例】

从图 2-11 可以看出，当 m＜n 时，各施工段之间没有空闲，但各专业施工班组不能连续工作。这种情况对于有数幢同类型的建筑物的工程，可以组织建筑物之间的大流水施工来弥补上述停工现象，但对单一建筑物的流水施工是不适宜的，应杜绝此类情况的发生。

综上所述，施工段数 m 应大于或等于施工过程数 n，以避免出现窝工、停工现象。另外，当无层间关系或无施工层时，则施工段数不受式(2-7) 的限制。

3. 施工层

在组织工程项目流水施工时，为了满足专业施工班组对施工高度和施工工艺的要求，通常将拟建工程项目在竖向上划分为若干个施工区段，这些施工区段称为施工层。施工层的划分要按施工项目的具体情况，根据建筑物的高度和楼层来确定。如砌筑工程的施工高度一般为 1.2m，装饰工程等可按楼层划分施工层。

2.3 流水施工的组织方式

按照流水节拍的特征将流水施工进行分类，可分为等节奏流水施工、异节奏流水施工和无节奏流水施工，具体分类如图2-12所示。

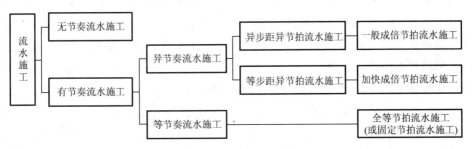

图 2-12 流水施工分类

（1）有节奏流水施工是指在组织流水施工时，每一个施工过程在各个施工段上的流水节拍都各自相等的流水施工组织方式，它分为等节奏流水施工和异节奏流水施工。

① 等节奏流水施工也称全等节拍流水施工或固定节拍流水施工。

② 异节奏流水施工又可分为等步距异节拍流水施工和异步距异节拍流水施工两种组织方式。

（2）无节奏流水施工是指在组织流水施工时，全部或部分施工过程在各个施工段上的流水节拍不相等的流水施工组织方式。

2.3.1 等节奏流水施工

等节奏流水施工是指在有节奏流水施工中，各施工过程的流水节拍都相等的流水施工组织方式，即同一施工过程在各施工段上的流水节拍都相等，并且不同施工过程之间的流水节拍也相等的一种流水施工方式。

1. 等节奏流水施工的特点

等节奏流水施工是一种最理想的流水施工方式，其特点如下。

（1）所有施工过程在各个施工段上的流水节拍均相等。

（2）相邻施工过程的流水步距相等，且等于流水节拍。

（3）专业施工班组数等于施工过程数，即每一个施工过程成立一个专业施工班组，由该专业施工班组完成相应施工过程所有施工段上的任务。

（4）各专业施工班组在各施工段上能够连续作业，施工段之间没有空闲时间。

2. 等节奏流水施工的组织步骤

（1）分解施工过程并确定施工顺序。

（2）确定工程项目的施工起点流向，划分施工段。施工段数目的确定方法如下。

① 无层间关系或无施工层时，$m=n$。

② 有层间关系或有施工层时，施工段的数目分两种情况确定。

a. 无间歇时间时，取 $m=n$。

b. 有间歇时间时，为了保证各专业施工班组能够连续施工，应取 $m \geqslant n$。此时，施工段的数目可按式（2-8）确定。

$$m \geqslant n + \sum Z_{i,i+1}/K + Z_r/K \qquad (2-8)$$

式中 $\sum Z_{i,i+1}$——同一施工层中各施工过程间的技术与组织间歇时间之和；

         Z_r——层间技术与组织间歇时间。

（3）确定主要施工过程的专业施工班组人数并计算流水节拍数值。

（4）确定流水步距，即 $K=t$。

（5）计算流水施工的工期，可按式（2-9）确定。

$$T = (mr + n - 1)K + \sum Z_{i,i+1} - \sum C_{i,i+1} \qquad (2-9)$$

式中 r——施工层数。

（6）绘制流水施工进度计划图表。

等节奏流水施工比较适用于分部工程流水施工，不适用于单位工程流水施工，特别是群体工程流水施工。因为等节奏流水施工虽然是一种比较理想的流水施工方式，它能保证专业施工班组的工作连续，工作面充分利用，实现均衡施工，但由于它要求划分的各分部、分项工程都采用相同的流水节拍，这对一个单位工程或建筑群来说，往往十分困难，不容易达到，因此实际应用范围不是很广泛。

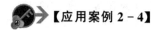【应用案例 2-4】

某分部工程可以划分为 A、B、C、D、E 5 个施工过程，分为 6 个施工段组织流水施工，流水节拍均为 4 天，试组织等节奏流水施工。

【解】（1）确定施工段数 $m=6$。

（2）确定流水节拍 $t=4$ 天。

（3）确定流水步距 $K=t=4$ 天。

（4）计算流水施工工期 T。

$$T = (mr + n - 1)K + \sum Z_{i,i+1} - \sum C_{i,i+1} = (6 \times 1 + 5 - 1) \times 4 = 40（天）$$

（5）绘制流水施工进度计划，如图 2-13 所示。

【应用案例 2-5】

某分部工程划分为 A、B、C、D 4 个施工过程，每个施工过程划分为 3 个施工段，其流水节拍均为 4 天，其中施工过程 A 与 B 之间有 2 天的搭接时间，施工过程 C 与 D 之间有 1 天的间歇时间。试组织等节奏流水施工，计算流水施工工期，绘制施工进度计划。

【解】（1）确定施工段数 $m=3$。

（2）确定流水节拍 $t=4$ 天。

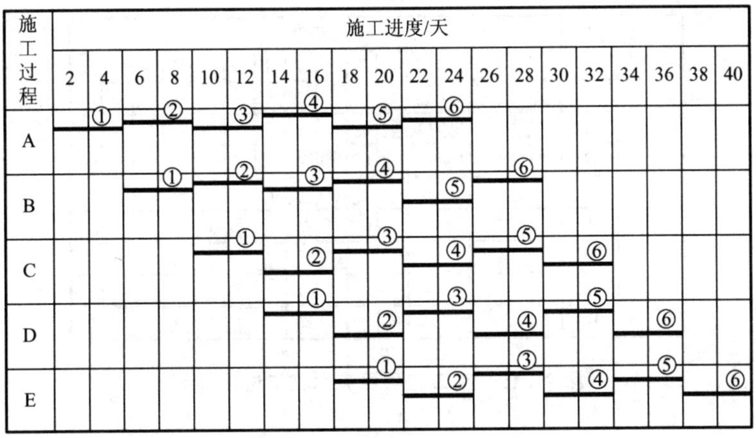

施工过程	施工进度/天																			
	2	4	6	8	10	12	14	16	18	20	22	24	26	28	30	32	34	36	38	40
A	①		②		③			④		⑤		⑥								
B		①		②		③			④			⑤		⑥						
C				①			②		③		④		⑤		⑥					
D					①		②			③		④		⑤		⑥				
E						①		②		③			④		⑤				⑥	

图 2-13 某分部工程流水施工进度计划

（3）确定流水步距 $K = t = 4$ 天。

（4）计算流水施工工期 T。

$$T = (m + n - 1)K + \sum Z_{i,i+1} - \sum C_{i,i+1} = (3 + 4 - 1) \times 4 + 1 - 2 = 23(\text{天})$$

（5）绘制流水施工进度计划，如图 2-14 所示。

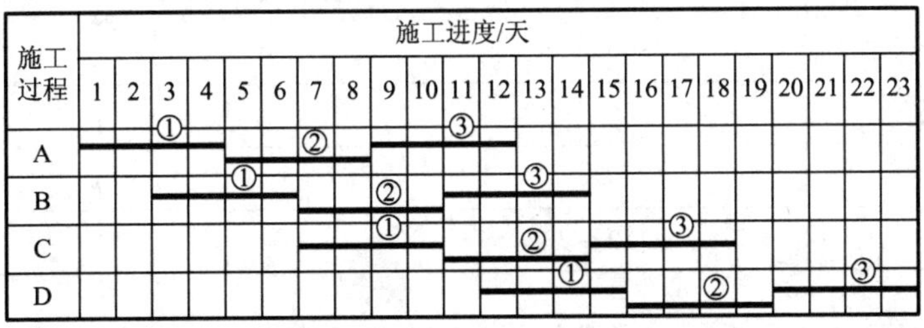

施工过程	施工进度/天																						
	1	2	3	4	5	6	7	8	9	10	11	12	13	14	15	16	17	18	19	20	21	22	23
A			①				②				③												
B				①				②				③											
C					①				②				③										
D										①					②				③				

图 2-14 某分部工程流水施工进度计划

【应用案例 2-6】

某工程项目由 Ⅰ、Ⅱ、Ⅲ、Ⅳ 4 个施工过程组成，划分 2 个施工层组织流水施工，施工过程 Ⅱ 完成后需养护 1 天下一个施工过程才能施工，且层间技术间歇时间为 1 天，流水节拍均为 1 天。为了保证施工班组连续作业，试确定施工段数，计算流水施工工期并绘制流水施工进度计划。

【解】（1）确定流水节拍 $t = 1$ 天。

（2）确定流水步距 $K = t = 1$ 天。

（3）确定施工段数 $m \geqslant n + \sum Z_{i,i+1}/K + Z_r/K = 4 + 1/1 + 1/1 = 6$（段），取 $m = 6$ 段。

（4）计算流水施工工期 T。

$$T = (mr + n - 1)K + \sum Z_{i,i+1} - \sum C_{i,i+1} = (6 \times 2 + 4 - 1) \times 1 + 1 - 0 = 16(\text{天})$$

（5）绘制流水施工进度计划，如图 2-15 所示。

施工层	施工过程	施工进度/天															
		1	2	3	4	5	6	7	8	9	10	11	12	13	14	15	16
一	I	①	②	③	④	⑤	⑥										
	II		①	②	③	④	⑤	⑥									
	III			①	②	③	④	⑤	⑥								
	IV				①	②	③	④	⑤	⑥							
二	I							①	②	③	④	⑤	⑥				
	II								①	②	③	④	⑤	⑥			
	III									①	②	③	④	⑤	⑥		
	IV										①	②	③	④	⑤	⑥	

图 2-15 某工程项目流水施工进度计划

【应用案例 2-7】

某木骨架罩面板顶棚工程数据见表 2-5。若每个施工过程的作业人数最多可供应 55人，安装罩面板后需间歇 2 天再装压条。试组织等节奏流水施工。

表 2-5 某木骨架罩面板顶棚工程数据

施工过程	工程量/m²	产量定额/（m²/工日）	劳动量/工日
小龙骨	800	5	160
防腐处理	280	4	70
罩面板	240	1.2	200
压条	420	7	60

【解】（1）确定施工段数 m：无层间关系，本工程考虑其他因素，取 $m=4$，则每段劳动量见表 2-6。

（2）确定流水节拍 t：罩面板劳动量最大，人员供应最紧，为主要施工过程。

$t_罩=P_罩/R_罩=50/55\approx0.91$（天），取 $t_罩=1$ 天，则

$$R_罩=P_罩/t_罩=50/1=50（人）$$

令其他施工过程的节拍均为 1 天，施工人数见表 2-6。

表 2-6 流水节拍及施工人数

施工过程	每段劳动量/工日	施工人数/人	流水节拍/天
龙骨	40	40	1
防腐处理	18	18	1
罩面板	50	50	1
压条	15	15	1

（3）确定流水步距 K，取 $K=t=1$ 天。

（4）计算流水施工工期 T。

$$T = (m+n-1)K + \sum Z_{i,i+1} - \sum C_{i,i+1} = (4+4-1)\times 1 + 2 - 0 = 9(\text{天})$$

（5）绘制流水施工进度计划，如图 2-16 所示。

施工过程	施工进度/天								
	1	2	3	4	5	6	7	8	9
龙骨	①	②	③	④					
防腐处理		①	②	③	④				
罩面板			①	②	③	④			
压条						①	②	③	④

图 2-16 某木骨架罩面板顶棚工程流水施工进度计划

能力拓展训练

某分部工程划分为 A、B、C、D 4 个施工过程，每个施工过程划分为 5 个施工段，流水节拍均为 3 天。

问题：（1）若组织等节奏流水施工，请计算流水施工工期。
（2）绘制该流水施工的横道图进度计划。

【流水施工案例】

2.3.2 异节奏流水施工

异节奏流水施工是指同一施工过程在各施工段上的流水节拍彼此相等，不同施工过程之间的流水节拍不一定相等的流水施工方式。异节奏流水施工又可分为等步距异节拍流水施工和异步距异节拍流水施工两种。为了缩短流水施工工期，一般均采用等步距异节拍流水施工方式。

1. 等步距异节拍流水施工

在组织流水施工时，通常在同一施工段的工作面上，由于不同的施工过程，其施工性质、复杂程度、工程量等各不相同，从而使得其流水节拍很难完全相等，不能形成固定节拍流水施工。

但是，如果施工段划分恰当，也可以使同一施工过程在各施工段上的流水节拍相等，且不同施工过程的流水节拍为某一整数的不同倍数，此时每个施工过程均按其节拍的倍数关系成立相应的专业施工班组，组织这些专业施工班组进行流水施工，即等步距异节拍流水施工。

等步距异节拍流水施工是指在组织流水施工时，同一个施工过程的流水节拍相等，不同施工过程之间的流水节拍不全相等，但各个施工过程的流水节拍均为某个整数的倍数的流水施工方式，也称为加快的成倍节拍流水施工。

1）等步距异节拍流水施工的特点

（1）同一施工过程在其各个施工段上的流水节拍均相等；不同施工过程的流水节拍不等，但均为某个整数的倍数。

(2) 相邻专业施工班组的流水步距相等,且等于流水节拍的最大公约数。

(3) 专业施工班组数大于施工过程数,即有的施工过程只成立一个专业施工班组,而有的施工过程可按其倍数增加相应专业施工班组数目。

(4) 各专业施工班组在施工段上能够连续作业,施工段之间没有空闲时间。

2) 等步距异节拍流水施工的组织步骤

(1) 划分施工过程,确定施工顺序。

(2) 划分施工段。

① 不分施工层时,按划分施工段的原则确定施工段数。

② 划分施工层时,施工段数可按式(2-10)确定。

$$m \geqslant n_1 + \sum Z_{i,i+1}/K + Z_r/K \tag{2-10}$$

式中 n_1——专业施工班组数。

(3) 确定各施工过程流水节拍。

(4) 确定流水步距,可按式(2-11)确定。

$$K = K_b = 最大公约数\{t_i\} \tag{2-11}$$

(5) 确定专业施工班组数,可按式(2-12)和式(2-13)确定。

$$b_i = t_i/K \tag{2-12}$$

$$n_1 = \sum_{i=1}^{n} b_i \tag{2-13}$$

(6) 确定流水施工工期,可按式(2-14)和式(2-15)确定。

当无层间关系时:

$$T = (m + n_1 - 1)K + \sum Z_{i,i+1} \tag{2-14}$$

当有层间关系时:

$$T = (mr + n_1 - 1)K + \sum Z_{i,i+1} \tag{2-15}$$

(7) 绘制流水施工进度计划图表。

等步距异节拍流水施工组织方式适用于房屋建筑的分部工程的施工,也适用于线形工程(如道路、管道)的施工。

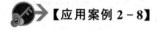 【应用案例2-8】

某工程由 A、B、C 3 个施工过程组成,划分为 6 个施工段施工,流水节拍分别为 $t_A = 6$ 天、$t_B = 4$ 天、$t_C = 2$ 天,试组织等步距异节拍流水施工,并绘制施工进度计划。

【解】(1) 确定流水步距。

$K = K_b = 最大公约数\{6,4,2\} = 2(天)$

(2) 确定专业施工班组数。

$b_1 = 6/2 = 3(个)$,$b_2 = 4/2 = 2(个)$,$b_3 = 2/2 = 1(个)$

$n_1 = b_1 + b_2 + b_3 = 3 + 2 + 1 = 6(个)$

(3) 计算流水施工工期。

$T = (m + n_1 - 1)K = (6 + 6 - 1) \times 2 = 22(天)$

(4) 绘制流水施工进度计划,如图 2-17 所示。

施工过程	工作队	施工进度/天																				
		1	2	3	4	5	6	7	8	9	10	11	12	13	14	15	16	17	18	19	20	21	22
A	I_a				①						④												
	I_b					②						⑤											
	I_c							③						⑥									
B	I_a									①				③				⑤					
	I_b											②				④				⑥			
C	I													①		②	③		④		⑤		⑥

图 2-17 某工程流水施工进度计划

【应用案例 2-9】

某两层现浇钢筋混凝土工程，施工过程分为支设模板、绑扎钢筋和浇筑混凝土。其流水节拍分别为：$t_{支设模板}=2$ 天，$t_{绑扎钢筋}=2$ 天，$t_{浇筑混凝土}=1$ 天。当安装模板施工班组转移到第二层第一段施工时，需待第一层第一段的混凝土养护 1 天后才能进行。试组织工期最短的流水施工，并绘制流水施工进度计划。

【解】根据已知条件，应组织等步距异节拍流水施工，其工期最短。

(1) 确定流水步距。

$K=K_b=$ 最大公约数$\{2，2，1\}=1$（天）

(2) 确定专业施工班组数。

$b_1=2/1=2$（个），$b_2=2/1=2$（个）　　$b_3=1/1=1$（个）

$n_1=b_1+b_2+b_3=2+2+1=5$（个）

(3) 确定施工段数。

$m \geqslant n_1 + \sum Z_{i,i+1}/K + Z_r/K = 5 + 1/1 = 6$（个），取 $m=6$ 段。

(4) 计算流水施工工期。

$T=(mr+n_1-1)K+\sum Z_{i,i+1}=(6\times 2+5-1)\times 1=16$（天）

(5) 绘制流水施工进度计划，如图 2-18 所示。

2. 异步距异节拍流水施工

组织流水施工时，同一施工过程在各施工段上的流水节拍相等，不同施工过程的流水节拍不完全相等且相互间没有整数倍的关系，可组织异步距异节拍流水，也称为一般的成倍节拍流水施工。

1）异步距异节拍流水施工的特点

(1) 同一个施工过程的流水节拍相等，不同施工过程的流水节拍不一定相等。

(2) 各施工过程之间的流水步距不一定相等。

(3) 施工班组数等于施工过程数。

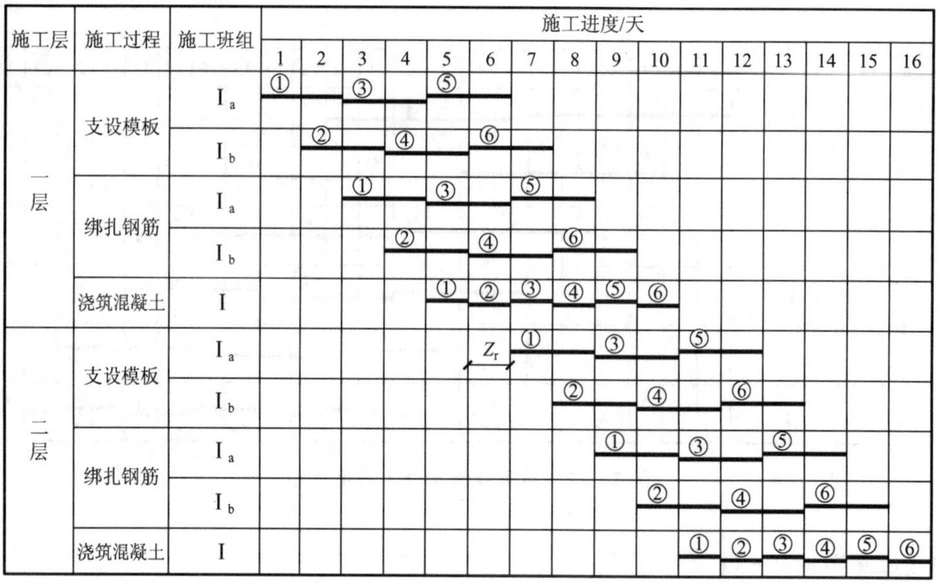

施工层	施工过程	施工班组	施工进度/天															
			1	2	3	4	5	6	7	8	9	10	11	12	13	14	15	16
一层	支设模板	I$_a$	①		③		⑤											
		I$_b$		②		④		⑥										
	绑扎钢筋	I$_a$			①		③		⑤									
		I$_b$				②		④		⑥								
	浇筑混凝土	I					①	②	③	④	⑤	⑥						
二层	支设模板	I$_a$						Z_r	①		③		⑤					
		I$_b$								②		④		⑥				
	绑扎钢筋	I$_a$									①		③		⑤			
		I$_b$										②		④		⑥		
	浇筑混凝土	I											①	②	③	④	⑤	⑥

图 2-18 某两层现浇钢筋混凝土工程流水施工进度计划

(4) 各专业施工班组都能够保证连续施工，但有的施工段之间可能有空闲。

2) 异步距异节拍流水施工的组织步骤

(1) 确定流水步距，可按式(2-16)和式(2-17)确定。

当 $t_i \leqslant t_{i+1}$ 时：

$$K_{i,\,i+1} = t_i \qquad (2-16)$$

当 $t_i > t_{i+1}$ 时：

$$K_{i,\,i+1} = m t_i - (m-1) t_{i+1} \qquad (2-17)$$

(2) 确定流水施工工期，可按式(2-18)确定。

$$T = \sum K_{i,i+1} + T_n + \sum Z_{i,i+1} = \sum K_{i,i+1} + m t_n + \sum Z_{i,i+1} \qquad (2-18)$$

式中　T_n——最后一个施工过程的持续时间之和。

【应用案例 2-10】

3 幢同类型房屋的基础工程，分挖土、垫层、砌基础、回填土 4 个施工过程，它们在每幢房屋上的延续时间分别为 4 天、2 天、6 天、2 天，垫层完成后需要有 1 天的干燥时间。试组织异步距异节拍流水施工，并计算流水步距和工期。

【解】(1) 确定流水步距。

$K_{挖土,垫层} = 3 \times 4 - 2 \times 2 = 8$(天)

$K_{垫层,砌基础} = 2$ 天

$K_{砌基础,回填土} = 3 \times 6 - 2 \times 2 = 14$(天)

(2) 确定流水施工工期。

$$T = \sum K_{i,i+1} + mt_n + \sum Z_{i,i+1} = 8 + 2 + 14 + 3 \times 2 + 1 = 31(\text{天})$$

（3）绘制流水施工进度计划，如图 2-19 所示。

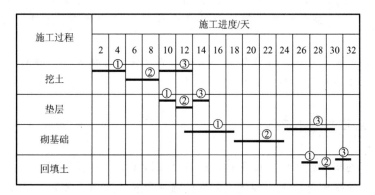

图 2-19　某 3 幢同类型房屋基础工程流水施工进度计划

【应用案例 2-11】

已知某工程可以划分为 4 个施工过程，3 个施工段（$m=3$），各施工过程的流水节拍分别为 $t_A=2$ 天、$t_B=3$ 天、$t_C=4$ 天、$t_D=3$ 天，并且在 A 过程结束后，B 过程开始之前，工作面有 1 天的技术间歇时间，试组织异步距异节拍流水，并绘制流水施工进度计划。

【解】（1）计算流水步距。

$t_A = 2$ 天 $< t_B = 3$ 天

则 $K_{A,B} = t_A = 2$ 天

$t_B = 3$ 天 $< t_C = 4$ 天

则 $K_{B,C} = t_B = 3$ 天

$t_C = 4$ 天 $> t_D = 3$ 天

则 $K_{C,D} = mt_C - (m-1)t_D = 3 \times 4 - (3-1) \times 3 = 6(\text{天})$

（2）确定流水施工工期。

$$T = \sum K_{i,i+1} + mt_n + \sum Z_{i,i+1} = 2 + 3 + 6 + 3 \times 3 + 1 = 21(\text{天})$$

（3）绘制流水施工进度计划，如图 2-20 所示。

施工过程	施工进度/天																				
	1	2	3	4	5	6	7	8	9	10	11	12	13	14	15	16	17	18	19	20	21
A		①		②		③															
B					①			②			③										
C									①				②				③				
D													①			②			③		

图 2-20　某工程流水施工进度计划

能力拓展训练

某两层房屋强化复合地板装修工程，根据装修技术要求，该工程流水节拍分别为：清理基层 4 天；铺设塑料薄膜地垫及复合地板、踢脚线 6 天；打磨、油漆、上蜡 2 天。

问题：（1）若要求施工班组连续、均衡地施工，请计算该装修工程的流水施工工期。

（2）绘制该流水施工的横道图进度计划。

2.3.3　无节奏流水施工

在工程项目的实际施工中，施工过程在各施工段上的作业持续时间不尽相等，各专业施工班组的生产效率相差较大，导致大多数的流水节拍不相等，不可能组织等节奏流水施工或异节奏流水施工。在这种情况下，可以利用流水施工的基本概念，在保证施工工艺、满足施工顺序要求的前提下，按照一定的计算方法，确定相邻专业施工班组之间的流水步距，使其在开工时间上最大限度地、合理地搭接起来，形成每个专业施工班组都能连续作业的流水施工方式，称为无节奏流水施工，也称分别流水施工，它是建设工程流水施工的普遍方式。

无节奏流水施工其实质是各专业施工班组连续流水作业，流水步距经计算确定，使专业施工班组在一个施工段内互不干扰，或前后专业施工班组之间工作紧密衔接，因此其基本要求是保证各施工过程的工艺顺序合理和各专业施工班组尽可能依次在各施工段上连续施工。

1. 无节奏流水施工的特点

（1）各施工过程在各施工段的流水节拍不全相等。

（2）相邻施工过程的流水步距不尽相等。

（3）专业施工班组数等于施工过程数。

（4）各专业施工班组能够在施工段上连续作业，但有的施工段可能有空闲时间。

2. 无节奏流水施工的组织步骤

（1）分解施工过程并确定施工顺序。

（2）确定工程项目的施工起点流向，划分施工段。

（3）确定每个施工过程在各个施工段上的流水节拍数值。

（4）用累加数列错位相减取大差法计算相邻施工过程之间的流水步距。

（5）计算流水施工的工期，见式（2-19）。

$$T = \sum K_{i,i+1} + T_n + \sum Z_{i,i+1} - \sum C_{i,i+1} \tag{2-19}$$

（6）绘制流水施工进度计划图表。

【应用案例 2-12】

某分部工程流水节拍见表 2-7，试计算该分部工程的流水步距和工期。

表 2-7 某分部工程流水节拍　　　　　　　　　　单位：天

施工过程	施工段			
	Ⅰ 段	Ⅱ 段	Ⅲ 段	Ⅳ 段
A	3	2	1	4
B	2	3	2	3
C	1	3	2	3
D	2	4	3	1

【解】（1）确定施工段数 $m=4$。

（2）确定流水步距。

① 计算累加数列。

A：3，5，6，10

B：2，5，7，10

C：1，4，6，9

D：2，6，9，10

② 错位相减。

A 与 B：　3，5，6，10

　　　－　　2，5，7，　10

　　　　——————————————

　　　　3，3，1，3，－10

B 与 C：　2，5，7，10

　　　－　　1，4，6，　9

　　　　——————————————

　　　　2，4，3，4，－9

C 与 D：　1，4，6，9

　　　－　　2，6，9，　10

　　　　——————————————

　　　　1，2，0，0，－10

③ 取最大差。

$K_{A,B}=\max\{3，3，1，3，-10\}=3$（天）

$K_{B,C}=\max\{2，4，3，4，-9\}=4$（天）

$K_{C,D}=\max\{1，2，0，0，-10\}=2$（天）

（3）计算流水施工工期 T。

$$T=\sum K_{i,i+1}+T_n+\sum Z_{i,i+1}-\sum C_{i,i+1}=(3+4+2)+(2+4+3+1)=19（天）$$

（4）绘制流水施工进度计划，如图 2-21 所示。

【应用案例 2-13】

某工程有Ⅰ、Ⅱ、Ⅲ、Ⅳ、Ⅴ 5 个施工过程。施工时在平面上划分成 4 个施工段，每个施工过程在各个施工段上的产量定额 S、工程量 Q 与施工班组人数 R 见表 2-8。规定施工过程

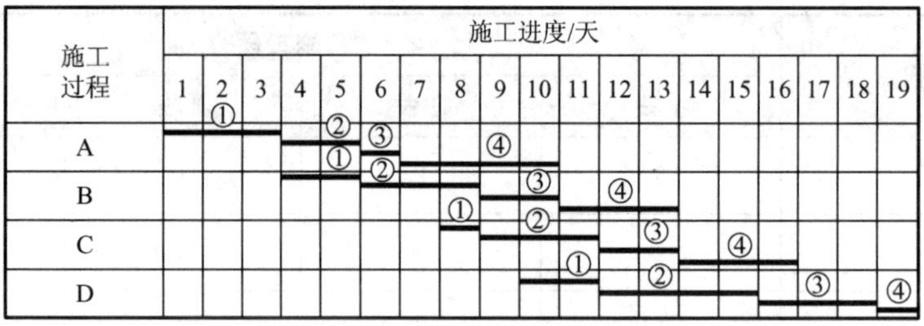

图2-21 某分部工程流水施工进度计划

Ⅱ完成后，其相应施工段至少要养护2天；施工过程Ⅳ完成后，其相应施工段要留有1天的准备时间。为了早日完工，允许施工过程Ⅰ与Ⅱ之间搭接施工1天，试组织流水施工。

表2-8 某工程相关数据表

施工过程	产量定额S	各施工段的工程量Q					施工班组人数R/人
		单位	第1段	第2段	第3段	第4段	
Ⅰ	8m²/工日	m²	238	160	164	315	10
Ⅱ	1.5m³/工日	m³	23	68	112	66	15
Ⅲ	0.4t/工日	t	6.5	3.3	9.5	16.1	8
Ⅳ	1.3m³/工日	m³	51	27	40	38	10
Ⅴ	5m³/工日	m³	148	203	97	53	10

【解】（1）根据上述资料，计算流水节拍。

$$t_{Ⅰ①} = \frac{Q}{SRN} = \frac{238}{8 \times 10 \times 1} \approx 3（天）$$

同理可得其他流水节拍，见表2-9。

表2-9 某工程流水节拍数据　　　　　　　　　　　单位：天

施工过程	施工段			
	①	②	③	④
Ⅰ	3	2	2	4
Ⅱ	1	3	5	3
Ⅲ	2	1	3	5
Ⅳ	4	2	3	3
Ⅴ	3	4	2	1

（2）确定流水步距。

① 计算累加数列。

Ⅰ：3，5，7，11

Ⅱ：1，4，9，12

Ⅲ：2，3，6，11

Ⅳ：4，6，9，12

Ⅴ：3，7，9，10

② 错位相减取大差确定流水步距。

Ⅰ与Ⅱ：　3，5，7，11

　　　－　　1，4，9，　12

　　　―――――――――――

　　　　3，4，3，2，－12

$K_{\text{Ⅰ,Ⅱ}}=\max\{3，4，3，2，-12\}=4（天）$

同理求得 $K_{\text{Ⅱ,Ⅲ}}=6$ 天，$K_{\text{Ⅲ,Ⅳ}}=2$ 天，$K_{\text{Ⅳ,Ⅴ}}=4$ 天。

（3）计算流水施工工期 T。

由已知条件可知，$Z_{\text{Ⅱ,Ⅲ}}=2$ 天，$Z_{\text{Ⅳ,Ⅴ}}=1$ 天，$C_{\text{Ⅰ,Ⅱ}}=1$ 天，则

$T=\sum K_{i,i+1}+T_n+\sum Z_{i,i+1}-\sum C_{i,i+1}=(4+6+2+4)+(3+4+2+1)+(2+1)-1=$ 28（天）（4）绘制流水施工进度计划，如图 2-22 所示。

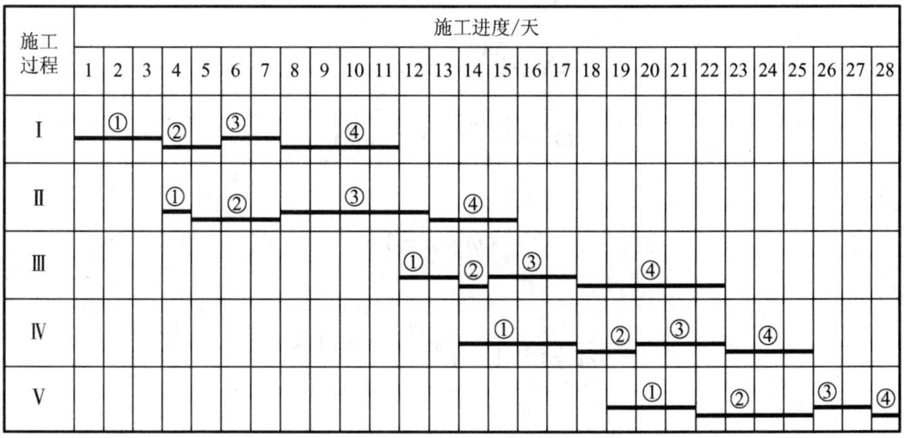

图 2-22　某工程流水施工进度计划

能力拓展训练

某工程分为 4 个施工段，有甲、乙、丙 3 个施工过程。甲施工过程在 4 个施工段上的流水节拍分别为 3 天、2 天、2 天、4 天，乙施工过程在 4 个施工段上的流水节拍分别为 1 天、3 天、2 天、2 天，丙施工过程在 4 个施工段上的流水节拍分别为 3 天、2 天、3 天、2 天。

问题：（1）若组织无节奏流水施工，请计算流水步距及该工程的流水施工工期。

（2）绘制该流水施工的施工进度计划。

【应用案例 2-14】

已知数据见表 2-10，试求：

（1）若工期规定为 18 天，试组织等节奏流水施工，并分别画出其施工进度计划和劳

动力动态变化曲线。

（2）若不规定工期，试组织异节奏流水施工，分别画出其施工进度计划和劳动力动态变化曲线。

（3）试比较两种流水施工方案，采用哪一种较为有利？

表 2-10　某工程各施工过程数据表

施工过程	总工程量/m²	产量定额/(m²/工日)	班组人数/人		施工段
			最低	最高	
A	600	5	10	15	4
B	960	4	10	20	4
C	1600	5	10	40	4

【解】已知：施工过程数 $n=3$，施工段数 $m=4$。

（1）等节奏流水施工。

根据已知给定工期 $T=18$ 天，反求出流水节拍。

验算各班组劳动力资源是否满足要求。

$$Q_A = \frac{600}{4} = 150(\text{m}^2)$$

$$Q_B = \frac{960}{4} = 240(\text{m}^2)$$

$$Q_C = \frac{1600}{4} = 400(\text{m}^2)$$

因为

$$T = (m+n-1)t$$

所以

$$t = \frac{T}{m+n-1} = \frac{18}{4+3-1} = 3(\text{天})$$

因为

$$t = \frac{Q}{SR}$$

所以

$$R_A = \frac{Q_A}{S_A t} = \frac{150}{5 \times 3} = 10(\text{人}), 可行$$

$$R_B = \frac{Q_B}{S_B t} = \frac{240}{4 \times 3} = 20(\text{人}), 可行$$

$$R_C = \frac{Q_C}{S_C t} = \frac{400}{5 \times 3} = 27(\text{人}), 可行$$

绘制施工进度计划和劳动力动态曲线，如图 2-23 所示。

（2）异节奏流水施工。

① 先根据各班组最高和最低限制人数，求出各施工过程的最小和最大流水节拍，即

因为 $t = \dfrac{Q}{SR}$

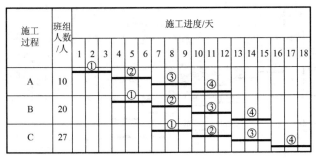

(a) 施工进度计划

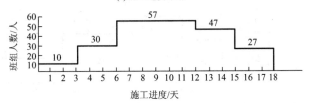

(b) 劳动力动态曲线

图 2 - 23 某工程施工进度计划和劳动力动态曲线

所以，$t_{A,min} = \dfrac{Q_A}{S_A R_{A,max}} = \dfrac{150}{5 \times 15} = 2(天)$

$$t_{A,max} = \dfrac{Q_A}{S_A R_{A,min}} = \dfrac{150}{5 \times 10} = 3(天)$$

$$t_{B,min} = \dfrac{Q_B}{S_B R_{B,max}} = \dfrac{240}{4 \times 20} = 3(天)$$

$$t_{B,max} = \dfrac{Q_B}{S_B R_{B,min}} = \dfrac{240}{4 \times 10} = 6(天)$$

$$t_{C,min} = \dfrac{Q_C}{S_C R_{C,max}} = \dfrac{400}{5 \times 40} = 2(天)$$

$$t_{C,max} = \dfrac{Q_C}{S_C R_{C,min}} = \dfrac{400}{5 \times 10} = 8(天)$$

② 考虑到尽量缩短工期，并且使各班组人数变化趋于均衡，因此，取

$t_A = 2$ 天；$R_A = 15$ 人

$t_B = 3$ 天；$R_B = 20$ 人

$t_C = 4$ 天；$R_C = 20$ 人

③ 确定流水步距。

$K_{A,B} = t_A = 2$ 天

$K_{B,C} = t_B = 3$ 天

④ 计算流水施工工期。

$$T = \sum K_{i,i+1} + m t_n = 2 + 3 + 4 \times 4 = 21(天)$$

⑤ 绘制施工进度计划和劳动力动态曲线，如图 2 - 24 所示。

（3）比较两种情况。

① 前者工期 18 天，劳动力峰值为 57 人，总计消耗劳动量 684 个工日，劳动力最大变化幅度为 27 人，施工节奏性好。

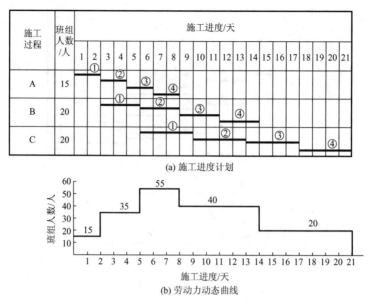

图 2-24 某工程的施工进度计划和劳动力动态曲线

② 后者工期为 21 天,劳动力峰值为 55 人,总计消耗劳动量 680 个工日,劳动力最大变化幅度为 20 人,劳动力动态曲线较平缓。

两种情况相比,劳动力资源相差不大,且均满足最低劳动组合人数和工作面限制人数的要求,但前者工期较后者提前 3 天,因此采用第一种方案稍好一些。

2.4 流水施工综合实例

在建筑工程施工中,流水施工是一种行之有效的科学组织施工的计划方法。编制施工进度计划时应根据施工对象的特点,选择适当的流水施工组织方式来组织施工,以保证施工的节奏性、均衡性和连续性。

2.4.1 选择流水施工方式的思路

流水施工方式有等节奏流水施工、异节奏流水施工、无节奏流水施工三种流水施工方式,如何正确选用流水施工方式,通常做法如下。

(1) 先将单位工程流水分解为分部工程流水,然后根据分部工程的各施工过程劳动量的大小、施工班组人数来选择流水施工方式。

(2) 若分部工程的施工过程数目不多（3～5 个）,则可以通过调整施工班组人数使得各施工过程的流水节拍相等,从而采用等节奏流水施工方式,这是一种最理想的流水施工方式。

(3) 若分部工程的施工过程数目较多,要使其流水节拍相等较困难,则可考虑流水节拍的规律,分别选择异节奏流水施工方式和无节奏流水施工方式。

2.4.2 选择流水施工方式的前提条件

（1）施工段的划分应满足要求。

（2）满足合同工期、工程质量、安全的要求。

（3）符合现有的技术和机械设备以及劳动力的现实情况。

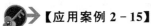【应用案例 2-15】

某四层砖混结构房屋，采用混凝土条形基础，主体结构为砖混结构，楼板为现浇钢筋混凝土，屋面工程为现浇钢筋混凝土屋面板，贴两毡三油防水，外加架空隔热层。装修工程为铝合金窗、胶合板门，外墙用白色外墙砖贴面，内墙为普通抹灰，外加 106 涂料饰面。本工程合同工期为 110 天，工程已具备开工条件，总劳动量见表 2-11。

表 2-11 某栋四层砖混结构房屋劳动量一览表

分部工程	序　号	分项工程	劳动量/工日
基础工程	1	基槽开挖	180
	2	浇筑混凝土垫层	20
	3	绑扎基础钢筋	40
	4	浇筑基础混凝土	100
	5	浇筑素混凝土墙基	35
	6	回填土	50
主体结构	7	脚手架	102
	8	构造柱筋	68
	9	构造柱墙	1120
	10	构造柱模板	80
	11	构造柱混凝土	280
	12	梁板模板（含楼梯）	528
	13	拆柱梁板模板（含楼梯）	120
	14	梁板筋（含楼梯）	200
	15	梁板混凝土（含楼梯）	600
屋面工程	16	屋面防水层	54
	17	屋面隔热层	32
装饰工程	18	楼地面及楼梯抹灰	190
	19	天棚普通抹灰	220
	20	墙普通抹灰	156
	21	铝合金窗安装	24
	22	胶合板门安装	20
	23	油漆	19
	24	外墙面砖粘贴	240

1. 基础工程

基础工程包括基槽开挖、浇筑混凝土垫层、绑扎基础钢筋、浇筑基础混凝土、浇筑素混凝土墙基、回填土等施工过程。考虑到浇筑基础混凝土与浇筑素混凝土墙基是同一工种，班组施工可合并为一个施工过程。

基础工程合并后共有 5 个施工过程（$n=5$），考虑到工作面的因素，每个施工过程划分为两个施工段（$m=2$），流水节拍和流水工期计算如下。

（1）基槽开挖。劳动量为 180 工日，安排 20 人组成施工班组，采用一班制施工，则流水节拍为：

$$t_{基槽开挖}=180/(20\times2)=4.5（天）$$

考虑组织安排，流水节拍取为 5 天。

（2）浇筑混凝土垫层。劳动量为 20 工日，安排 20 人组成施工班组，采用一班制施工，根据工艺要求，垫层施工完成后需养护一天半，则流水节拍为：

$$t_{浇筑混凝土垫层}=20/(20\times2)=0.5（天）$$

（3）绑扎基础钢筋。劳动量为 40 工日，安排 20 人组成施工班组，采用一班制施工，则流水节拍为：

$$t_{绑扎基础钢筋}=40/(20\times2)=1（天）$$

（4）浇筑基础混凝土与素混凝土墙基（简称"浇筑混凝土"）。劳动量共为 135 工日，施工班组人员为 20 人，采用三班制施工，基础混凝土完成后需养护 2 天，则流水节拍为：

$$t_{浇筑混凝土}=135/(20\times2\times3)=1.125（天），取 1 天$$

（5）基础回填土。劳动量为 50 工日，施工班组人数为 20 人，采用一班制施工，混凝土墙基完成一天后回填，则流水节拍为：

$$t_{基础回填土}=50/(20\times2)=1.25（天），取 1.5 天$$

2. 主体结构

主体工程包括脚手架、构造柱筋、构造柱墙、构造柱模板、构造柱混凝土、梁板模板（含楼梯）、拆柱梁板模板（含楼梯）、梁板筋（含楼梯）、梁板混凝土（含楼梯）等分项施工过程。脚手架工程可穿插进行。由于每个施工过程的劳动量相差较大，不利于按等节奏方式组织施工，故采用异节奏流水施工方式。

由于基础工程采用两个施工段组织施工，所以主体也按两个施工段组织施工，即 $n=7$，$m=2$，$m<n$。根据流水施工原理，按此方式组织施工，工作面连续，施工班组有窝工现象，但本工程只要求砌墙专业工程队施工连续，就能保证工程顺利进行，其余的施工班组可在现场统一调配。

根据上述条件和施工工艺要求，在组织流水施工时，为加快施工进度，既要考虑工艺要求，也适当采用搭接施工，所以此分部工程施工的流水节拍按以下方式确定。

（1）构造柱筋。劳动量为 68 工日，施工班组人数为 9 人，采用一班制施工，则流水节拍为：

$$t_{构造柱筋}=68/(9\times2\times4)\approx0.95（天），取 1 天$$

（2）构造柱墙。劳动量为 1120 工日，施工班组人数为 20 人，采用一班制施工，则流水节拍为：

$$t_{构造柱墙}=1120/(20\times2\times4)=7（天）$$

（3）构造柱模板。劳动量为 80 工日，施工班组人数为 10 人，采用一班制施工，则流水节拍为：

$$t_{构造柱模板}=80/(10\times2\times4)=1（天）$$

（4）构造柱混凝土。劳动量为 280 工日，施工班组人数为 20 人，采用三班制施工，则流水节拍为：

$$t_{构造柱混凝土}=280/(20\times2\times4\times3)\approx0.58（天），取0.5天$$

（5）梁板模板（含楼梯）。劳动量为 528 工日，施工班组人数为 23 人，采用一班制施工，则流水节拍为：

$$t_{梁板模板（含楼梯）}=528/(23\times2\times4)\approx2.9（天），取3天$$

（6）拆柱梁板模板（含楼梯）。劳动量为 120 工日，施工班组人数为 15 人，采用一班制施工，则流水节拍为：

$$t_{拆柱梁板模板（含楼梯）}=120/(15\times2\times4)=1（天）$$

（7）梁板筋（含楼梯）。劳动量为 200 工日，施工班组人数为 25 人，采用一班制施工，则流水节拍为：

$$t_{梁板筋（含楼梯）}=200/(25\times2\times4)=1（天）$$

（8）梁板混凝土（含楼梯）。劳动量为 600 工日，施工班组人数为 25 人，采用三班制施工，则流水节拍为：

$$t_{梁板混凝土（含楼梯）}=600/(25\times2\times4\times3)=1（天）$$

3. 屋面工程

屋面工程包括屋面防水层和屋面隔热层，考虑屋面防水要求高，所以防水屋和隔热层不分施工段，即各自组织一个施工班组独立完成该项任务。

（1）屋面防水层。劳动量为 54 工日，施工班组人数为 10 人，采用一班制施工，其流水节拍为：

$$t_{屋面防水层}=54/(10\times1)=5.4（天），取5天$$

（2）屋面隔热层。劳动量为 32 工日，施工班组人数为 16 人，采用一班制施工，其流水节拍为：

$$t_{屋面隔热层}=32/(16\times1)=2（天）$$

4. 装饰工程

装饰工程包括楼地面及楼梯抹灰、天棚普通抹灰、墙普通抹灰、铝合金窗安装、胶合板门安装、油漆、外墙面砖粘贴等。由于装饰阶段施工过程多，工程量相差大，组织等节奏流水比较困难，而且不经济，因此可以采用异节奏流水施工或无节奏流水施工方式。

装饰工程施工过程包括楼地面及楼梯抹灰、天棚普通抹灰、墙普通抹灰、铝合金窗安装、胶合板门安装、油漆、外墙面砖粘贴，所以，$n=7$。根据工艺和现场组织要求，可以先考虑 1～6 项组织流水施工，第 7 项穿插进行，由于本装饰工程共分四层，可分为 4 个施工段，各施工过程的施工人数、工作班次及流水节拍依次如下。

（1）楼地面及楼梯抹灰。劳动量为 190 工日，施工班组人数为 16 人，采用一班制施工，其流水节拍为：

$$t_{楼地面及楼梯抹灰}=190/(16\times4)\approx3（天）$$

（2）天棚普通抹灰。劳动量为 220 工日，施工班组人数为 20 人，采用一班制施工，其流水节拍为：

$$t_{天棚普通抹灰} = 220/(20\times4)\approx2.75(天)，取 3 天$$

（3）墙普通抹灰。劳动量为 156 工日，施工班组人数为 20 人，采用一班制施工，其流水节拍为：

$$t_{墙普通抹灰} = 156/(20\times4)=1.95(天)，取 2 天$$

（4）铝合金窗安装。劳动量为 24 工日，施工班组人数为 4 人，采用一班制施工，其流水节拍为：

$$t_{铝合金窗安装} = 24/(4\times4)=1.5(天)$$

（5）胶合板门安装。劳动量为 20 工日，施工班组人数为 3 人，采用一班制施工，其流水节拍为：

$$t_{胶合板门安装} = 20/(3\times4)\approx1.7(天)，取 1.5 天$$

（6）油漆。劳动量为 19 工日，施工班组人数为 3 人，采用一班制施工，其流水节拍为：

$$t_{油漆} = 19/(3\times4)\approx1.6(天)，取 1.5 天$$

（7）外墙面砖粘贴。劳动量为 240 工日，自上而下不分层连续施工，施工班组人数为 20 人，采用一班制施工，其流水节拍为：

$$t_{外墙面砖粘贴} = 240/(20\times1)=12(天)$$

按以上计算的流水节拍及施工段数绘出此工程流水施工进度计划（略）。

综上所述，该砖混结构工程施工总工期为 106 天，满足合同工期的要求。当该计划不能满足合同的工期要求时，我们可以通过调整每班的作业人数、工作班次来满足合同规定的要求。

 【应用案例 2-16】

某四层学生公寓，底层为商业用房，上部为学生宿舍，建筑面积为 3277.96m²。该公寓基础为钢筋混凝土独立基础，主体工程为全现浇框架结构。装饰工程为铝合金窗、胶合板门；外墙贴面砖；内墙为中级抹灰，普通涂料刷白；底层顶棚吊顶，楼地面贴地板砖。屋面用 200mm 厚加气混凝土块做保温层，上做 SBS 改性沥青防水层。其劳动量一览表见表 2-12。

表 2-12 某幢四层框架结构公寓楼劳动量一览表

分 部 工 程	序 号	分 项 工 程	劳 动 量
基础工程	1	机械开挖基础土方	6 台班
	2	混凝土垫层	30 工日
	3	绑扎基础钢筋	59 工日
	4	支设基础模板	73 工日
	5	浇筑基础混凝土	87 工日
	6	回填土	150 工日

分部工程	序　号	分项工程	劳　动　量
主体工程	7	搭脚手架	313 工日
	8	立柱钢筋	135 工日
	9	安装柱、梁、板、楼梯模板	2263 工日
	10	浇筑柱混凝土	204 工日
	11	绑扎梁、板、楼梯钢筋	801 工日
	12	浇筑梁、板、楼梯混凝土	939 工日
	13	拆模板	398 工日
	14	砌空心砖墙（含门窗框）	1095 工日
屋面工程	15	屋面保温隔热层（含找坡）	236 工日
	16	屋面找平层	52 工日
	17	屋面防水层	49 工日
装饰工程	18	顶棚墙面中级抹灰	1648 工日
	19	外墙面砖	957 工日
	20	楼地面及楼梯地砖	929 工日
	21	顶棚龙骨吊顶	148 工日
	22	安装铝合金窗扇	68 工日
	23	安装胶合板门	81 工日
	24	顶棚墙面涂料	380 工日
	25	油漆	69 工日

由于本工程各分部的劳动量差异较大，因此先分别组织各分部工程的流水施工，然后再考虑各分部之间的相互搭接施工。具体组织方法如下。

1. 基础工程

基础工程包括机械开挖基础土方、混凝土垫层、绑扎基础钢筋、支设基础模板、浇筑基础混凝土、回填土等施工过程。其中基础土方采用机械开挖，考虑到工作面及土方运输的需要，将机械开控基础土方与其他手工操作的施工过程分开考虑，不纳入流水施工。混凝土垫层劳动量较小，为了不影响其他施工过程的流水施工，将其安排在挖土施工过程完成后，也不纳入流水施工。

基础工程平面上划分两个施工段组织流水施工（$m=2$），在 6 个施工过程中，参与流水的施工过程有 4 个，即 $n=4$，组织全等节拍流水施工如下。

（1）绑扎基础钢筋（简称"绑筋"）。劳动量为 59 个工日，施工班组人数为 10 人，采用一班制施工，其流水节拍为：

$$t_{绑筋}=59/(2\times10\times1)=2.95（天），取 3 天$$

其他施工过程的流水节拍均取 3 天，其中支设基础模板（简称"支模"）73 个工日，

施工班组人数为：

$$R_{支模}=73/(2\times3)\approx12.2(人)，取12人$$

浇筑基础混凝土（简称"浇混凝土"）的劳动量为87个工日，施工班组人数为：

$$R_{浇混凝土}=87/(2\times3)=14.5(人)，取15人$$

回填土的劳动量为150个工日，施工班组人数为：

$$R_{回填土}=150/(2\times3)=25(人)$$

流水施工工期计算如下。

$$T=(m+n-1)K=(2+4-1)\times3=15(天)$$

（2）机械开挖基础土方（简称"挖土"）。劳动量为6个台班，用一台机械两班制施工，其作业持续时间为：

$$t_{挖土}=6/(1\times2)=3(天)$$

（3）混凝土垫层。劳动量为30个工日，施工班组人数为15人，一班制施工，其作业持续时间为：

$$t_{混凝土垫层}=30/(15\times1)=2(天)$$

基础工程的工期为：

$$T_1=15+3+2=20(天)$$

2. 主体工程

主体工程包括立柱钢筋，安装柱、梁、板、楼梯模板，浇筑柱混凝土，绑扎梁、板、楼梯钢筋，浇筑梁、板、楼梯混凝土，搭脚手架，拆模板，砌空心砖墙（含门窗框）等施工过程，其中后三个施工过程属平行穿插施工过程，只需根据施工工艺要求，尽量搭接施工即可，不纳入流水施工。主体工程由于有层间关系，要保证施工过程能组织流水施工，必须使$m=n$，否则，施工班组会出现窝工现象。本工程平面上划分为两个施工段，主导施工过程是安装柱、梁、板、楼梯模板，要组织主体工程流水施工，就要保证主导施工过程连续作业，为此，将其他次要施工过程综合为一个施工过程来考虑其流水节拍，且其流水节拍值不得大于主导施工过程的流水节拍，以保证主导施工过程的连续性，因此，主体工程参与流水的施工过程数$n=2$个，满足$m=n$的要求。具体施工组织如下。

（1）主导施工过程安装柱、梁、板、楼梯模板（简称"安装模板"）。劳动量为2263个工日，施工班组人数为25人，两班制施工，其流水节拍为：

$$t_{安装模板}=2263/(4\times2\times25\times2)\approx5.66(天)，取6天$$

（2）立柱钢筋，浇筑柱混凝土，绑扎梁、板、楼梯钢筋及浇筑梁、板、楼梯混凝土统一按一个施工过程来考虑其流水节拍，其流水节拍不得大于6天。

① 立柱钢筋。劳动量为135个工日，施工班组人数为17人，一班制施工，其流水节拍为：

$$t_{立柱钢筋}=135/(4\times2\times17\times1)\approx0.99(天)，取1天$$

② 浇筑柱混凝土。劳动量为204个工日，施工班组人数为14人，两班制施工，其流水节拍为：

$$t_{浇筑柱混凝土}=204/(4\times2\times14\times2)\approx0.91(天)，取1天$$

③ 绑扎梁、板、楼梯钢筋（简称"绑筋"）。劳动量为801个工日，施工班组人数为

25 人，两班制施工，其流水节拍为：

$$t_{绑筋}=801/(4×2×25×2)≈2(天)$$

④ 浇筑梁、板、楼梯混凝土（简称"浇混凝土"）。劳动量为 939 个工日，施工班组人数为 20 人，三班制施工，其流水节拍为：

$$t_{浇混凝土}=939/(4×2×20×3)≈1.96(天)，取 2 天$$

因此，综合施工过程的流水节拍仍为 1+1+2+2=6(天)，可与主导施工过程一起组织全等节拍流水施工。其流水工期为：

$$T'_2=(mr+n-1)t=(2×4+2-1)×6=54(天)$$

（3）拆模板。拆模板施工过程计划在梁、板、楼梯混凝土浇捣 12 天后进行，其劳动量为 398 个工日，施工班组人数为 25 人，一班制施工，其流水节拍为：

$$t_{拆模板}=398/(4×2×25×1)=1.99(天)，取 2 天$$

（4）砌空心砖墙（含门窗框）（简称"砌墙"）。劳动量为 1095 个工日，施工班组人数为 45 人，一班制施工，其流水节拍为：

$$t_{砌墙}=1095/(4×2×45×1)=3.04(天)，取 3 天$$

主体工程的工期为：

$$T_2=6×2+54+2+3=71(天)$$

3. 屋面工程

屋面工程包括屋面保温隔热层（含找坡）、屋面找平层和屋面防水层三个施工过程。考虑屋面防水要求高，所以不分段施工，即采用依次施工的方式。

（1）屋面保温隔热层（含找坡）（简称"保温"）。劳动量为 236 个工日，施工班组人数为 40 人，一班制施工，其施工持续时间为：

$$t_{保温}=236/(40×1)=5.9(天)，取 6 天$$

（2）屋面找平层（简称"找平"）。劳动量为 52 个工日，施工班组人数为 18 人，一班制施工，其施工持续时间为：

$$t_{找平}=52/(18×1)≈2.89(天)，取 3 天$$

（3）屋面防水层（简称"防水"）。屋面找平层完成后，安排 14 天的养护和干燥时间，方可进行屋面防水层的施工。SBS 改性沥青防水层劳动量为 49 个工日，安排 10 人一班制施工，其施工持续时间为：

$$t_{防水}=49/(10×1)=4.9(天)，取 5 天$$

屋面工程的工期为：

$$T_3=6+3+5=14(天)$$

4. 装饰工程

装饰工程包括顶棚墙面中级抹灰、外墙面砖、楼地面及楼梯地砖、顶棚龙骨吊顶、安装铝合金窗扇、安装胶合板门、顶棚墙面涂料、油漆等施工过程。其中顶棚龙骨吊顶属穿插施工过程，不参与流水作业，因此参与流水的施工过程 n=7。

装饰工程采用自上而下的施工流向。结合装饰工程的特点，把每层房屋视为一个施工段，共 4 个施工段（m=4），其中抹灰工程是主导施工过程，组织有节奏流水施工如下。

（1）顶棚墙面中级抹灰（简称"抹灰"）。劳动量为 1648 个工日，施工班组人数为 60

人，一班制施工，其流水节拍为：

$$t_{抹灰} = 1648/(4 \times 60 \times 1) \approx 6.87(天)，取 7 天$$

（2）外墙面砖（简称"外墙"）。劳动量为 957 个工日，施工班组人数为 34 人，一班制施工，则其流水节拍为：

$$t_{外墙} = 957/(4 \times 34 \times 1) \approx 7.04(天)，取 7 天$$

（3）楼地面及楼梯地砖（简称"地面"）。劳动量为 929 个工日，施工班组人数为 33 人，一班制施工，其流水节拍为：

$$t_{地面} = 929/(4 \times 33 \times 1) = 7.04(天)，取 7 天$$

（4）安装铝合金窗扇（简称"装窗"）。劳动量为 68 个工日，施工班组人数为 6 人，一班制施工，则流水节拍为：

$$t_{装窗} = 68/(4 \times 6 \times 1) \approx 2.83(天)，取 3 天$$

（5）安装胶合板门（简称"装门"）、顶棚墙面涂料（简称"涂料"）、油漆安排一班制施工，流水节拍均取 3 天，其中安装胶合板门劳动量为 81 个工日，施工班组人数为 7 人；顶棚墙面涂料劳动量为 380 个工日，施工班组人数为 32 人；油漆劳动量为 69 个工日，施工班组人数为 6 人。

（6）顶棚龙骨吊顶（简称"顶棚"）属穿插施工过程，不占总工期，其劳动量为 148 个工日，施工班组人数为 15 人，一班制施工，其施工持续时间为：

$$t_{顶棚} = 148/(15 \times 1) \approx 9.87(天)，取 10 天$$

装饰分部流水施工工期计算如下。

$$K_{抹灰、外墙} = 7 \ 天$$

$$K_{外墙、地面} = 7 \ 天$$

$$K_{地面、装窗} = 4 \times 7 - (4-1) \times 3 = 28 - 9 = 19(天)$$

$$K_{装窗、装门} = 3 \ 天$$

$$K_{装门、涂料} = 3 \ 天$$

$$K_{涂料、油漆} = 3 \ 天$$

主体工程的工期为：

$$T_4 = \sum K_{i,i+1} + mt_n = (7+7+19+3+3+3) + 4 \times 3 = 54(天)$$

综上所述，该框架结构工程的总工期 $T = T_1 + T_2 + T_3 + T_4 = 20 + 71 + 14 + 54 = 159(天)$，按以上计算出的流水节拍做出此框架结构工程的流水施工进度计划（略）。

【应用案例 2-17】

某工程为一栋带地下室的六层三单元砌体结构住宅，建筑面积为 3382.31m²，基础为 1m 厚换土垫层，30mm 厚混凝土垫层上做砖砌条形基础；主体砖墙承重；大客厅楼板、厨房、卫生间、楼梯为现浇钢筋混凝土；其余楼板为预制空心楼板；层层有圈梁、构造柱。本工程室内采用一般抹灰，普通涂料刷白；楼地面为水泥砂浆地面；铝合金窗、胶合板门；外墙为水泥砂浆抹灰，刷外墙涂料。屋面保温材料选用保温蛭石板，防水层选用 4mm 厚 SBS 改性沥青防水卷材。其劳动量一览表见表 2-13。

表 2-13　某幢六层三单元砌体结构住宅劳动量一览表

分部工程	序号	分项工程	劳动量
基础工程	1	机械开挖基础土方	6 台班
	2	素土机械压实 1m	3 台班
	3	300mm 厚混凝土垫层（含构造柱筋）	88 工日
	4	砌砖基础及基础墙	407 工日
	5	基础现浇圈梁、构造柱及楼板模板	51 工日
	6	基础圈梁、楼板钢筋	64 工日
	7	梁、板、柱混凝土	74 工日
	8	预制楼板安装灌缝	20 工日
	9	人工回填土	242 工日
主体工程	10	脚手架（含安全网）	265 工日
	11	砌砖墙	1560 工日
	12	支设圈梁、楼板、构造柱、楼梯模板	310 工日
	13	绑扎圈梁、楼板、楼梯钢筋	386 工日
	14	浇筑梁、板、柱、楼梯混凝土	450 工日
	15	预制楼板安装灌缝	118 工日
屋面工程	16	屋面保温隔热层	150 工日
	17	屋面找平层	33 工日
	18	屋面防水层	39 工日
装饰工程	19	门窗框安装	24 工日
	20	外墙抹灰	401 工日
	21	顶棚抹灰	427 工日
	22	内墙抹灰	891 工日
	23	楼地面及楼梯抹灰	520 工日
	24	门窗扇安装	319 工日
	25	油漆涂料	378 工日
	26	散水、勒脚、台阶及其他	56 工日

　　对于砌体结构多层房屋的流水施工，一般先考虑分部工程的流水作业，然后再考虑各分部工程之间的相互搭接施工。具体施工组织方法如下。

1. 基础工程

　　基础工程包括机械开挖基础土方，素土机械压实 1m，300m 厚混凝土垫层（含构造柱筋），砌砖基础及基础墙，基础现浇圈梁、构造柱及楼板模板，基础圈梁、楼板钢筋，梁、板、柱混凝土，预制楼板安装灌缝，人工回填土等施工过程。其中机械开挖基础土方及素土机械压实 1m 主要采用机械施工，考虑到工作面等要求，安排其依次施工，不纳入流水作业。其余施工过程在平面上划分成两个施工段，组织有节奏流水施工。

　　（1）机械开挖基础土方（简称"挖土"）。劳动量为 6 个台班，一台机械两班制施工，施工持续时间为：

$$t_{挖土} = 6/(1 \times 2) = 3（天）$$

施工班组人数安排 12 人。

(2) 素土机械压实 1m（简称"压土"）。劳动量为 3 个台班，一台机械一班制施工，施工持续时间为：

$$t_{压土} = 3/(1 \times 1) = 3（天）$$

施工班组人数安排 12 人。

(3) 300mm 厚混凝土垫层（含构造柱筋）（简称"垫层"）。劳动量为 88 个工日，施工班组人数为 22 人，一班制施工，其流水节拍为：

$$t_{垫层} = 88/(22 \times 2 \times 1) = 2（天）$$

(4) 砖砌基础及基础墙（简称"砖基"）。劳动量为 407 个工日，施工班组人数为 34 人，一班制施工，其流水节拍为：

$$t_{砖基} = 407/(2 \times 34 \times 1) \approx 5.99（天），取 6 天$$

(5) 基础现浇圈梁、构造柱及楼板模块，基础圈梁、楼板钢筋及梁、板、柱混凝土合并为一个施工过程（简称"现浇梁、板、柱"）。其劳动量为 189 个工日，施工班组人数为 30 人，一班制施工，其流水节拍为：

$$t_{现浇梁、板、柱} = 189/(2 \times 30) = 3.15（天），取 3 天$$

(6) 预制楼板安装灌缝（简称"安板"）。劳动量为 20 个工日，施工班组人数为 10 人，其流水节拍为：

$$t_{安板} = 20/(2 \times 10) = 1（天）$$

(7) 人工回填土（简称"回填"）。劳动量为 242 个工日，施工班组人数为 30 人，一班制施工，其流水节拍为：

$$t_{回填} = 242/(2 \times 30 \times 1) \approx 4.03（天），取 4 天$$

基础工程流水施工中，砖砌基础及基础墙是主导施工过程，只要保证其连续施工即可，其余 3 个施工过程安排间断施工，及早为主体工程提供工作面，以利于缩短工期。

2. 主体工程

主体工程包括脚手架（含安全网），砌砖墙，支设圈梁、楼板、构造柱、楼梯模板，绑扎圈梁、楼板、楼梯钢筋，浇筑梁、板、柱、楼梯混凝土，预制楼板安装灌缝等施工过程。其中脚手架（含安全网）属平行穿插施工过程，只需根据施工工艺要求，尽量搭接施工即可，不纳入流水施工。主体工程在平面上划分为两个施工段组织流水施工，为了保证主导施工过程砌砖墙能连续施工，将浇筑梁、板、柱、楼梯混凝土及预制楼板安装灌缝合并为一个施工过程，考虑其流水节拍，且合并后的流水节拍值不应大于主导施工过程的流水节拍值，具体组织安排如下。

(1) 砌砖墙。劳动量为 1560 个工日，施工班组人数为 32 人，一班制施工，流水节拍为：

$$t_{砖墙} = 1560/(6 \times 2 \times 32 \times 1) = 4.06（天），取 4 天$$

(2) 支设圈梁、楼板、构造柱、楼梯模板，绑扎圈梁、楼板、楼梯钢筋，浇筑梁、板、柱、楼梯混凝土及预制楼板安装灌缝在一个施工段上的持续时间之和为 4 天。

① 支设圈梁、楼板、构造柱、楼梯模板（简称"支模"）。劳动量为 310 个工日，一班制施工，流水节拍为 1 天，施工班组人数为：

$$R_{支模} = 310/(6 \times 2 \times 1 \times 1) \approx 25.83（人），取 26 人$$

② 绑扎圈梁、楼板、楼梯钢筋（简称"绑筋"）。劳动量为 386 个工日，一班制施工，流水节拍为 1 天，施工班组人数为：

$$R_{绑筋} = 386/(6 \times 2 \times 1 \times 1) \approx 32.17(人)，取 32 人$$

③ 浇筑梁、板、柱、楼梯混凝土（简称"浇混凝土"）。劳动量为 450 个工日，三班制施工，流水节拍为 1 天，施工班组人数为：

$$R_{浇混凝土} = 450/(6 \times 2 \times 3 \times 1) = 12.5(人)，取 13 人$$

④ 预制楼板安装灌缝（简称"安灌"）。劳动量为 118 个工日，施工班组人数为 10 人，一班制施工，其流水节拍为：

$$t_{安灌} = 118/(6 \times 2 \times 10 \times 1) = 0.98(天)，限 1 天$$

3. 屋面工程

屋面工程包括屋面保温隔热层、屋面找平层、屋面防水层等施工过程。考虑到屋面防水要求高，所以不分段，采用依次施工的方式。其中屋面找平层完成后需要有一段养护和干燥时间，方可进行防水层施工。

4. 装饰工程

装饰工程包括门窗框安装，外墙抹灰，顶棚抹灰，内墙抹灰，楼地面及楼梯抹灰，门窗扇安装，油漆涂料，散水、勒脚、台阶及其他等施工过程。每层划分为一个施工段（$m=6$），采用自上而下的顺序施工，考虑到屋面防水层完成与否对顶层顶棚和内墙抹灰的影响，顶棚和内墙抹灰采用五层→四层→三层→二层→一层→六层的施工流向。考虑装修工程内部各施工过程之间劳动力的调配，安排适当的组织间歇时间组织流水施工。

【应用案例 2-18】

对于城市的小区住宅等由同类型房屋组成的建筑群，一般把每幢房屋作为一个施工段，采用流水施工的方式组织施工，往往可以取得显著的效果。某工程为 8 幢六层住宅楼，总建筑面积为 23084m²，8 号、7 号、6 号楼的劳动量相等，5 号、4 号楼的劳动量相等，3 号、2 号、1 号楼的劳动量相等，其合同签订的开工顺序为：8 号楼→7 号楼→6 号楼→5 号楼→4 号楼→3 号楼→2 号楼→1 号楼。其劳动量一览表见表 2-14。

表 2-14 8 幢六层住宅楼劳动量一览表

序号	分部工程	劳动量/工日	序号	分部工程	劳动量/工日
8 号	基础	314	6 号	基础	314
	结构	1679		结构	1679
	装饰	1613		装饰	1613
	附属	338		附属	338
7 号	基础	314	5 号	基础	351
	结构	1679		结构	1343
	装饰	1613		装饰	1290
	附属	338		附属	269

续表

序号	分部工程	劳动量/工日	序号	分部工程	劳动量/工日
4号	基础	351	2号	基础	376
	结构	1343		结构	2014
	装饰	1290		装饰	1935
	附属	269		附属	405
3号	基础	376	1号	基础	376
	结构	2014		结构	2014
	装饰	1935		装饰	1935
	附属	405		附属	405

根据上述已知条件，一幢楼视为一个施工段，由于每一段上流水节拍不一定相等，故组织无节奏流水施工，相关数据见表 2-15。

表 2-15 无节奏流水施工数据

序　号	分部工程	劳动量/工日	人数/人	天数/天
8号	基础	314	10	30
	结构	1679	20	80
	装饰	1613	30	55
	附属	338	15	25
7号	基础	314	10	30
	结构	1679	20	80
	装饰	1613	30	55
	附属	338	15	25
6号	基础	314	10	30
	结构	1679	20	80
	装饰	1613	30	55
	附属	338	15	25
5号	基础	351	10	35
	结构	1343	20	70
	装饰	1290	30	45
	附属	269	15	20
4号	基础	351	10	35
	结构	1343	20	70
	装饰	1290	30	45
	附属	269	15	20

续表

序 号	分部工程	劳动量/工日	人数/人	天数/天
3号	基础	376	10	40
	结构	2014	20	100
	装饰	1935	30	65
	附属	405	15	30
2号	基础	376	10	40
	结构	2014	20	100
	装饰	1935	30	65
	附属	405	15	30
1号	基础	376	10	40
	结构	2014	20	100
	装饰	1935	30	65
	附属	405	15	30

◖● 项目小结 ●◗

【流水施工综合实例】

　　本项目首先阐述了依次施工、平行施工的特点及组织方式，重点讲解了流水施工的特点及组织方式。流水施工是施工现场常用的施工组织方式，学生应熟悉流水施工的技术经济效果，掌握组织流水施工的基本参数及流水施工的组织方式，并能够在建筑工程实践中熟练应用流水施工组织方式来组织施工。

◖● 习　　题 ●◗

一、单选题

1. 建设工程组织依次施工时，其特点不包括（　　）。

A. 没有充分地利用工作面进行施工，工期长

B. 如果按专业成立施工班组，则各施工班组不能连续作业

C. 施工现场的组织管理工作比较复杂

D. 单位时间内投入的资源量较少，有利于资源供应的组织

2. 建设工程组织平行施工时，其特点不包括（　　）。

A. 充分地利用工作面进行施工，工期短

B. 如果每一个施工对象均按专业成立施工班组，则各施工班组不能连续作业，劳动力及施工机具等资源无法均衡使用

C. 施工现场的组织管理工作比较复杂

D. 单位时间内投入的劳动力、施工机具、材料等资源量成倍增加，不利于资源供应的组织

3. 在组织施工的方式中，占用工期最长的组织方式是（　　）方式。

A. 依次施工　　　　B. 平行施工　　　　C. 流水施工　　　　D. 搭接施工

4. 流水施工的横道图进度计划能够正确地表达（　　）。

A. 工作之间的逻辑关系　　　　　　　B. 关键工作

C. 关键线路　　　　　　　　　　　　D. 工作开始和完成时间

5. 流水作业是施工现场控制施工进度的一种经济效益很好的方法，相比之下在施工现场应用最常见的流水施工形式是（　　）。

A. 无节奏流水施工　　　　　　　　　B. 加快的成倍节拍流水施工

C. 全等节拍流水施工　　　　　　　　D. 一般的成倍节拍流水施工

6. 在流水施工中，施工段属于（　　）。

A. 空间参数　　　B. 工艺参数　　　C. 时间参数　　　D. 一般参数

7. 某施工过程在单位时间内所完成的工程量，称为（　　）。

A. 流水强度　　　B. 流水节拍　　　C. 已完工实物量　　D. 劳动量

8. 在流水段不变的条件下，流水步距的大小直接影响（　　）。

A. 流水节拍大小　　　　　　　　　　B. 资源投入量

C. 施工过程多少　　　　　　　　　　D. 工期长短

9. 无层间关系的异节奏流水施工，施工段划分的原则是（　　）。

A. 每一段的劳动量大体相等　　　　　B. $m > n$

C. $m = n$　　　　　　　　　　　　　D. $m < n$

10. 建设工程组织流水施工时，相邻两个专业工作队相继开始施工的最小间隔时间称为（　　）。

A. 技术间歇时间　　B. 流水步距　　　C. 流水节拍　　　D. 组织间歇时间

11. 下列属于流水施工工艺参数的是（　　）。

A. 施工过程　　　B. 施工段　　　　C. 流水节拍　　　D. 流水步距

12. 若组织等步距异节拍流水施工，则应满足（　　）。

A. $n_1 > n$　　　　B. $n_1 \geqslant n$　　　　C. $n_1 = n$　　　　D. $n_1 < n$

13. 缩短工期也不能无限制增加施工班组内人数，这是因为受到（　　）的限制。

A. 工作面　　　　B. 劳动力　　　　C. 生产资源　　　D. 时间

14. 某流水施工过程，施工段 $m = 4$，施工过程 $n = 6$，施工层 $r = 3$，则流水步距的个数为（　　）个。

A. 6　　　　　　　B. 5　　　　　　　C. 4　　　　　　　D. 3

15. 下列不属于无节奏流水施工特点的是（　　）。

A. 所有施工过程在各施工段上的流水节拍均相等

B. 各施工过程的流水节拍不等，且无规律

C. 专业施工班组数等于施工过程数

D. 流水步距一般不等

16. 组织等节奏流水施工的前提是（　　）。

A. 各施工过程的施工班组人数相等

B. 各施工过程的施工段数相等

C. 各施工过程的总持续时间相等

D. 各施工过程在各施工段的持续时间相等

17. 某工程组织流水施工，设 $m=4$，$n=3$，$t_A=6$ 天，$t_B=8$ 天，$t_C=4$ 天。在资源充足、工期紧迫的条件下适宜组织（　　）。

A. 全等节拍流水施工　　　　　　B. 加快的成倍节拍流水施工

C. 一般的成倍节拍流水施工　　　D. 无节奏流水施工

18. 某分部工程有 3 个施工过程，各分为 4 个流水节拍相等的施工段，各施工过程的流水节拍分别为 6 天、6 天、4 天。如果组织加快的成倍节拍流水施工，则流水步距和流水施工工期分别为（　　）天。

A. 2 和 32　　　　B. 2 和 22　　　　C. 4 和 28　　　　D. 4 和 36

19. 某工程由 A、B、C 3 个施工过程组成，有 2 个施工层；现划分为 4 个施工段，流水节拍均为 3 天，试组织流水施工，则该项目的流水施工工期为（　　）天。

A. 21　　　　　B. 48　　　　　C. 30　　　　　D. 20

20. 某基础工程组织全等节拍流水施工，划分为 4 个施工过程，3 个施工段，流水节拍均为 5 天，工艺间歇时间为 2 天，该基础工程流水施工总工期为（　　）天。

A. 28　　　　　B. 30　　　　　C. 32　　　　　D. 35

21. 如果某工程组织流水施工中的流水步距都相等，则该流水施工（　　）。

A. 必定是等节奏流水施工　　　　B. 必定是异节奏流水施工

C. 必定是无节奏流水施工　　　　D. 以上都不是

22. 建设工程组织流水施工时，相邻专业施工班组之间的流水步距不尽相等，但专业施工班组数等于施工过程数的流水施工方式是（　　）。

A. 固定节拍流水施工和加快的成倍节拍流水施工

B. 加快的成倍节拍流水施工和非节奏流水施工

C. 固定节拍流水施工和一般的成倍节拍流水施工

D. 一般的成倍节拍流水施工和非节奏流水施工

23. 某分部工程有 2 个施工过程，各分为 4 个施工段组织流水施工，流水节拍分别为 3 天、4 天、3 天、3 天和 2 天、5 天、4 天、3 天，则流水步距和流水施工工期分别为（　　）天。

A. 3 和 16　　　　B. 3 和 17　　　　C. 5 和 18　　　　D. 5 和 19

二、多选题

1. 流水施工计划的表达形式有（　　）。

A. 横道图　　　　B. 垂直图　　　　C. 网络图　　　　D. 香蕉形曲线

E. S 形曲线

2. 施工段是用以表达流水施工的空间参数,为了合理地划分施工段,应遵循的原则包括( )。

A. 应使同一专业施工班组在各个施工段的劳动量相差幅度不超过20%

B. 每个施工段内要有足够的工作面,以保证相应数量的工人、主导施工机械的生产效率,满足合理劳动组织的要求

C. 施工段的界限应设在对建筑结构整体性影响小的部位,以保证建筑结构的整体性

D. 每个施工段要有足够的工作面,以满足同一施工段内组织多个专业施工班组同时施工的要求

E. 施工段的数目要满足合理组织流水施工的要求,并在每个施工段内有足够的工作面

3. 流水步距的大小取决于( )。

A. 相邻两个施工过程在各个施工段上的流水节拍

B. 流水施工的组织方式　　　　　C. 参加流水的施工过程数

D. 流水施工的工期　　　　　　　E. 各个施工过程的流水强度

4. 流水节拍的大小取决于( )因素。

A. 每个施工段上的工程量　　　　B. 划分的施工过程数

C. 流水步距的大小　　　　　　　D. 投入多少劳动力与机械设备数量

E. 每一工种或机械的产量定额

5. 关于全等节拍流水施工,下列正确的说法是( )。

A. 流水步距等于流水节拍

B. 在组织流水施工中,划分的施工过程数应尽量的细

C. 流水节拍决定着单位时间的资源供应量

D. 当施工过程数与施工段数不变时,流水步距越小,工期越短

E. 流水施工的工期一般是整个工程项目的总工期

6. 在组织建设工程流水施工时,加快的成倍节拍流水施工的特点包括( )。

A. 同一施工过程中各施工段的流水节拍不尽相等

B. 相邻专业施工班组之间的流水步距全部相等

C. 各施工过程中所有施工段的流水节拍全部相等

D. 专业施工班组数大于施工过程数,从而使流水施工工期缩短

E. 各专业施工班组在施工段上能够连续作业

7. 下列各项属于无节奏流水施工的特点的有( )。

A. 各施工过程在各施工段的流水节拍不全相等

B. 相邻施工过程的流水步距不尽相等

C. 专业施工班组数不等于施工过程数

D. 各专业施工班组能够在施工段上连续作业

E. 有的工作面可能有闲置时间

三、计算题

1. 某三栋房屋的基础工程划分为5个施工过程,每个施工过程安排一个施工班组进行

施工，其中，每栋楼基槽挖土需要 2 天完成，混凝土垫层需要 1 天完成，钢筋混凝土基础需要 2 天完成，墙基础需要 1 天完成，回填土需要 1 天完成，一栋房屋作为一个施工段。试分别采用依次、平行、流水、搭接施工方式组织施工。

2. 某分部工程由 A、B、C、D 4 个施工过程组成，它在平面上划分为 4 个施工段，流水节拍均为 4 天，施工过程 B 完成后，其相应的施工段上至少有 2 天的技术间歇时间，试组织全等节拍流水施工。

3. 某分部工程由 A、B、C 3 个施工过程组成，它在竖向上划分为 2 个施工层组织施工，流水节拍均为 3 天，施工过程 A 完成后，其相应的施工段上至少有 2 天的技术间歇时间，且层间技术间歇时间为 2 天，为保证工作队连续作业，试组织流水施工。

4. 某工程由 Ⅰ、Ⅱ、Ⅲ 3 个施工过程组成，划分为 3 个施工层组织流水施工，且层间技术间歇时间为 3 天，流水节拍均为 3 天。为保证施工班组的连续工作，试确定施工段数、计算工期，并组织流水施工。

5. 某工程有 7 幢同类型房屋，基础工程分为挖土、浇筑混凝土、砌基础墙和回填土 4 个施工过程，流水节拍分别为 6 天、6 天、3 天和 6 天，试组织加快的成倍节拍流水，并绘制施工进度计划图。

6. 某工程有一分部工程由 A、B、C、D 4 个施工工序组成，划分为 2 个施工层组织流水施工，流水节拍为 $t_A = 2$ 天、$t_B = 4$ 天、$t_C = 4$ 天、$t_D = 2$ 天。要求层间间歇 2 天，试按加快的成倍节拍流水组织施工。要求施工班组连续工作，确定流水步距 K，施工段数 m，计算总工期 T，并绘制流水施工进度计划。

7. 某工地建造 6 幢同类型的大板住宅，每幢房屋的主导施工过程及所需施工时间分别为：基础工程 7 天，结构安装 21 天，粉刷装修 14 天，室外清理 14 天。试组织一般的成倍节拍流水施工。

8. 某工程划分为甲、乙、丙、丁 4 个施工过程，分为 3 个流水段组织流水施工，各施工过程的流水节拍分别为 $t_甲 = 1$ 天、$t_乙 = 5$ 天、$t_丙 = 3$ 天、$t_丁 = 2$ 天，乙完成后需要 1 天的技术间歇时间。试求各施工过程之间的流水步距及流水施工工期。

9. 某工程由 Ⅰ、Ⅱ、Ⅲ、Ⅳ 4 个分项工程组成，它在平面上划分为 4 个施工段，各分项工程在各个施工段上的持续时间见表 2-16，分项工程 Ⅱ 完成后，其相应施工段至少有 2 天技术间歇时间，分项工程 Ⅲ 完成后应有 1 天组织间歇时间，试计算流水步距和流水施工工期，并绘制流水施工进度计划。

表 2-16 某工程各分项工程在各个施工段上的持续时间

分项工程名称	持续时间/天			
	①	②	③	④
Ⅰ	3	2	2	4
Ⅱ	3	4	2	3
Ⅲ	4	2	3	1
Ⅳ	3	3	2	3

10. 有一个三跨工业厂房的地面工程，施工过程分为地面回填土并夯实、铺设垫层、浇筑混凝土。各施工过程在各跨的持续时间见表 2-17，根据该项目流水节拍的特点，可以按何种流水施工方式组织施工？试确定流水步距和流水施工工期。

表 2-17　各施工过程在各跨的持续时间

序　号	施工过程	施工时间/天		
		A 跨	B 跨	C 跨
1	地面回填土并夯实	3	4	6
2	铺设垫层	2	3	4
3	浇筑混凝土	2	3	4

项目 **3** 网络计划技术

学习目标

通过本项目的学习，使学生了解网络计划的基本原理和特点；熟悉双代号、单代号网络图的绘制规则和绘制方法；掌握双代号网络图中工作的逻辑关系，能正确绘制双代号网络图，并能进行时间参数的计算，确定关键线路；掌握单代号网络图的绘制，并能进行时间参数的计算，确定关键线路；掌握双代号时标网络图的绘制，并能进行时间参数的计算，确定关键线路；熟悉单代号搭接网络图时间参数的确定；能够进行网络计划的优化。

学习要求

能力目标	知识要点	权重
能够识别网络计划技术	(1) 网络计划技术的基本原理 (2) 网络计划技术的特点 (3) 网络图的分类	5%
能够正确绘制双代号网络图，并能计算时间参数，确定关键线路	(1) 双代号网络图的构成要素 (2) 双代号网络图的绘制 (3) 双代号网络图时间参数的计算 (4) 关键线路的确定	25%
能够正确绘制单代号网络图，并能计算时间参数，确定关键线路	(1) 单代号网络图的构成要素 (2) 单代号网络图的绘制 (3) 单代号网络图时间参数的计算	25%
能够正确绘制双代号时标网络图，并能计算时间参数，确定关键线路	(1) 双代号时标网络图的特点 (2) 双代号时标网络图的绘制 (3) 双代号时标网络图时间参数的计算 (4) 关键线路的确定	25%
能够正确计算单代号搭接网络图的时间参数	(1) 单代号搭接网络图的搭接关系 (2) 单代号搭接网络图时间参数的计算	10%
能够进行网络计划的优化	(1) 工期优化 (2) 费用优化 (3) 资源优化	10%

引例

某一工程项目的基础工程划分为 A（挖土）、B（垫层）、C（基础）、D（回填土）四项工作，现分三个施工段组织流水施工，逻辑关系如表 3-1 所示，试绘制此基础工程的双代号网络图。

表 3-1　逻辑关系

工作	A_1	A_2	A_3	B_1	B_2	B_3
紧前工作	—	A_1	A_2	A_1	A_2、B_1	A_3、B_2
工作	C_1	C_2	C_3	D_1	D_2	D_3
紧前工作	B_1	B_2、C_1	B_3、C_2	C_1	C_2、D_1	C_3、D_2

3.1 网络计划技术概述

3.1.1 网络计划技术的发展

网络计划技术是一种科学的计划管理方法。它是随着现代科学技术和工业生产的发展而产生的。20 世纪 50 年代，为了适应科学研究和新的生产组织管理的需要，国外陆续出现了一些计划管理的新方法。

1956 年，美国杜邦化学公司的工程技术人员和数学家共同开发了关键线路法（Critical Path Method，CPM）。它首次运用于化工厂的建造和设备维修，大大缩短了工作时间，节约了费用。1958 年，美国海军军械局针对舰载洲际导弹项目进行研究，开发了计划评审技术（Program Evaluation and Review Technique，PERT）。该项目运用网络方法，将研制导弹过程中的各种合同进行综合权衡，有效地协调了成百上千个承包商的关系，而且提前完成了任务，并在成本控制上取得了显著的成果。

20 世纪 60 年代初期，网络计划技术在美国得到了推广，一切新建工程全面采用这种计划管理新方法，后来该方法被逐步引入日本和西欧其他国家。目前，它已广泛地应用于世界各国的工业、国防、建筑、运输和科研等领域，已成为发达国家盛行的一种现代生产管理的科学方法。近年来，由于电子计算机技术的飞速发展及边缘学科的相互渗透，网络计划技术同决策论、排队论、控制论、仿真技术相结合，应用领域不断拓宽，又相继产生了许多诸如搭接网络技术（PDN）、决策网络技术（DN）、图示评审技术（GERT）、风险评审技术（VERT）等一大批现代计划管理方法，广泛应用于工业、农业、建筑业、国防和科学研究领域。随着计算机的应用和普及，许多网络计划技术的计算和优化软件也逐渐被开发出来。

我国对网络计划技术的研究与应用起步较早，1965 年，著名数学家华罗庚教授首先在我国的生产管理中推广和应用这些新的计划管理方法，并根据网络计划技术统筹兼顾、全面规划的特点,将其称为统筹法。改革开放以后,网络计划技术在我国的工程建设领域也得到了迅速的推广和应用,尤其是在大中型工程项目的建设中,对其资源的合理安排及进度计划的编制、优化和控制等应用效果显著。目前,网络计划技术已成为我国工程建设领域中推行现代化管理必不可少的方法。

1992 年,国家技术监督局和建设部先后颁布了中华人民共和国国家标准《网络计划技术》(GB/T 13400.1、13400.2、13400.3—1992)三个标准〔其中《网络计划技术 第 1 部分:常用术语》(GB/T 13400.1—1992)现已被 GB/T 13400.1—2012 所代替〕和中华人民共和国行业标准《工程网络计划技术规程》(JGJ/T 121—1999)(现已被 JGJ/T 121—2015 所代替),使工程网络计划技术在计划的编制与控制管理的实际应用中有了一个可遵循的、统一的技术标准,保证了计划的科学性,对提高工程项目的管理水平发挥了重大作用。

实践证明,网络计划技术的应用已取得了显著的成绩,保证了工程项目质量、成本、进度目标的实现,也提高了工作效率,节约了项目资源。但网络计划技术同其他科学管理方法一样,也受到一定客观环境和条件的制约。网络计划技术是一种有效的管理手段,可提供定量分析信息,但工程规划、决策和实施还取决于各级领导和管理人员的水平。另外,网络计划技术的推广应用,需要有一批熟悉和掌握网络计划技术理论、应用方法和计算机软件的管理人员,需要提升工程项目管理的整体水平。

拓展讨论

党的二十大报告提出,推动战略性新兴产业融合集群发展,构建新一代信息技术、人工智能、生物技术、新能源、新材料、高端装备、绿色环保等一批新的增长引擎。谈一谈网络计划技术现在是如何与信息技术相结合的。

3.1.2 网络计划技术的基本原理

网络计划技术是指以网络图为基础的计划模型,网络图是以加注工作持续时间的箭线和带有编号的节点组成的网状流程图,用以表示施工进度计划。网络计划技术的基本原理是:首先根据工作间的相互关系及其先后顺序绘制工程项目施工进度计划网络图;其次通过计算找出网络图中的关键工作及关键线路;最后通过不断调整、改善施工进度网络图,选择最优的方案付诸实施。在网络计划实施过程中,通过有效的监督与控制,确保工程项目按合同条件顺利完成。

3.1.3 网络计划技术的特点

根据国内统计资料,工程项目的计划与管理应用网络计划技术可平均缩短工期 20%,节约费用 10%左右。网络图与横道图相比,具有以下特点。

(1)网络图能把施工过程中的各项工作组成一个有机的整体,全面而明确地表达出各项工作开展的先后顺序,反映出各项工作之间的相互制约、相互依赖的关系。

(2)网络图能进行各种时间参数的计算。

(3)网络图能在名目繁多、错综复杂的计划中找出决定工程进度的关键工作,便于计划管理者集中力量抓主要矛盾,确保工期,避免盲目施工。

(4)网络图能从众多可行方案中选出最优方案。

（5）在计划执行过程中，某一项工作由于某种原因推迟或提前完成时，网络图可以预见到它对整个进度计划的影响程度，而且能根据变化的情况迅速进行调整，保证自始至终对进度计划进行有效的监督和控制。

（6）利用网络图中反映出的各项工作的时间储备，可以更好地调配人力、物力，以达到降低成本的目的。

（7）更重要的是，网络图的出现和发展使现代化的计算工具——计算机在建设工程施工计划管理中得以应用。但网络图在计算劳动力等资源需要量时比较困难。

3.1.4　网络图的分类

（1）按箭线和节点表达的含义不同，网络图可分为双代号网络图和单代号网络图。

前者每项工作均由一根箭线和两个节点表示，其中箭线代表工作，节点表示工作间的逻辑关系，如图 3-1（a）所示；后者每项工作由一个节点组成，以节点代表工作，箭线表示工作间的逻辑关系，如图 3-1（b）所示。

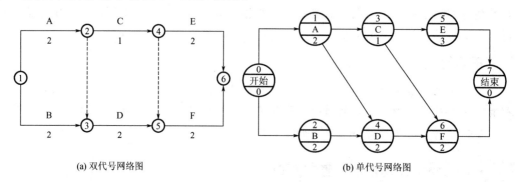

(a) 双代号网络图　　　　　　　　(b) 单代号网络图

图 3-1　网络图的分类

（2）按箭线长短与工作持续时间的关系，双代号网络图又可分为一般双代号网络图（以下简称双代号网络图）和双代号时间坐标网络图（以下简称双代号时标网络图）。

双代号网络图中工作持续时间长短与箭线长短无关；双代号时标网络图中箭线的长短和所在的位置表示工作的持续时间和进程，如图 3-2 所示。

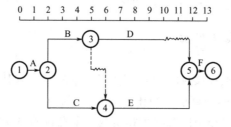

图 3-2　双代号时标网络图

（3）按计划目标的多少，网络图可分为单目标网络图和多目标网络图。

网络图中只有一个计划目标的称为单目标网络图，有两个以上计划目标的称为多目标网络图。

（4）按工程项目的组成及其应用范围，网络图可分为分项工程网络图、分部工程网络图、单位工程网络图、单项工程网络图及工程项目总体网络图等。

特别提示

利用网络图表达计划任务的进度安排及其中各项工作或工序之间的相互关系；在此基础上确定关键工序和关键线路，利用时差不断地改善网络计划，求得工期、费用与资源的优化方案。在计划执行过程中，通过信息反馈进行监督和控制，以保证达到预定的计划目标。

3.2 双代号网络计划

【整套施工进度计划网络图、横道图、平面图及相关附表】

3.2.1 双代号网络图的构成要素

双代号网络计划是以双代号网络图为基础的计划模型，而双代号网络图是以箭线及其两端节点的编号表示工作的网络图，如图3-3所示。从图3-3中我们可以看出双代号网络图由箭线、节点、线路三个基本要素组成。

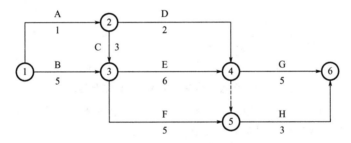

图3-3 双代号网络图

1. 箭线

（1）在双代号网络图中，每一条箭线表示一项工作。箭线的箭尾节点表示该工作的开始，箭头节点表示该工作的结束。工作名称标注在箭线的上方，完成该项工作所需要的持续时间标注在箭线的下方，如图3-4所示。

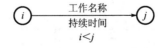

图3-4 双代号网络图中工作的表示方法

（2）在双代号网络图中，一般每一条实箭线都要占用时间、消耗资源（但也有例外，有些工作就只占时间而不消耗资源，如混凝土的养护）。在建筑工程中，一条实箭线表示项目中的一个施工过程，它可以是一道工序、一个分项工程、一个分部工程或一个单位工程，其粗细程度、大小范围的划分根据计划任务的需要来确定。

（3）在双代号网络图中，为了正确地表达图中工作之间的逻辑关系，往往需要应用虚箭线，虚箭线表示虚工作，其表示方法如图 3 - 5 所示。

$i < j$

图 3 - 5 双代号网络图中虚箭线的表示方法

虚工作是实际工作中并不存在的虚拟工作，故它们既不占用时间，也不消耗资源，一般起着工作之间的联系、区分和断路作用。

① 联系作用。联系作用是指应用虚工作连接工作之间的工艺联系和组织联系，如图 3 - 6 所示。

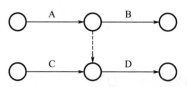

图 3 - 6 双代号网络图中虚工作的联系作用

② 区分作用。当两项工作的开始节点和结束节点相同时，应用虚工作加以区分，如图 3 - 7 所示。

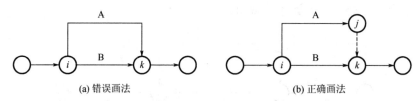

(a) 错误画法 （b) 正确画法

图 3 - 7 双代号网络图中虚工作的区分作用

③ 断路作用。当网络图的中间节点有逻辑错误，把本来没有逻辑关系的工作联系起来时，需要用虚工作断开无逻辑关系的工作联系，如图 3 - 8 所示。

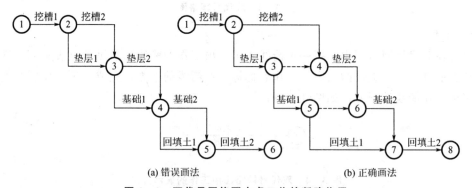

(a) 错误画法 （b) 正确画法

图 3 - 8 双代号网络图中虚工作的断路作用

**特别提示**

虚工作不占用任何时间和资源，只是表达工作之间的逻辑关系。

④ 在双代号网络图中，就某一项特定的工作 $i—j$ 而言，必须紧排在其前面进行的工作称为工作 $i—j$ 的紧前工作，必须紧排在其后面进行的工作称为工作 $i—j$ 的紧后工作，可以与其同时进行的工作称为工作 $i—j$ 的平行工作，如图 3-9 所示。

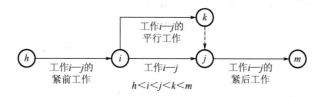

图 3-9 双代号网络图中工作之间的关系

2. 节点

在双代号网络图中，节点（也称事件）是指工作开始或完成的时间点，通常用圆圈（或方框）表示。节点表示的是工作之间的交接点，它既表示该节点前一项或若干项工作的结束，也表示该节点后一项或若干项工作的开始。如图 3-10 中的节点②，它既表示工作 A 的结束时刻，也表示工作 B、C 的开始时刻。

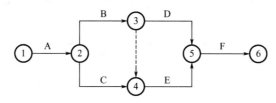

图 3-10 双代号网络图

箭尾指向的节点表示工作的开始，称为该工作的开始节点；箭头指向的节点表示工作的结束，称为该工作的结束节点。任何工作都可以用其箭线两端的两个节点的编号来表示，开始节点编号在前，结束节点编号在后，如图 3-10 中的工作 B 即可用②—③来表示。

网络图中的第一个节点称为起点节点，它表示工作的开始；网络图中的最后一个节点称为终点节点，它表示工作的完成；其余的节点均称为中间节点。如图 3-10 中的①为起点节点，⑥为终点节点，②、③、④、⑤为中间节点。

在网络图中，对一个确定的节点 i 来说，可能有许多箭线指向该节点，这些指向该节点的箭线称为内向箭线；同样也可能有许多箭线由该节点引出，这些由该节点引出的箭线称为外向箭线，如图 3-11 所示。

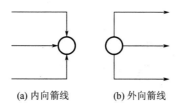

(a) 内向箭线　　(b) 外向箭线

图 3-11 内向箭线和外向箭线

网络图绘制完成后，还要对网络图的节点进行编号。节点编号的目的是赋予网络图中每项工作一个唯一的代号,并便于对网络图的时间参数进行计算。当用计算机来进行计算时,节点编号是绝对必要的。

双代号网络图的节点编号要遵循以下两个原则。

(1) 箭尾节点的编号应小于箭头节点的编号。

(2) 在一个网络图中,所有的节点不能出现重复的编号。有时考虑到可能在网络图中会增添或改动某些工作,在对节点进行编号时,可采用水平编号法(图 3 - 12)或者垂直编号法(图 3 - 13)。

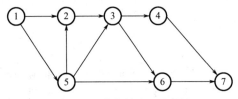

图 3 - 12 节点的水平编号法

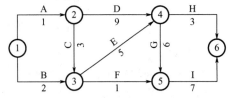

图 3 - 13 节点的垂直编号法

3. 线路

网络图中从起点节点出发,沿着箭头方向顺序通过一系列箭线和节点,直至到达终点节点的"通道",即称为线路,如图 3 - 14 所示。

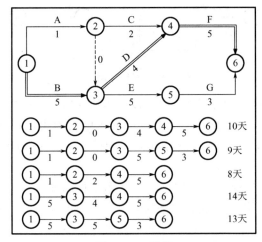

图 3 - 14 线路

网络图中的线路有多条,一条线路上的所有工作的持续时间之和称为该线路的长度。在各条线路中,所有工作的持续时间之和最长的线路称为关键线路。除关键线路之外的其他线路都称为非关键线路。位于关键线路上的工作称为关键工作,除关键工作之外的其他工作称为非关键工作。

关键工作用双箭线或粗箭线来表示,以示与非关键线路上工作的区别。非关键线路上的工作,既有关键工作,也有非关键工作。

 特别提示

关键线路是指线路上总的工作时间持续最长的线路。当某非关键线路发生延误,导致其时长改变以致超过关键线路时,则需选择该线路为新的关键线路。

3.2.2 双代号网络图的绘制

1. 双代号网络图绘制的逻辑关系

逻辑关系是指工作进行时客观上存在的一种相互制约或依赖的关系，也就是先后顺序关系。在表示工程施工计划的网络图中，根据施工工艺和施工组织的要求，应正确反映各项工作之间的相互依赖和相互制约的关系，这也是网络图与横道图的最大区别。逻辑关系包括工艺关系和组织关系。

（1）工艺关系。生产性工作由工艺技术决定的、非生产性工作由程序决定的工作先后顺序关系称为工艺关系。如现浇钢筋混凝土柱的施工，必须在绑扎完柱钢筋和支完模板以后，才能浇筑混凝土。

（2）组织关系。施工安排的衔接关系，工作之间由施工组织安排或资源调配需要而规定的先后顺序关系称为组织关系。如同一施工过程，有 A、B、C 三个施工段，可以安排先施工 A 段，再施工 B 段，最后施工 C 段，也可以安排先施工 B 段，再施工 C 段，最后施工 A 段；某些不存在工艺制约关系的施工过程，如屋面防水工程与门窗工程，二者之中是先施工其中某项，还是同时进行，都要根据施工的具体条件（如工期要求、人力及材料等资源供应条件来确定）。

要绘制出一个正确反映工作逻辑关系的网络图，首先要搞清楚各项工作之间的逻辑关系，也就是要具体解决每项工作的下面三个问题。

（1）该工作必须在哪些工作之前进行？
（2）该工作必须在哪些工作之后进行？
（3）该工作可以与哪些工作平行进行？

如图 3-15 中就工作 B 而言，它必须在工作 E 之前进行，是工作 E 的紧前工作；它必须在工作 A 之后进行，是工作 A 的紧后工作；它可以与工作 C 和 D 平行进行，是工作 C 和 D 的平行工作。这种严格的逻辑关系，必须根据施工工艺和施工组织的要求加以确定，只有这样才能逐步地按工作的先后次序把代表各项工作的箭线连接起来，绘制成一个正确的网络图。

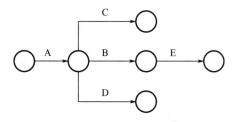

图 3-15　工作之间的逻辑关系

2. 双代号网络图绘制的基本规则

绘制双代号网络图必须遵守一定的基本规则，否则不能准确地表达出工作之间的逻辑关系。绘制双代号网络图必须遵循如下的基本规则。

（1）双代号网络图必须正确表达已定的逻辑关系。双代号网络图中常见的逻辑关系及

其表示方法见表3-2。

表3-2 双代号网络图中常见的逻辑关系及其表示方法

序号	工作之间的逻辑关系	表示方法
1	A、B、C无紧前工作，即A、B、C均为计划的第一项工作，且平行进行	
2	A完成后，B、C、D才能开始	
3	A、B、C均完成后，D才能开始	
4	A、B均完成后，C、D才能开始	
5	A完成后，D才能开始；A、B均完成后E才能开始；A、B、C均完成后，F才能开始	
6	A与D同时开始，B为A的紧后工作，C为D、B的紧后工作	
7	A、B均完成后，D才能开始；A、B、C均完成后，E才能开始；D、E均完成后，F才能开始	

续表

序号	工作间逻辑关系	表示方法
8	A 完成后，B、C、D 才能开始；B、C、D 均完成后，E 才能开始	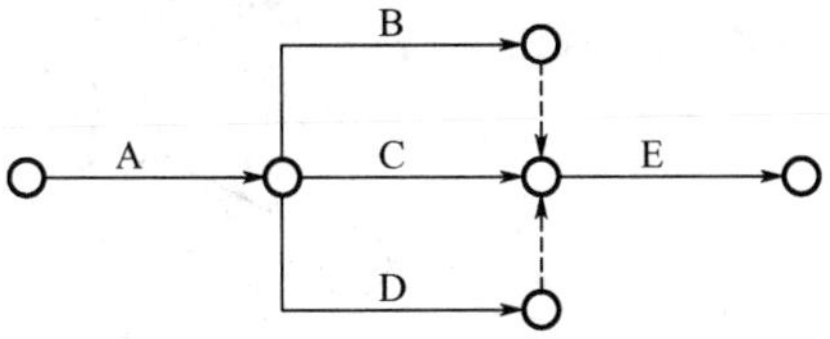
9	A、B 均完成后，D 才能开始；B、C 均完成后，E 才能开始	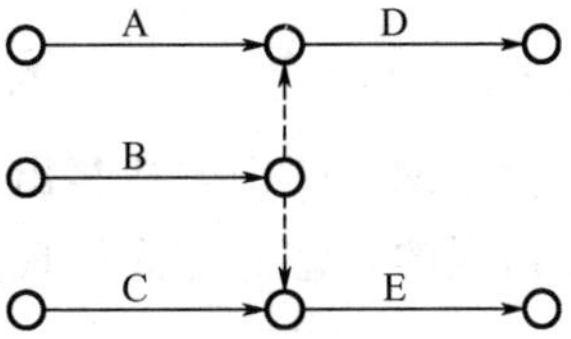
10	A、B 分为三个施工段，分段流水施工，A_1 完成后进行 A_2、B_1；A_2 完成后进行 A_3、B_2；A_2、B_1 均完成后进行 B_2；A_3、B_2 均完成后进行 B_3	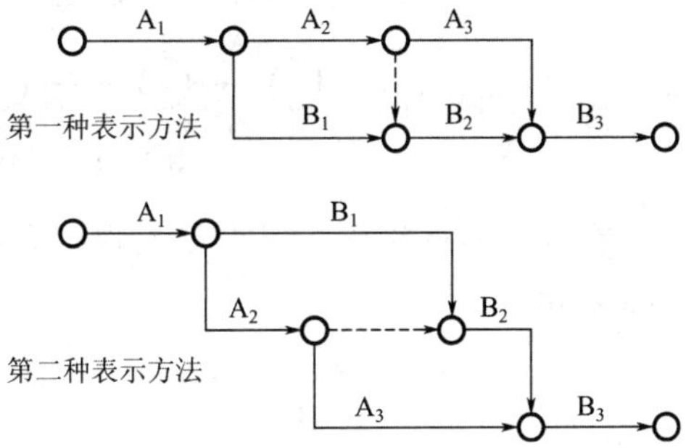 第一种表示方法 第二种表示方法
11	A、B 均完成后，C 才能开始；A、B、C 分三段组织流水施工，A 分为 A_1、A_2、A_3 三个施工段，B 分为 B_1、B_2、B_3 三个施工段，C 分为 C_1、C_2、C_3 三个施工段	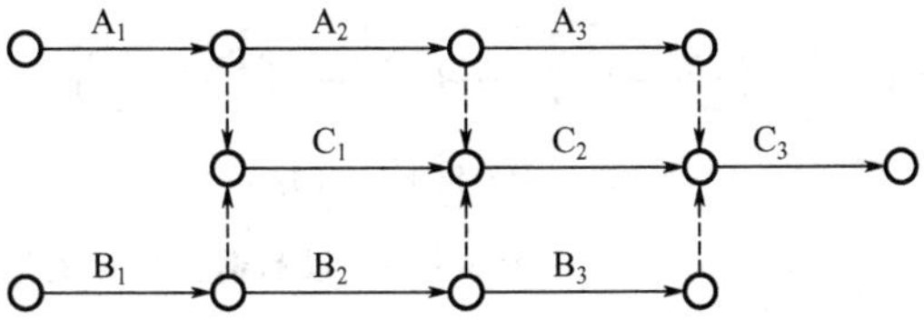
12	A、B、C 为最后三项工作，即 A、B、C 无紧后工作	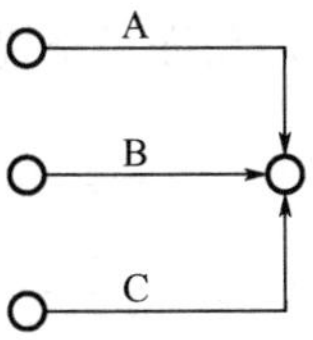

【课堂练习 3－1】

A、B、C、D、E、F 六项工作。A 完成后，D 开始工作；B 完成后，D、E 开始工作；C 完成后，D、E、F 开始工作，其逻辑关系如何？

A、B、C、D、E、F 六项工作。A、B、C 完成后，D 开始工作；B、C 完成后，E 开始工作；C 完成后，F 开始工作，其逻辑关系又如何？

（2）在双代号网络图中，严禁出现循环回路。在双代号网络图中，如果从一个节点出发沿着某一线路又回到原出发点，这种线路即称为循环回路。图 3-16 中的工作 C、F、E 和 D、G、E 分别形成了循环回路，其表示的逻辑关系是错误的。

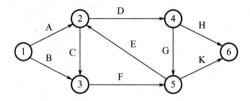

图 3-16　循环回路示意

（3）在双代号网络图中，严禁出现双向箭头箭线和无箭头箭线。图 3-17 中的②—④和②—③都是错误的，②—④为出现方向矛盾的双向箭头箭线，②—③为无方向的无箭头箭线。

图 3-17　错误的箭线画法

（4）在双代号网络图中，严禁出现没有箭头节点的箭线或没有箭尾节点的箭线，如图 3-18 所示。

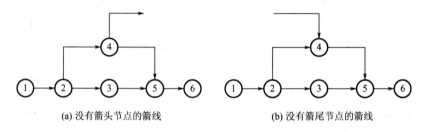

(a) 没有箭头节点的箭线　　　　　(b) 没有箭尾节点的箭线

图 3-18　没有箭头节点的箭线和没有箭尾节点的箭线

（5）当双代号网络图的某节点有多条外向箭线或有多条内向箭线时，为使图面简洁，可采用母线法绘图，允许多条箭线经一条共用母线引出或引入节点，如图 3-19 所示。

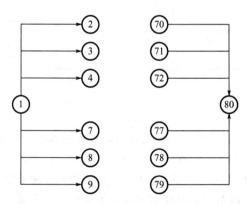

图 3-19　双代号网络图中母线的表示方法

（6）绘制双代号网络图时，应尽量避免箭线交叉，当箭线交叉不可避免时，可采用过桥法或指向法。图 3-20 中，图 3-20(a) 为过桥法，图 3-20(b) 为指向法。

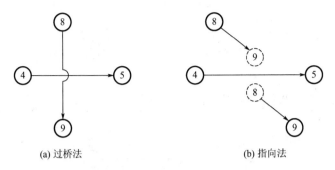

(a) 过桥法　　　　　　　　　　　　(b) 指向法

图 3-20　双代号网络图中箭线交叉时的绘图方法

（7）双代号网络图中只能有一个起点节点和一个终点节点（任务中部分工作需要分期完成的网络计划除外）；其他所有节点均为中间节点。

图 3-21(a) 所示的网络图中，节点①、④都没有内向箭线，都是起点节点，这是错误的。当出现这种情形时，最简单的办法就是用虚箭线把节点①和④连接起来，使网络图变成只有一个起点节点，如图 3-21(b) 所示。在本例中，最好是删除节点④，而直接把节点①和⑤用箭线连接起来，如图 3-21(c) 所示。

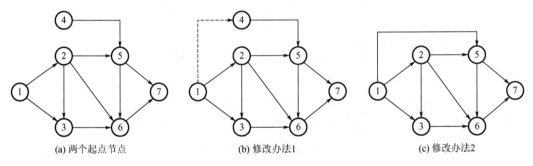

(a) 两个起点节点　　　　　　　(b) 修改办法1　　　　　　　(c) 修改办法2

图 3-21　起点节点的表述

图 3-22(a) 所示的网络图中，节点④、⑦都没有外向箭线，都是终点节点，这也是错误的。当出现这种情形时，最简单的办法就是用虚箭线把节点④和⑦连接起来，使网络图变成只有一个终点节点，如图 3-22(b) 所示。在本例中，最好是删除节点④，而直接把节点②和⑦用箭线连接起来，如图 3-22(c) 所示。

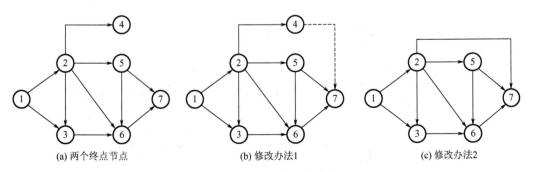

(a) 两个终点节点　　　　　　　(b) 修改办法1　　　　　　　(c) 修改办法2

图 3-22　终点节点的表述

（8）双代号网络图中任意两个节点之间只能有唯一的箭线，不得有两条或两条以上的箭线从同一节点出发且同时指向同一节点，即两个节点只表示唯——项工作，如图 3-23 所示。

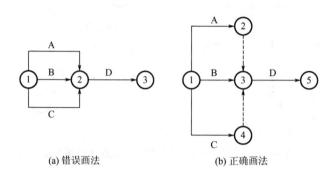

(a) 错误画法　　　　　　(b) 正确画法

图 3-23　两个节点只表示唯——项工作

【案例】

【应用案例 3-1】

某分部工程双代号网络图如图 3-24 所示，图中有哪些错误？

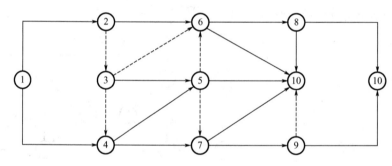

图 3-24　某分部工程双代号网络图

【解】 节点⑩编号重复，即节点编号有误；且存在多个终点节点，只有箭头没有箭尾的节点可以判定为终点节点。此外，工作代号重复，有两项工作⑨—⑩。

【课堂练习 3-2】

某分部工程双代号网络图如图 3-25 所示，图中的错误是（　　　　）。

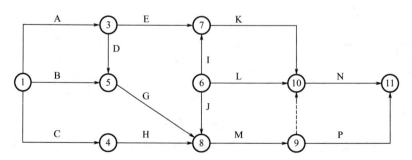

图 3-25　某分部工程双代号网络图

A. 存在循环回路　　　　　　B. 节点编号有误

C. 存在多个起点节点　　　　D. 存在多个终点节点

 【课堂练习 3-3】

某分部工程双代号网络图如图 3-26 所示，其作图错误表现为（　　　）。

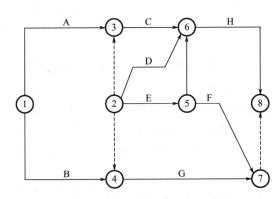

图 3-26　某分部工程双代号网络图

A. 有多个起点节点　　　　　　B. 有多个终点节点

C. 节点编号有误　　　　　　　D. 存在循环回路

E. 有多余虚工作

3. 双代号网络图的绘制方法和示例

1）双代号网络图的绘制方法

双代号网络图的绘制方法，视各人的经验而不同，但从根本上说，都要在既定施工方案的基础上，根据具体的施工客观条件，以统筹安排为原则，其基本的绘制步骤如下。

【双代号网络图
绘制注意事项】

（1）绘制没有紧前工作的工作箭线，使他们具有相同的开始节点，以保证网络图只有一个起点节点。

（2）依次绘制其他工作箭线。这些工作箭线的绘制条件是其所有紧前工作箭线都已经绘制出来。在绘制这些工作箭线时，应按下列原则进行。

① 当所要绘制的工作只有一项紧前工作时，则将该工作箭线直接绘制在其紧前工作箭线之后即可。

② 当所要绘制的工作有多项紧前工作时，应按以下四种情况分别予以考虑。

第一种情况：对于所要绘制的工作而言，如果在其多项紧前工作中存在一项（且只存在一项）只作为本工作紧前工作的工作（即在紧前工作栏中，该紧前工作只出现一次），则应将本工作箭线直接画在该紧前工作箭线之后，然后用虚箭线将其他紧前工作箭线的箭头节点与本工作箭线的箭尾节点分别相连，以表达它们之间的逻辑关系。

第二种情况：对于所要绘制的工作而言，如果在其紧前工作中存在多项只作为本工作紧前工作的工作，应将这些紧前工作箭线的箭头节点合并，再从合并之后的节点开始，画出本工作箭线，然后用虚箭线将其他紧前工作箭线的箭头节点与本工作箭线的箭尾节点分别相连，以表达它们之间的逻辑关系。

第三种情况：对于所要绘制的工作而言，如果不存在第一种和第二种情况时，应判断本工作的所有紧前工作是否都同时是其他工作的紧前工作（即在紧前工作栏中，这几项紧前工作是否均同时出现若干次）。如果上述条件成立，应将这些紧前工作的箭线的箭头节点合并，再从合并之后的节点开始，画出本工作的箭线。

第四种情况：对于所要绘制的工作而言，如果不存在第一种和第二种情况，也不存在第三种情况时，则应将本工作箭线单独画在其紧前工作箭线之后的中部，然后用虚箭线将其他紧前工作箭线的箭头节点与本工作箭线的箭尾节点分别相连，以表达它们之间的逻辑关系。

（3）当各项工作箭线都绘制出来以后，应合并那些没有紧后工作的工作箭线的箭头节点，以保证网络图只有一个终点节点。

为了使双代号网络图条理清楚，各工作布局合理，可以先按照下列原则确定各工作的开始节点位置号和结束节点位置号，然后按各自的节点位置号绘制网络图。

① 无紧前工作的工作（即双代号网络图开始的第一项工作），其开始节点位置号为零。

② 有紧前工作的工作，其开始节点位置号等于其紧前工作的开始节点位置号的最大值加1。

③ 有紧后工作的工作，其结束节点位置号等于其紧后工作的开始节点位置号的最小值。

④ 无紧后工作的工作（即双代号网络图开始的最后一项工作），其结束节点位置号等于网络图中各工作的结束节点位置号的最大值加1。

2）双代号网络图绘制示例

【应用案例3-2】

已知各项工作之间的逻辑关系（表3-3），试绘制双代号网络图。

表3-3 各项工作之间的逻辑关系

工作代号	A	B	C	D	E	F	G
紧前工作	—	—	—	—	A、B	C、D	B、C、D

【解】（1）绘制工作A箭线、工作B箭线、工作C箭线、工作D箭线，如图3-27(a)所示。

（2）按前述原则（2）的第一种情况绘制工作E箭线，如图3-27(b)所示［工作E的两项紧前工作A、B中存在一项（且只存在一项），工作A只作为工作E的紧前工作，则应将工作E箭线直接画在该紧前工作A箭线之后，然后用虚箭线将紧前工作B箭线的箭头节点与工作E箭线的箭尾节点相连，以表达它们之间的逻辑关系］。

（3）按前述原则（2）的第三种情况绘制工作F箭线，如图3-27(c)所示（工作F的两项紧前工作C、D同时作为工作F和工作G的紧前工作，则应将这两项紧前工作C、D箭线的箭头节点合并，再从合并之后的节点开始，画出工作F箭线）。

（4）按前述原则（2）的第四种情况绘制工作G箭线，如图3-27(d)所示（把工作

G箭线单独画在其紧前工作 B、C 箭线之后的中部，然后用虚箭线将其紧前工作 B、C 箭线的箭头节点与工作 G 箭线的箭尾节点分别相连，以表达它们之间的逻辑关系）。

（5）合并那些没有紧后工作的工作 E、G、F 箭线的箭头节点，以保证网络图只有一个终点节点。当确认给定的逻辑关系表达正确后，再进行节点编号，即得到给定逻辑关系的双代号网络图，如图 3-27(e) 所示。

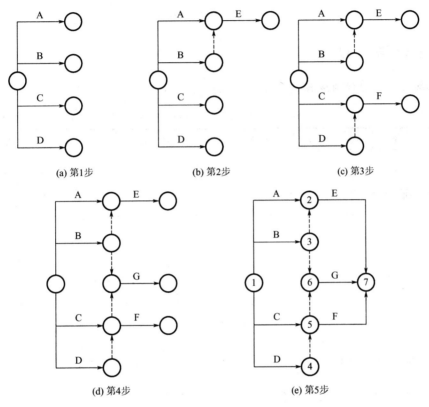

图 3-27　网络图绘制过程

【应用案例 3-3】

已知各项工作之间的逻辑关系（表 3-4），试绘制双代号网络图。

表 3-4　各项工作之间的逻辑关系

工作代号	A	B	C	D
紧前工作	—	—	A、B	B

【解】（1）绘制工作 A 箭线和工作 B 箭线。

（2）按前述原则绘制工作 C 箭线。

（3）按前述原则绘制工作 D 箭线后，将工作 C 和 D 箭线的箭头节点合并，以保证网络图只有一个终点节点。

（4）当确认给定的逻辑关系表达正确后，再进行节点编号。表中给定逻辑关系所对应的双代号网络图如图 3-28 所示。

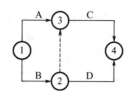

图 3-28　双代号网络图

【课堂练习 3-4】

已知各项工作之间的逻辑关系（表 3-5），试绘制双代号网络图。

表 3-5　各项工作之间的逻辑关系

序　号	工作代号	紧前工作	持续时间/天
1	A	—	1
2	B	—	5
3	C	A	3
4	D	A	2
5	E	B、C	6
6	F	B、C	5
7	G	D、E	5
8	H	D、E、F	3

【课堂练习 3-5】

已知各项工作之间的逻辑关系（表 3-6），试绘制双代号网络图。

表 3-6　各项工作之间的逻辑关系

施工过程	A	B	C	D	E	F	G	H
紧前工作	—	A	B	B	B	C、D	C、E	F、G
紧后工作	B	C、D、E	F、G	F	G	H	H	—

【双代号网络图绘制案例】

4. 双代号网络图绘制注意事项

绘制网络图时应根据不同的工程情况、不同的施工组织方法及使用要求等，灵活选用排列方法，以便简化层次，使各项工作在工艺上及组织上的逻辑关系准确清晰，便于施工组织者和施工人员掌握，也便于计算和调整。

1）网络图布局要规整，层次要清楚，重点要突出

尽量采用水平箭线和垂直箭线，少用斜箭线，避免用交叉箭线。

2）网络图应采用正确的排列方式，逻辑关系要准确清晰、形象直观，便于计算与调整

目前网络图的排列方式主要有以下几种方式。

（1）混合排列。

这种排列方法可以使网络图看起来对称美观，但在同一水平方向既有不同工种的作业，也有不同施工段的作业，一般用于绘制较简单的网络图，如图 3-29 所示。

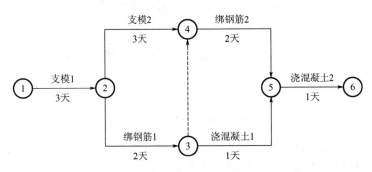

图 3-29　混合排列

（2）按流水段排列。

这种排列方法是把同一施工段的作业排在同一水平线上，能够反映出建筑工程分段施工的特点，突出工作面的利用情况，如图 3-30 所示。这是建筑工地习惯使用的一种表达方式。

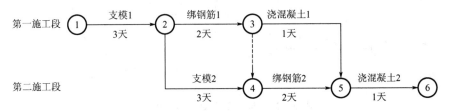

图 3-30　按流水段排列

（3）按工种排列。

这种排列方法是把相同工种的工作排在同一条水平线上，能够突出不同工种的工作情况，如图 3-31 所示。这是建筑工地常用的一种表达方式。

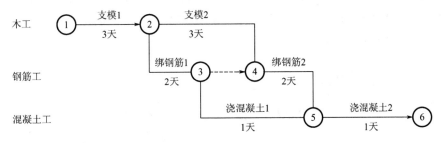

图 3-31　按工种排列

（4）按楼层排列。

图 3-32 是一个一般室内装修工程的三项工作按楼层由上到下进行的施工网络图。在分段施工中，当若干项工作沿着建筑物的楼层展开时，其施工进度网络图一般都可以按楼层排列，如图 3-32 所示。

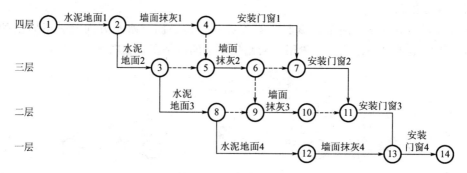

图 3 - 32　按楼层排列

（5）按施工专业或单位排列。

有许多施工单位参加完成一项单位工程的施工任务时，为便于各施工单位对自己负责的部分有更直观的了解，而将网络图按施工单位排列，如图 3 - 33 所示。

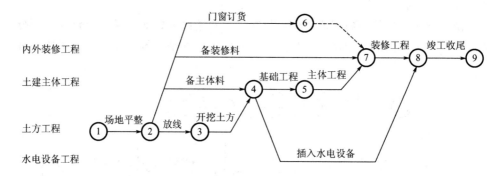

图 3 - 33　按施工专业或单位排列

3）正确应用虚箭线进行网络图的断路

应用虚箭线进行网络图的断路，是正确表达工作之间逻辑关系的关键。一般可以采用两种方式进行断路：一种是在横向用虚箭线切断无逻辑关系的工作之间的联系，称为"横向断路法"，如图 3 - 34 所示，这种方法主要用于无时间坐标的网络图中；另一种是在纵向用虚箭线切断无逻辑关系的工作之间的联系，称为"纵向断路法"，如图 3 - 35 所示，这种方法主要用于有时间坐标的网络图中。

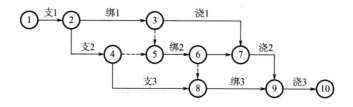

图 3 - 34　横向断路法

4）力求减少不必要的箭线和节点

在双代号网络图中，应力求减少不必要的箭线和节点，使网络图图面简洁，减少时间参数的计算量。如图 3 - 36(a) 所示，该图在施工顺序及逻辑关系上均是合理的，但它过

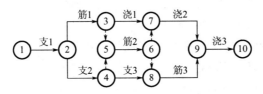

图 3-35 纵向断路法

于烦琐。如果将多余虚箭线和多余节点去掉，网络图则更加明快、简单，同时并不改变原有的逻辑关系，如图 3.36(b) 所示。

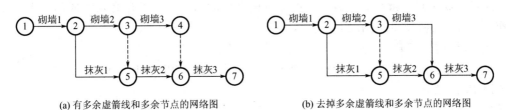

(a) 有多余虚箭线和多余节点的网络图   (b) 去掉多余虚箭线和多余节点的网络图

图 3-36 减少不必要的节点和箭线

3.2.3 双代号网络图时间参数的计算

双代号网络图时间参数计算的目的在于通过计算各项工作的时间参数，确定网络图的关键工作、关键线路和计算工期，为网络图的优化、调整和执行提供明确的依据。双代号网络图时间参数的计算方法很多，一般常用的有按工作计算法和按节点计算法；在计算方式上又有分析计算法、表上计算法、图上计算法、矩阵计算法和电算法等。

1. 双代号网络图时间参数的概念及符号

1）工作持续时间（D_{i-j}）

工作持续时间是对一项工作规定的从开始到完成的时间。在双代号网络图中，工作 $i-j$ 的持续时间用 D_{i-j} 表示。

2）工期（T）

工期泛指完成任务所需要的时间，一般有以下三种。

（1）计算工期：根据双代号网络图时间参数计算出来的工期，用 T_c 表示。

（2）要求工期：任务委托人所要求的工期，用 T_r 表示。

（3）计划工期：在要求工期和计算工期的基础上综合考虑需要和可能而确定的工期，用 T_p 表示。双代号网络图的计划工期 T_p 应按下列情况分别确定。

① 当已规定了要求工期 T_r 时，则

$$T_p \leqslant T_r \tag{3-1}$$

② 当未规定要求工期时，可令计划工期等于计算工期，则

$$T_p = T_c \tag{3-2}$$

3）双代号网络图中工作的六个时间参数

（1）最早开始时间（ES_{i-j}）。

最早开始时间是指在各紧前工作全部完成后，本工作有可能开始的最早时刻。工作

$i—j$ 的最早开始时间用 $ES_{i—j}$ 表示。

（2）最早完成时间（$EF_{i—j}$）。

最早完成时间是指在各紧前工作全部完成后，本工作有可能完成的最早时刻。工作 $i—j$ 的最早完成时间用 $EF_{i—j}$ 表示。

（3）最迟开始时间（$LS_{i—j}$）。

最迟开始时间是指在不影响整个任务按期完成的前提下，工作必须开始的最迟时刻。工作 $i—j$ 的最迟开始时间用 $LS_{i—j}$ 表示。

（4）最迟完成时间（$LF_{i—j}$）。

最迟完成时间是指在不影响整个任务按期完成的前提下，工作必须完成的最迟时刻。工作 $i—j$ 的最迟完成时间用 $LF_{i—j}$ 表示。

（5）总时差（$TF_{i—j}$）。

总时差是指在不影响总工期的前提下，本工作可以利用的机动时间。工作 $i—j$ 的总时差用 $TF_{i—j}$ 表示。

（6）自由时差（$FF_{i—j}$）。

自由时差是指在不影响其紧后工作最早开始时间的前提下，本工作可以利用的机动时间。工作 $i—j$ 的自由时差用 $FF_{i—j}$ 表示。

4）双代号网络图中节点的时间参数

节点时间包括节点最早时间和节点最迟时间。

节点最早时间是指双代号网络图中，以该节点为开始节点的各项工作的最早能够开始的时间，用 ET_i 表示。

节点最迟时间是指双代号网络图中，以该节点为完成节点的各项工作的最迟必须完成的时间，用 LT_i 表示。

2. 双代号网络图时间参数的计算方法

双代号网络图时间参数的计算方法有两种，即按工作计算法和按节点计算法。

1）按工作计算法

按工作计算法计算工作的时间参数，其计算结果按图 3-37 标注。

图 3-37　按工作计算法计算工作的时间参数的标注方式

按工作计算法在网络计划中计算工作的六个时间参数，必须在清楚计算顺序和计算步骤的基础上，列出必要的公式，以加深对时间参数计算的理解。时间参数的计算步骤如下。

（1）工作的最早开始时间和最早完成时间。

工作 $i—j$ 的最早开始时间 $ES_{i—j}$ 应从双代号网络图的起点节点开始，顺着箭线方向逐项计算，并符合下列规定。

① 没有紧前工作的工作 $i—j$（以起点节点为箭尾节点的工作），当未规定其最早开始

时间 ES_{i-j} 时，其值应等于 0，即

$$ES_{i-j}=0 \qquad\qquad (3-3)$$

式中 ES_{i-j}——工作 $i-j$ 的最早开始时间。

② 有紧前工作的工作 $i-j$，当工作 $i-j$ 只有一项紧前工作 $h-i$ 时，其最早开始时间 ES_{i-j} 为：

$$ES_{i-j}=ES_{h-i}+D_{h-i} \qquad\qquad (3-4)$$

式中 ES_{h-i}——工作 $i-j$ 的紧前工作 $h-i$ 的最早开始时间；

D_{h-i}——工作 $i-j$ 的紧前工作 $h-i$ 的持续时间。

③ 当工作 $i-j$ 有多项紧前工作时，如图 3 - 38 所示，其最早开始时间 ES_{i-j} 应为：

$$ES_{i-j}=\max\{ES_{h-i}+D_{h-i}\} \qquad\qquad (3-5)$$

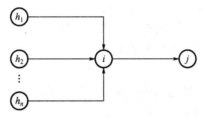

图 3 - 38　双代号网络图中有紧前工作的工作最早开始时间计算示意

工作 $i-j$ 的最早完成时间 EF_{i-j} 应按下式计算。

$$EF_{i-j}=ES_{i-j}+D_{i-j} \qquad\qquad (3-6)$$

式中 EF_{i-j}——工作 $i-j$ 的最早完成时间。

（2）确定计算工期 T_c。

计算工期等于以双代号网络图的终点节点为箭头节点的各项工作的最早完成时间的最大值。当双代号网络图终点节点的编号为 n 时，计算工期为：

$$T_c=\max\{EF_{i-j}\} \qquad\qquad (3-7)$$

当无要求工期的限制时，取计划工期等于计算工期，即取 $T_p=T_c$。

（3）最迟完成时间和最迟开始时间的计算。

工作 $i-j$ 的最迟完成时间 LF_{i-j} 应从双代号网络图的终点节点开始，逆着箭线方向逐项计算，并符合下列规定。

① 没有紧后工作的工作 $m-n$（以终点节点为箭头节点的工作），其最迟完成时间 LF_{m-n} 应按双代号网络图的计划工期 T_p 确定，即

$$LF_{m-n}=T_p \qquad\qquad (3-8)$$

② 有紧后工作的工作，当工作 $i-j$ 只有一项紧后工作 $j-k$ 时，其最迟完成时间 LF_{i-j} 为：

$$LF_{i-j}=LF_{j-k}-D_{j-k} \qquad\qquad (3-9)$$

式中 LF_{j-k}——工作 $i-j$ 的紧后工作 $j-k$ 的最迟完成时间；

D_{j-k}——工作 $i-j$ 的紧后工作 $j-k$ 的持续时间。

③ 当工作 $i-j$ 有多项紧后工作 $j-k$ 时，如图 3-39 所示，其最迟完成时间 LF_{i-j} 应为：

$$LF_{i-j} = \min\{LF_{j-k} - D_{j-k}\} \tag{3-10}$$

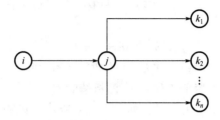

图 3-39 双代号网络图中有紧前工作的工作最迟完成时间计算示意

工作 $i-j$ 的最迟开始时间 LS_{i-j} 应按下式计算。

$$LS_{i-j} = LF_{i-j} - D_{i-j} \tag{3-11}$$

式中 LS_{i-j}——工作 $i-j$ 的最迟开始时间。

（4）计算工作总时差。

工作的总时差等于该工作最迟完成时间与最早完成时间之差，或者该工作最迟开始时间与最早开始时间之差，如图 3-40 所示。

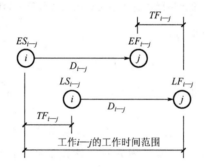

图 3-40 总时差计算示意

根据总时差 TF_{i-j} 的定义，总时差应按下式计算。

$$TF_{i-j} = LS_{i-j} - ES_{i-j} \tag{3-12}$$

或 $$TF_{i-j} = LF_{i-j} - EF_{i-j} \tag{3-13}$$

总时差的计算结果因计划工期的取值不同会出现下列三种情形。

① 当计划工期 T_p 等于计算工期 T_c 时，工作 $i-j$ 的总时差值大于或等于 0。

② 当计划工期 T_p 大于计算工期 T_c 时，工作 $i-j$ 的总时差值大于 0。

③ 当计划工期 T_p 小于计算工期 T_c 时，工作 $i-j$ 的总时差值可能大于或等于 0，也可能小于 0。但是，一旦出现计划工期 T_p 小于计算工期 T_c 时，一般无须计算该双代号网络图的其他时间参数，而应对该双代号网络图进行调整或优化，使其计算工期 T_c 小于计划工期 T_p。

工作 $i-j$ 的总时差不但属于工作 $i-j$ 本身，而且与紧后工作都有关系，它为一条线路或线路段所共有。

（5）工作的自由时差。

工作的自由时差等于其紧后工作的最早开始时间与该工作的最早完成时间之差，如

图 3-41 所示。

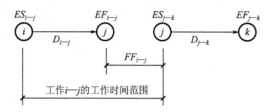

图 3-41　自由时差计算示意

① 根据自由时差 FF_{i-j} 的定义，当工作 $i—j$ 有紧后工作 $j—k$ 时，其自由时差应按下式计算。

$$FF_{i-j} = ES_{j-k} - EF_{i-j} \tag{3-14}$$

式中　ES_{j-k}——工作 $i—j$ 的紧后工作 $j—k$ 的最早开始时间。

② 当工作 $m—n$ 没有紧后工作时，其自由时差应按双代号网络图的计划工期 T_p 确定，即

$$FF_{m-n} = T_p - EF_{m-n} \tag{3-15}$$

由总时差和自由时差的定义可知，自由时差小于或等于总时差。

工作 $i—j$ 的自由时差属于工作 $i—j$ 本身，利用自由时差对其紧后工作的最早开始时间没有影响。

（6）关键工作和关键线路的确定。

① 关键工作。在双代号网络图中，总时差最小的工作是关键工作。

第一，当计划工期 T_p 等于计算工期 T_c 时，总时差的值等于 0 的工作为关键工作。

第二，当计划工期 T_p 大于计算工期 T_c 时，总时差的值大于 0 且其值最小的工作为关键工作。

第三，当计划工期 T_p 小于计算工期 T_c 时，总时差的值小于 0 且其值最小（负总时差的绝对值最大）的工作为关键工作。

② 关键线路。找出关键工作后，将这些关键工作首尾相连，便构成从起点节点到终点节点的通路，位于该通路中各项工作的持续时间总和最大，这条通路便是关键线路。在关键线路上可能有虚工作的存在。关键线路一般用双箭线或粗箭线标出，也可以用彩色箭线标出。

【应用案例 3-4】

已知某工程双代号网络图如图 3-42 所示，若计划工期等于计算工期，试计算各项工作的六个时间参数并确定关键线路，标注在双代号网络图上。

【解】 计算各项工作的时间参数，并将计算结果标注在箭线上方相应的位置。

1. 计算各项工作的最早开始时间和最早完成时间

从起点节点（①节点）开始顺着箭线方向依次逐项计算到终点节点（⑥节点）。

（1）以双代号网络图起点节点为开始节点的各工作的最早开始时间为零。

$$ES_{1-2} = ES_{1-3} = 0 \text{ 天}$$

（2）计算各项工作的最早开始时间。

$$ES_{2-3} = ES_{1-2} + D_{1-2} = 0 + 1 = 1(\text{天})$$

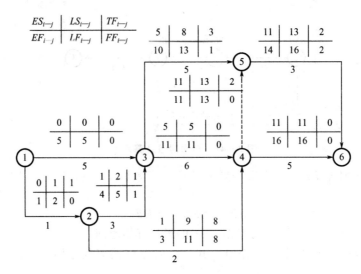

图 3 − 42 某工程双代号网络图

$$ES_{2-4}=ES_{2-3}=1 \text{ 天}$$
$$ES_{3-4}=\max\{ES_{1-3}+D_{1-3}, ES_{2-3}+D_{2-3}\}=\max\{0+5, 1+3\}=5(\text{天})$$
$$ES_{3-5}=ES_{3-4}=5 \text{ 天}$$
$$ES_{4-5}=\max\{ES_{3-4}+D_{3-4}, ES_{2-4}+D_{2-4}\}=\max\{5+6, 1+2\}=11(\text{天})$$
$$ES_{4-6}=ES_{4-5}=11 \text{ 天}$$
$$ES_{5-6}=\max\{ES_{3-5}+D_{3-5}, ES_{4-5}+D_{4-5}\}=\max\{5+5, 11+0\}=11(\text{天})$$

（3）计算各项工作的最早完成时间。

$$EF_{1-2}=ES_{1-2}+D_{1-2}=0+1=1(\text{天})$$
$$EF_{1-3}=ES_{1-3}+D_{1-3}=0+5=5(\text{天})$$
$$EF_{2-3}=ES_{2-3}+D_{2-3}=1+3=4(\text{天})$$
$$EF_{2-4}=ES_{2-4}+D_{2-4}=1+2=3(\text{天})$$
$$EF_{3-4}=ES_{3-4}+D_{3-4}=5+6=11(\text{天})$$
$$EF_{3-5}=ES_{3-5}+D_{3-5}=5+5=10(\text{天})$$
$$EF_{4-5}=ES_{4-5}+D_{4-5}=11+0=11(\text{天})$$
$$EF_{4-6}=ES_{4-6}+D_{4-6}=11+5=16(\text{天})$$
$$EF_{5-6}=ES_{5-6}+D_{5-6}=11+3=14(\text{天})$$

将以上计算结果标注在图中的相应位置。

2. 确定计算工期 T_c 及计划工期 T_p

计算工期 $T_c=\max\{EF_{5-6}, EF_{4-6}\}=\max\{14, 16\}=16(\text{天})$

已知计划工期等于计算工期，即

$$T_p=T_c=16 \text{ 天}$$

3. 计算各项工作的最迟完成时间和最迟开始时间

从终点节点（⑥节点）开始逆着箭线方向依次逐项计算到起点节点（①节点）。

（1）以网络图终点节点为箭头节点工作的最迟完成时间等于计划工期。

$$LF_{4-6}=LF_{5-6}=16 \text{ 天}$$

（2）计算其他各项工作的最迟完成时间。

$$LF_{3-5}=LF_{4-5}=LF_{5-6}-D_{5-6}=16-3=13（天）$$

$$LF_{4-5}=LF_{3-5}=13 \text{ 天}$$

$$LF_{2-4}==\min\{LF_{4-5}-D_{4-5}，LF_{4-6}-D_{4-6}\}=\min\{13-0，16-5\}=11（天）$$

$$LF_{3-4}=LF_{2-4}=13 \text{ 天}$$

$$LF_{1-3}=\min\{LF_{3-4}-D_{3-4}，LF_{3-5}-D_{3-5}\}=\min\{11-6，13-5\}=5（天）$$

$$LF_{2-3}=LF_{1-3}=5 \text{ 天}$$

$$LF_{1-2}=\min\{LF_{2-3}-D_{2-3}，LF_{2-4}-D_{2-4}\}=\min\{5-3，11-2\}=2（天）$$

（3）计算各项工作的最迟开始时间。

$$LS_{4-6}=LF_{4-6}-D_{4-6}=16-5=11（天）$$

$$LS_{5-6}=LF_{5-6}-D_{5-6}=16-3=13（天）$$

$$LS_{3-5}=LF_{3-5}-D_{3-5}=13-5=8（天）$$

$$LS_{4-5}=LF_{4-5}-D_{4-5}=13-0=13（天）$$

$$LS_{2-4}=LF_{2-4}-D_{2-4}=11-2=9（天）$$

$$LS_{3-4}=LF_{3-4}-D_{3-4}=11-6=5（天）$$

$$LS_{1-3}=LF_{1-3}-D_{1-3}=5-5=0（天）$$

$$LS_{2-3}=LF_{2-3}-D_{2-3}=5-3=2（天）$$

$$LS_{1-2}=LF_{1-2}-D_{1-2}=2-1=1（天）$$

将以上计算结果标注在图中的相应位置。

4. 计算各项工作的总时差 TF_{i-j}

可以用工作的最迟开始时间减去最早开始时间，或用工作的最迟完成时间减去最早完成时间。

$$TF_{1-2}=LS_{1-2}-ES_{1-2}=1-0=1（天）\quad 或 \quad TF_{1-2}=LF_{1-2}-EF_{1-2}=2-1=1（天）$$

$$TF_{1-3}=LS_{1-3}-ES_{1-3}=0-0=0（天）$$

$$TF_{2-3}=LS_{2-3}-ES_{2-3}=2-1=1（天）$$

$$TF_{2-4}=LS_{2-4}-ES_{2-4}=9-1=8（天）$$

$$TF_{3-4}=LS_{3-4}-ES_{3-4}=5-5=0（天）$$

$$TF_{3-5}=LS_{3-5}-ES_{3-5}=8-5=3（天）$$

$$TF_{4-5}=LS_{4-5}-ES_{4-5}=13-11=2（天）$$

$$TF_{4-6}=LS_{4-6}-ES_{4-6}=11-11=0（天）$$

$$TF_{5-6}=LS_{5-6}-ES_{5-6}=13-11=2（天）$$

将以上计算结果标注在图中的相应位置。

5. 计算各项工作的自由时差 FF_{i-j}

该值等于紧后工作的最早开始时间减去本工作的最早完成时间。

$$FF_{1-2}=ES_{2-3}-EF_{1-2}=1-1=0（天）$$

$$FF_{1-3}=ES_{3-4}-EF_{1-3}=5-5=0（天）$$

$$FF_{2-3}=ES_{3-5}-EF_{2-3}=5-4=1（天）$$

$$FF_{2-4}=ES_{4-6}-EF_{2-4}=11-3=8（天）$$

$$FF_{3-4} = ES_{4-6} - EF_{3-4} = 11 - 11 = 0(天)$$

$$FF_{3-5} = ES_{5-6} - EF_{3-5} = 11 - 10 = 1(天)$$

$$FF_{4-5} = ES_{5-6} - EF_{4-5} = 11 - 11 = 0(天)$$

$$FF_{4-6} = T_p - EF_{4-6} = 16 - 16 = 0(天)$$

$$FF_{5-6} = T_p - EF_{5-6} = 16 - 14 = 2(天)$$

将以上计算结果标注在图中的相应位置。

6. 确定关键工作及关键线路

在图中，最小的总时差是 0 天，所以，凡是总时差为 0 天的工作均为关键工作。该例中的关键工作是：①—③，③—④，④—⑥。自始至终全由关键工作组成的关键线路是：①—③—④—⑥。关键线路用双箭线进行标注，如图 3-43 所示。

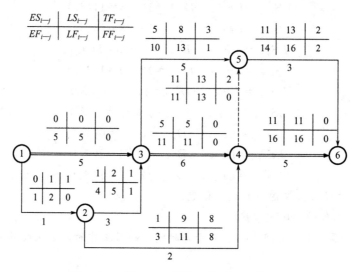

图 3-43 某工程双代号网络计划计算结果

【课堂练习 3-6】

某工程网络图中，工作 D 的紧后工作为工作 E 和 F，其持续时间分别为 6 天、3 天、2 天，工作 D 从第 8 天开始，工作 E 和 F 均必须于第 18 天最迟完成，则以下选项中正确的是（   ）。

A. 工作 D 的自由时差为 1 天　　　　B. 工作 D 的自由时差为 0 天

C. 工作 E 的总时差为 0 天　　　　　D. 工作 D 的最迟开始时间为第 10 天

E. 工作 F 的总时差为 2 天

【课堂练习 3-7】

已知工作 E 有一个紧后工作 G。工作 G 的最迟完成时间为第 14 天，持续时间为 3 天，总时差为 2 天。工作 E 的最早开始时间为第 6 天，持续时间为 1 天，则工作 E 的自由时差为（   ）。

A. 1 天　　　　　B. 2 天　　　　　C. 3 天　　　　　D. 4 天

【课堂练习 3-8】

已知某工程双代号网络图如图 3-44 所示，若计划工期等于计算工期，试计算该双代号网络图的六个工作时间参数，并确定关键工作和关键线路。

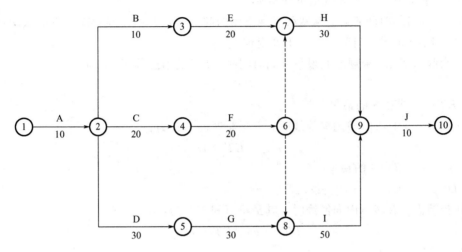

图 3-44　某工程双代号网络图

【课堂练习 3-9】

某三跨车间地面工程分为 A、B、C 三个施工段，其施工过程及持续时间如表 3-7 所示，要求：①绘制双代号网络图；②指出关键线路和工期。

表 3-7　某车间地面工程施工过程及持续时间

施工过程	持续时间/天		
	A	**B**	**C**
回填土	4	3	4
做垫层	3	2	3
浇混凝土	2	1	2

2）按节点计算法

所谓按节点计算法，就是先计算双代号网络图中各个节点的最早时间和最迟时间，然后再据此计算双代号网络图的计算工期和各项工作的时间参数。

按节点计算法计算时间参数，其计算结果按图 3-45 所示标注。

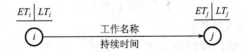

图 3-45　按节点计算法计算时间参数的标注方式

（1）节点最早时间的计算。

所谓节点最早时间是指该节点的紧前工作全部完成，从这个节点出发的紧后工作最早能够开始的时间。如果进入该节点的紧前工作没有全部结束，从这个节点出发的紧后工作就不能开始。因此，当有多个箭线同时指向该节点时，应取进入该节点的紧前工作的结束时间的最大值，作为该节点的最早开始时间。

节点 i 的最早时间 ET_i 应从双代号网络图的起点节点开始，顺着箭线方向依次逐项计算。计算节点 i 的最早时间应符合下列规定。

① 当起点节点 i 未规定其最早开始时间时，ET_i 的值应等于 0，即

$$ET_i = 0 \tag{3-16}$$

式中 ET_i——节点 i 的最早时间。

② 当节点 j 只有一条内向箭线时，其最早时间 ET_j 为：

$$ET_j = ET_i + D_{i-j} \tag{3-17}$$

式中 ET_j——节点 j 的最早时间；

D_{i-j}——工作 i—j 的持续时间。

③ 当节点 j 有多条内向箭线时，其最早时间 ET_j 为：

$$ET_j = \max\{ET_i + D_{i-j}\} \tag{3-18}$$

（2）工期的计算。

① 计算工期 T_c。

计算工期 T_c 按下式计算。

$$T_c = ET_n \tag{3-19}$$

式中 ET_n——终点节点 n 的最早时间。

② 计划工期 T_p。

计划工期 T_p 的确定与按工作计算法相同。

（3）节点最迟时间的计算。

所谓节点最迟时间，就是在计划工期确定的情况下，从双代号网络图的终点节点开始，逆向推算出各节点的最迟必须完成的时刻。换句话讲，就是从各节点出发的工作在保证计划工期的前提下最迟必须完成的时间。

节点 i 的最迟时间 LT_i 应从双代号网络图的终点节点开始，逆着箭线方向，依次逐项计算，当部分工作分期完成时，有关节点的最迟时间必须从分期完成节点开始，逆着箭线方向依次逐项计算。节点最迟时间的计算应符合下列规定。

① 终点节点 n 的最迟时间 LT_n 应按双代号网络图的计划工期 T_p 确定，即

$$LT_n = T_p \tag{3-20}$$

式中 LT_n——终点节点的最迟时间。

② 当节点 i 只有一条外向箭线时，其最迟时间 LT_i 为：

$$LT_i = LT_j - D_{i-j} \tag{3-21}$$

式中 LT_i——节点 i 的最迟时间；

D_{i-j}——工作 i—j 的持续时间。

③ 当节点 i 有多条外向箭线时，其最迟时间 LT_i 为：

$$LT_i = \min\{LT_j - D_{i-j}\} \tag{3-22}$$

（4）工作时间参数的计算。

按节点计算法将双代号网络图中各个节点的最早时间和最迟时间计算完成后，就可以据此计算各项工作的时间参数。

① 工作最早开始时间的计算。

工作 $i—j$ 的最早开始时间 ES_{i-j} 应按下式计算。

$$ES_{i-j}=ET_i \tag{3-23}$$

② 工作最早完成时间的计算。

工作 $i—j$ 的最早完成时间 EF_{i-j} 应按下式计算。

$$EF_{i-j}=ET_i+D_{i-j} \tag{3-24}$$

③ 工作最迟完成时间的计算。

工作 $i—j$ 的最迟完成时间 LF_{i-j} 应按下式计算。

$$LF_{i-j}=LT_j \tag{3-25}$$

④ 工作最迟开始时间的计算。

工作 $i—j$ 的最迟开始时间 LS_{i-j} 应按下式计算。

$$LS_{i-j}=LT_j-D_{i-j} \tag{3-26}$$

⑤ 工作总时差的计算。

工作 $i—j$ 的总时差 TF_{i-j} 应按下式计算。

$$TF_{i-j}=LT_j-ET_i-D_{i-j} \tag{3-27}$$

⑥ 工作自由时差的计算。

工作 $i—j$ 的自由时差 FF_{i-j} 应按下式计算。

$$FF_{i-j}=ET_j-ET_i-D_{i-j} \tag{3-28}$$

【应用案例 3-5】

已知某工程双代号网络图如图 3-46 所示，若计划工期等于计算工期，利用按节点计算法计算各个节点的参数及各项工作的六个时间参数，确定关键线路并标注在双代号网络图上。

【解】 计算图 3-46 中各个节点和各项工作的时间参数，并将计算结果标注在箭线上方相应的位置。

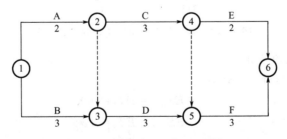

图 3-46 某工程双代号网络图

1. 计算各节点的最早时间

从起点节点（①节点）开始顺着箭线方向依次逐项计算到终点节点（⑥节点）。

（1）起点节点①为开始节点，其最早时间为零。

$$ET_1 = 0 \text{ 天}$$

（2）其他节点的最早时间。

$$ET_2 = ET_1 + D_{1-2} = 0 + 2 = 2（天）$$

$$ET_3 = ET_1 + D_{1-3} = 0 + 3 = 3（天）$$

$$ET_4 = ET_2 + D_{2-4} = 2 + 3 = 5（天）$$

$$ET_5 = \max\{ET_3 + D_{3-5}, ET_4 + D_{4-5}\} = \max\{3+3, 5+0\} = 6（天）$$

$$ET_6 = \max\{ET_4 + D_{4-6}, ET_5 + D_{5-6}\} = \max\{5+2, 6+3\} = 9（天）$$

2. 双代号网络图的计算工期

双代号网络图的计算工期计算如下。

$$T_c = ET_6 = 9 \text{ 天}$$

3. 计算各节点的最迟时间

从终点节点（⑥节点）开始逆着箭线方向依次逐项计算到起点节点（①节点）。

（1）节点⑥为终点节点，其最迟时间应等于双代号网络图的计划工期，即

$$LT_6 = 9 \text{ 天}$$

（2）其他节点的最迟时间。

$$LT_5 = LT_6 - D_{5-6} = 9 - 3 = 6（天）$$

$$LT_4 = \min\{LT_6 - D_{4-6}, LT_5 - D_{4-5}\} = \min\{9-2, 6-0\} = 6（天）$$

$$LT_3 = LT_5 - D_{3-5} = 6 - 3 = 3（天）$$

$$LT_2 = \min\{LT_4 - D_{2-4}, LT_3 - D_{2-3}\} = \min\{6-3, 3-0\} = 3（天）$$

$$LT_1 = \min\{LT_2 - D_{1-2}, LT_3 - D_{1-3}\} = \min\{3-2, 3-3\} = 0（天）$$

将以上计算结果标注在图 3-47 中的相应位置。

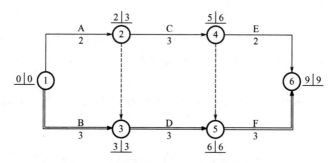

图 3-47　某工程双代号网络计划计算结果

4. 工作时间参数的计算

（1）工作最早开始时间的计算。

$$ES_{1-2} = ET_1 = 0 \text{ 天}$$

$$ES_{1-3} = ET_1 = 0 \text{ 天}$$

$$ES_{2-4} = ET_2 = 2 \text{ 天}$$

$$ES_{3-5} = ET_3 = 3 \text{ 天}$$

$$ES_{4-6} = ET_4 = 5 \text{ 天}$$

$$ES_{5-6} = ET_5 = 6 \text{ 天}$$

（2）工作最早完成时间的计算。

$$EF_{1-2}=ET_1+D_{1-2}=0+2=2（天）$$
$$EF_{1-3}=ET_1+D_{1-3}=0+3=3（天）$$
$$EF_{2-4}=ET_2+D_{2-4}=2+3=5（天）$$
$$EF_{3-5}=ET_3+D_{3-5}=3+3=6（天）$$
$$EF_{4-6}=ET_4+D_{4-6}=5+2=7（天）$$
$$EF_{5-6}=ET_5+D_{5-6}=6+3=9（天）$$

（3）工作最迟完成时间的计算。

$$LF_{1-2}=LT_2=3 天$$
$$LF_{1-3}=LT_3=3 天$$
$$LF_{2-4}=LT_4=6 天$$
$$LF_{3-5}=LT_5=6 天$$
$$LF_{4-6}=LT_6=9 天$$
$$LF_{5-6}=LT_6=9 天$$

（4）工作最迟开始时间的计算。

$$LS_{1-2}=LT_2-D_{1-2}=3-2=1（天）$$
$$LS_{1-3}=LT_3-D_{1-3}=3-3=0（天）$$
$$LS_{2-4}=LT_4-D_{2-4}=6-3=3（天）$$
$$LS_{3-5}=LT_5-D_{3-5}=6-3=3（天）$$
$$LS_{4-6}=LT_6-D_{4-6}=9-2=7（天）$$
$$LS_{5-6}=LT_6-D_{5-6}=9-3=6（天）$$

（5）工作总时差的计算。

$$TF_{1-2}=LT_2-ET_1-D_{1-2}=3-0-2=1（天）$$
$$TF_{1-3}=LT_3-ET_1-D_{1-3}=3-0-3=0（天）$$
$$TF_{2-4}=LT_4-ET_2-D_{2-4}=6-2-3=1（天）$$
$$TF_{3-5}=LT_5-ET_3-D_{3-5}=6-3-3=0（天）$$
$$TF_{4-6}=LT_6-ET_4-D_{4-6}=9-5-2=2（天）$$
$$TF_{5-6}=LT_6-ET_5-D_{5-6}=9-6-3=0（天）$$

（6）工作自由时差的计算。

$$FF_{1-2}=ET_2-ET_1-D_{1-2}=2-0-2=0（天）$$
$$FF_{1-3}=ET_3-ET_1-D_{1-3}=3-0-3=0（天）$$
$$FF_{2-4}=ET_4-ET_2-D_{2-4}=5-2-3=0（天）$$
$$FF_{3-5}=ET_5-ET_3-D_{3-5}=6-3-3=0（天）$$
$$FF_{4-6}=ET_6-ET_4-D_{4-6}=9-5-2=2（天）$$
$$FF_{5-6}=ET_6-ET_5-D_{5-6}=9-6-3=0（天）$$

5. 确定关键工作及关键线路

在图 3-47 中，最小的总时差是 0 天，所以，凡是总时差为 0 天的工作均为关键工作。该例中的关键工作是：①—③，③—⑤，⑤—⑥。自始至终全由关键工作组成的关键线路是：①—③—⑤—⑥。关键线路用双箭线进行标注，如图 3-47 所示。

【**课堂练习 3 - 10**】

已知某工程双代号网络图如图 3-48 所示，若计划工期等于计算工期，利用节点计算法计算各个节点的参数及各项工作的六个时间参数，确定关键线路并标注在双代号网络图上。

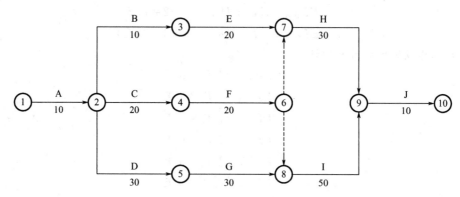

图 3-48 某工程双代号网络图

3. 关键线路的判定

1）利用关键工作判断

双代号网络图中，自始至终全部由关键工作组成或线路上总的工作持续时间最长的线路应为关键线路。

2）利用破圈法判断

从双代号网络图的起点节点到终点节点顺着箭线方向对每个节点进行考察，凡遇到节点有两个以上的内向箭线时，都可以按线路工作时间长短，采取留长去短而破圈，从而得到关键线路。如图 3-49 所示，通过考察节点③、⑤、⑥、⑦、⑨、⑪、⑫，去掉每个节点内向箭线所在线路工作之间之和较短的工作，余下的工作即为关键工作，如图 3-49 中双箭线所示。

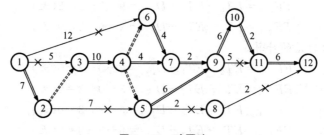

图 3-49 破圈法

3）利用标号法判断

标号法是一种快速寻求双代号网络图计算工期和关键线路的方法。它利用节点计算法的基本原理，对双代号网络图中的每个节点进行标号，然后利用标号值确定双代号网络图的计算工期和关键线路。其计算步骤如下。

（1）双代号网络图起点节点的标号值为零。

（2）其他节点的标号值按节点编号从小到大的顺序逐个进行计算，等于以该节点为结束节点的各项工作的开始节点标号值加其持续时间所得之和的最大值，应根据式（3-29）计算，即

$$b_j = \max\{b_i + D_{i-j}\} \tag{3-29}$$

当计算出节点的标号值后，用其标号值及其源节点对该节点进行双标号。

所谓源节点，就是用来确定本节点标号值的节点。如果源节点有多个，应将所有源节点标出。

（3）双代号网络图的计算工期就是双代号网络图终点节点的标号值。

（4）关键线路应从双代号网络图的终点节点开始，逆着箭线方向按源节点确定。

【应用案例 3-6】

已知双代号网络图如图 3-50 所示，利用标号法确定其计算工期和关键线路。

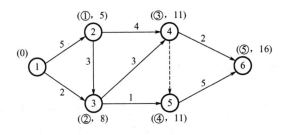

图 3-50　利用标号法确定关键线路

【解】

（1）节点①的标号值为零，即 $b_1 = 0$ 天。

（2）其他节点的标号计算如下。

$b_2 = 0 + 5 = 5$（天）　　　　　　　$b_3 = \max\{b_1 + 2, b_2 + 3\} = 8$（天）

$b_4 = \max\{b_3 + 3, b_2 + 4\} = \{8 + 3, 5 + 4\} = 11$（天）

$b_5 = \max\{b_4 + 0, b_3 + 1\} = \{11 + 0, 8 + 1\} = 11$（天）

$b_6 = \max\{b_4 + 2, b_5 + 5\} = \{11 + 2, 11 + 5\} = 16$（天）

将其计算结果标注在图 3-50 上。

（3）确定计算工期。双代号网络图的计算工期就是终点节点的标号值，其计算工期为终点节点⑥的标号值 16。

（4）确定关键线路。自终点节点开始，逆着箭线跟踪源节点即可确定。从终点节点⑥开始跟踪源节点，⑥节点标号值来自⑤节点，⑤节点标号值来自④节点，④节点标号值来自③节点，③节点标号值来自②节点，②节点标号值来自①节点，即得关键线路为①—②—③—④—⑤—⑥。

【课堂练习 3-11】

某分部工程双代号网络计划如图 3-51 所示，其关键线路有（　　　）条。

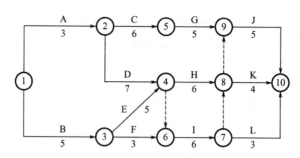

图 3-51　某分部工程双代号网络图

3.3　单代号网络计划

3.3.1　单代号网络图概述

　　单代号网络计划是以单代号网络图为基础的计划模型，而单代号网络图是以节点及其编号表示工作，以有向箭线表示工作之间逻辑关系的网络图。在单代号网络图中，每一项工作都用一个节点来表示，每个节点都编以号码，节点的号码即代表该节点所表示的工作，"单代号"的名称就由此而来。图 3-52 所表示的就是一个单代号网络图。

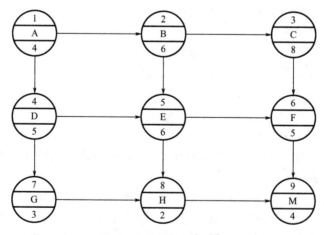

图 3-52　单代号网络图

　　与双代号网络图比较，单代号网络图的逻辑关系容易表达，绘图简便，便于检查修改；单代号网络图没有虚箭线，产生逻辑错误的可能性较小。

　　单代号网络图用节点表示工作，更适合用计算机进行绘制、计算、优化和调整。最新发展起来的几种网络计划形式，如决策网络（DCPM）、图示评审技术（GERT）等，都是采用单代号网络图表示的。

正是由于具有以上特点，单代号网络图近年来逐渐被重视起来。特别是随着计算机在网络计划中的应用不断扩大，单代号网络图获得了广泛的应用。

3.3.2　单代号网络图的构成要素

单代号网络图由节点、箭线和线路三部分组成。

1. 节点

在单代号网络图中，节点及其编号表示一项工作。节点可以采用圆圈，也可以采用方框表示。节点所表示的工作名称、持续时间、节点编号一般都标注在圆圈或方框内，如图 3-53 所示。

图 3-53　单代号网络图节点的表示方法

单代号网络图中的节点必须编号，其号码可间断但严禁重复。在对网络图的节点进行编号时，箭线的箭尾节点编号应小于箭头节点编号。

2. 箭线

单代号网络图中的箭线仅表示工作之间的逻辑关系，它既不占用时间也不消耗资源。单代号网络图中表达逻辑关系时并不需要使用虚箭线。箭线应画成水平直线、折线或斜线，且箭线水平投影的方向应自左向右。箭线的箭头表示工作的前进方向，箭尾节点工作为箭头节点工作的紧前工作，如图 3-54 所示。

图 3-54　单代号网络图箭线的表示方法

3. 线路

单代号网络图中从起点节点出发，沿着箭头方向连续通过一系列箭线和节点，直至终点节点的通路称为线路。

单代号网络图中的线路有多条。在各条线路中，所有工作的持续时间之和最长的线路称为关键线路。除关键线路之外的其他线路都称为非关键线路。位于关键线路上的工作称为关键工作，除关键工作之外的其他工作称为非关键工作。

关键工作用较粗的箭线或双箭线来表示，以示与非关键线路上的工作区别。

3.3.3　单代号网络图的绘制方法

1. 单代号网络图绘制的基本规则

（1）单代号网络图必须正确表述已定的逻辑关系，单代号网络图中常见的逻辑关系及其表示方法见表 3-8。

建筑工程施工组织

表 3-8　单代号网络图中常见的逻辑关系及其表示方法

工作之间的逻辑关系	单代号网络图的表示方法
A、B、C 三项工作依次进行	A → B → C
A、B、C 三项工作同时开始	开始 → A、B、C
X、Y、Z 三项工作同时结束	X、Y、Z → 结束
A、B、C 三项工作，只有工作 A 完成后，工作 B、C 才能开始	A → B、C
B、C、D 三项工作，只有工作 B、C 完成后，工作 D 才能开始	B、C → D
工作 E 结束后，工作 H 才能开始；工作 E、F 均结束后，工作 I 才能开始	E → H；E、F → I
J、K 两项工作均完成后，工作 L、M 才能开始	J、K → L、M
工作 A 结束后，工作 B、C 可同时开始；工作 B、C 均完成后，工作 D 才能开始	A → B、C → D
工作 A 结束后，工作 B、C 可以开始；工作 B 结束后，工作 D 可以开始；工作 B、C 均结束后，工作 E 才能开始；工作 D、E 均结束后，工作 F 才能开始	A → B、C；B → D；B、C → E；D、E → F

(2) 单代号网络图中严禁出现循环回路。

(3) 单代号网络图中严禁出现双向箭头或无箭头的连线。

(4) 单代号网络图中严禁出现没有箭尾节点的箭线和没有箭头节点的箭线。

(5) 绘制网络图时箭线不宜交叉，当交叉不可避免时可采用过桥法和指向法绘制。

106

（6）单代号网络图只应有一个起点节点和一个终点节点，当网络图中有多个起点节点或多个终点节点时，应在网络图的两端分别设置一项虚工作作为该网络图的起点节点和终点节点。

2. 单代号网络图的绘制

单代号网络图的绘制方法与双代号网络图的绘制方法基本相同，而且由于单代号网络图的逻辑关系容易表达，因此绘制方法更为简便，其绘制基本步骤如下。

（1）从左向右逐个处理已经确定的逻辑关系，只有紧前工作全部完成后，才能绘制本工作。

（2）当出现多个起点节点和终点节点时，应设置虚拟的起点节点或终点节点。

（3）绘制完成后检查逻辑关系。

（4）检查无误后，进行节点编号。

【应用案例 3－7】

已知各工作之间的逻辑关系如表 3－9 所示，绘制其单代号网络图。

表 3－9　工作逻辑关系表

工　作	工　时	紧后工作	工　作	工　时	紧后工作
A	2	B、C	D	1	F
B	3	D	E	2	F
C	2	D、E	F	1	—

【解】绘制好的单代号网络图如图 3－55 所示。

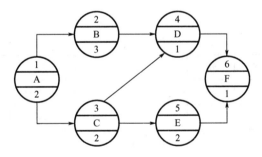

图 3－55　绘制好的单代号网络图

【课堂练习 3－12】

将某双代号网络图（图 3－56）改绘成单代号网络图。

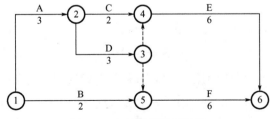

图 3－56　某双代号网络图

【课堂练习 3 – 13】

绘制下列已知工作逻辑关系（表 3 – 10）的单代号网络图。

表 3 – 10　工作逻辑关系表

工作名称 （持续时间）	A（7）	B（5）	C（4）	D（8）	E（12）	F（5）	G（6）
紧前工作	—	—	A	A、B	B	C	D
紧后工作	C、D、E	D、E	F	F、G	—	—	—

3.3.4　单代号网络图时间参数的计算

单代号网络图时间参数的基本内容和形式应按图 3 – 57 所示的方式表示。

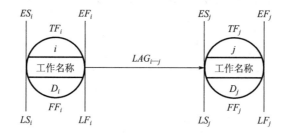

(a) 表示方法一

(b) 表示方法二

图 3 – 57　单代号网络图时间参数的表示方法

单代号网络图的时间参数按下列顺序和步骤计算。

1. 计算工作 i 的最早开始时间 ES_i 和最早完成时间 EF_i

工作 i 的最早开始时间 ES_i 应从单代号网络图的起点节点开始，顺着箭线方向逐项计算，并符合下列规定。

（1）当未规定开始时间时，起点节点 i 的最早开始时间 ES_i 的值应等于 0，即

$$ES_i = 0 \ (i = 1) \tag{3 – 30}$$

（2）当节点 i 只有一项紧前工作 h 时，其最早开始时间 ES_i 为：

$$ES_i = ES_h + D_h \tag{3 – 31}$$

式中　ES_h——工作 i 的紧前工作 h 的最早开始时间。

D_h——工作 i 的紧前工作 h 的持续时间。

（3）当节点 i 有多项紧前工作时，其最早开始时间 ES_i 为：

$$ES_i = \max\{ES_h + D_h\} \qquad (3-32)$$

（4）工作 i 的最早完成时间应按下式计算。

$$EF_i = ES_i + D_i \qquad (3-33)$$

2. 确定单代号网络图的工期

（1）单代号网络图的计算工期 T_c。当终点节点为 n 时，工作 n 的最早完成时间即为单代号网络图的计算工期 T_c，其计算公式为：

$$T_c = EF_n \qquad (3-34)$$

（2）单代号网络图的计划工期 T_p。单代号网络图的计划工期 T_p 的确定应按下述规定。

当已规定了要求工期 T_r 时，有

$$T_p \leqslant T_r \qquad (3-35)$$

当未规定要求工期时，可令计划工期等于计算工期。

$$T_p = T_c \qquad (3-36)$$

3. 计算工作 i 与其紧后工作 j 的时间间隔 LAG_{i-j}

工作 i 的最早完成时间 EF_i 与其紧后工作 j 的最早开始时间 ES_j 的时间间隔 LAG_{i-j}，等于工作 j 的最早开始时间 ES_j 与工作 i 的最早完成时间 EF_i 之差，其计算公式为：

$$LAG_{i-j} = ES_j - EF_i \qquad (3-37)$$

当终点节点 n 为虚拟节点时，其紧前工作 m 与虚拟工作 n 的时间间隔为：

$$LAG_{m-n} = T_p - EF_m \qquad (3-38)$$

4. 计算工作 i 的总时差 TF_i

工作的总时差 TF_i 应从单代号网络图的终点节点开始，逆着箭线方向依次逐项计算。当部分工作分期完成时，有关工作的总时差必须从分期完成的节点开始逆向逐项计算。

终点节点 n 所代表工作的总时差 TF_n 应按下式计算。

$$TF_n = T_p - EF_n \qquad (3-39)$$

其他工作 i 的总时差 TF_i 应按下式计算。

$$TF_i = \min\{TF_j + LAG_{i-j}\} \qquad (3-40)$$

证明过程如下。

根据定义，$TF_i = LF_i - EF_i$

因 $LF_i = \min\{LS_j\}$（$\min\{LS_j\}$ 代表工作 i 的所有紧后工作 j 的最迟开始时间的最小值）

故 $TF_i = \min\{LS_j\} - EF_i$

$\qquad = \min\{LS_j - EF_i\}$

$\qquad = \min\{(LS_j - ES_j) + (ES_j - EF_i)\}$

$\qquad = \min\{TF_j + LAG_{i-j}\}$

5. 计算工作 i 的自由时差 FF_i

根据自由时差的定义，当工作 i 有紧后工作 j 时，其自由时差应按下式计算。

$$FF_i = \min\{LAG_{i-j}\} \qquad (3-41)$$

终点节点 n 所代表工作的自由时差应按下式计算。

$$FF_n = T_p - EF_n \qquad (3-42)$$

6. 计算工作 i 的最迟开始时间 LS_i 和最迟完成时间 LF_i

终点节点 n 所代表的工作最迟完成时间 LF_n 应按单代号网络图的计划工期 T_p 确定，即

$$LF_n = T_p \qquad (3-43)$$

其他工作 i 的最迟完成时间 LF_i 应为：

$$LF_i = EF_i + TF_i \quad \text{或} \quad LF_i = \min\{LS_j\} \qquad (3-44)$$

式中 LS_j——工作 i 的各项紧后工作 j 的最迟开始时间。

工作 i 的最迟开始时间应按下式计算。

$$LS_i = TF_i + ES_i \quad \text{或} \quad LS_i = LF_i - D_i \qquad (3-45)$$

7. 关键工作和关键线路的判定

总时差最小的工作为关键工作，将这些关键工作相连，并保证相邻两项关键工作之间的时间间隔为零而构成的线路就是关键线路；或从单代号网络图的终点节点开始，逆着箭线方向依次找出相邻两项工作之间时间间隔为零的线路就是关键线路。

 【应用案例 3-8】

计算图 3-58 所示单代号网络图的时间参数，并确定关键线路。

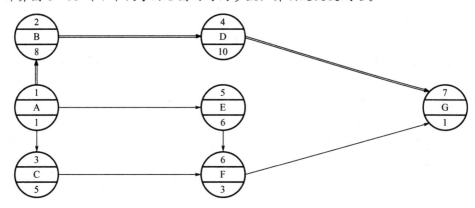

图 3-58 某工程单代号网络图

【解】**1. 工作最早开始时间的计算**

工作的最早开始时间从单代号网络图的起点节点开始，顺着箭线方向自左向右，依次逐项计算。因起点节点的最早开始时间未做规定，故

$$ES_1 = 0 \text{ 天}$$

其他工作的最早开始时间为：

$$ES_2 = ES_1 + D_1 = 0 + 1 = 1(\text{天})$$
$$ES_3 = ES_1 + D_1 = 0 + 1 = 1(\text{天})$$
$$ES_4 = ES_2 + D_2 = 1 + 8 = 9(\text{天})$$
$$ES_5 = ES_2 + D_2 = 1 + 8 = 9(\text{天})$$
$$ES_6 = \max\{ES_3 + D_3, ES_5 + D_5\} = \max\{1+5, 9+6\} = 15(\text{天})$$
$$ES_7 = \max\{ES_4 + D_4, ES_6 + D_6\} = \max\{9+10, 15+3\} = 19(\text{天})$$

2. 工作最早完成时间的计算

每项工作的最早完成时间是该工作的最早开始时间与其持续时间之和，即

$$EF_1 = ES_1 + D_1 = 0 + 1 = 1 (天)$$
$$EF_2 = ES_2 + D_2 = 1 + 8 = 9 (天)$$
$$EF_3 = ES_3 + D_3 = 1 + 5 = 6 (天)$$
$$EF_4 = ES_4 + D_4 = 9 + 10 = 19 (天)$$
$$EF_5 = ES_5 + D_5 = 9 + 6 = 15 (天)$$
$$EF_6 = ES_6 + D_6 = 15 + 3 = 18 (天)$$
$$EF_7 = ES_7 + D_7 = 19 + 1 = 20 (天)$$

3. 单代号网络图的计算工期

$$T_c = EF_7 = 20 \text{ 天}$$

4. 相邻两项工作之间的时间间隔的计算

相邻两项工作之间的时间间隔 LAG_{i-j}，等于工作 j 的最早开始时间 ES_j 与工作 i 的最早完成时间 EF_i 之差，即

$$LAG_{1-2} = ES_2 - EF_1 = 1 - 1 = 0 (天)$$
$$LAG_{1-3} = ES_3 - EF_1 = 1 - 1 = 0 (天)$$
$$LAG_{2-4} = ES_4 - EF_2 = 9 - 9 = 0 (天)$$
$$LAG_{2-5} = ES_5 - EF_2 = 9 - 9 = 0 (天)$$
$$LAG_{3-6} = ES_6 - EF_3 = 15 - 6 = 9 (天)$$
$$LAG_{5-6} = ES_6 - EF_5 = 15 - 15 = 0 (天)$$
$$LAG_{4-7} = ES_7 - EF_4 = 19 - 19 = 0 (天)$$
$$LAG_{6-7} = ES_7 - EF_6 = 19 - 18 = 1 (天)$$

5. 工作总时差的计算

工作的总时差 TF_i 应从单代号网络图的终点节点开始，逆着箭线方向依次逐项计算，由于本例没有给出规定工期，即

$$TF_7 = 0 \text{ 天}$$

其他工作的总时差为：

$$TF_6 = LAG_{6-7} + TF_7 = 1 + 0 = 1 (天)$$
$$TF_5 = LAG_{5-6} + TF_6 = 0 + 1 = 1 (天)$$
$$TF_4 = LAG_{4-7} + TF_7 = 0 + 0 = 0 (天)$$
$$TF_3 = LAG_{3-6} + TF_6 = 9 + 1 = 10 (天)$$
$$TF_2 = \min\{LAG_{2-4} + TF_4, LAG_{2-5} + TF_5\} = \min\{0+0, 0+1\} = 0 (天)$$
$$TF_1 = \min\{LAG_{1-2} + TF_2, LAG_{1-3} + TF_3\} = \min\{0+0, 0+10\} = 0 (天)$$

6. 自由时差的计算

$$FF_1 = \min\{LAG_{1-2}, LAG_{1-3}\} = \min\{0,0\} = 0 (天)$$
$$FF_2 = \min\{LAG_{2-4}, LAG_{2-5}\} = \min\{0,0\} = 0 (天)$$
$$FF_3 = LAG_{3-6} = 9 \text{ 天}$$
$$FF_4 = LAG_{4-7} = 0 \text{ 天}$$
$$FF_5 = LAG_{5-6} = 9 \text{ 天}$$
$$FF_6 = LAG_{6-7} = 1 \text{ 天}$$
$$FF_7 = 0 \text{ 天}$$

7. 工作最迟完成时间的计算

终点节点 n 所代表的工作的最迟完成时间 LF_n 应按单代号网络图的计划工期 T_p 确定, 即

$$LF_7 = T_p = 20 \text{ 天}$$

其他工作 i 的最迟完成时间 LF_i 应按公式 $LF_i = EF_i + TF_i$ 计算, 即

$$LF_1 = EF_1 + TF_1 = 1 + 0 = 1(\text{天})$$
$$LF_2 = EF_2 + TF_2 = 9 + 0 = 9(\text{天})$$
$$LF_3 = EF_3 + TF_3 = 6 + 10 = 16(\text{天})$$
$$LF_4 = EF_4 + TF_4 = 19 + 0 = 19(\text{天})$$
$$LF_5 = EF_5 + TF_5 = 15 + 1 = 16(\text{天})$$
$$LF_6 = EF_6 + TF_6 = 18 + 1 = 19(\text{天})$$

8. 工作最迟开始时间的计算

$$LS_1 = LF_1 - D_1 = 1 - 1 = 0(\text{天})$$
$$LS_2 = LF_2 - D_2 = 9 - 8 = 1(\text{天})$$
$$LS_3 = LF_3 - D_3 = 16 - 5 = 11(\text{天})$$
$$LS_4 = LF_4 - D_4 = 19 - 10 = 9(\text{天})$$
$$LS_5 = LF_5 - D_5 = 16 - 6 = 10(\text{天})$$
$$LS_6 = LF_6 - D_6 = 19 - 3 = 16(\text{天})$$
$$LS_7 = LF_7 - D_7 = 20 - 1 = 19(\text{天})$$

9. 关键工作和关键线路的确定

在上述计算中, 最小的总时差是 0, 所以, 凡是总时差为 0 的工作均为关键工作。该例中的关键工作是: ①—②, ②—④, ④—⑦。自始至终全由关键工作组成的关键线路是: ①—②—④—⑦, 并且相邻两项工作之间的时间间隔为零, 因此即为关键线路, 用双箭线进行标注 (图 3-58)。

【课堂练习 3-14】

计算图 3-59 所示单代号网络图的时间参数, 并确定关键线路。

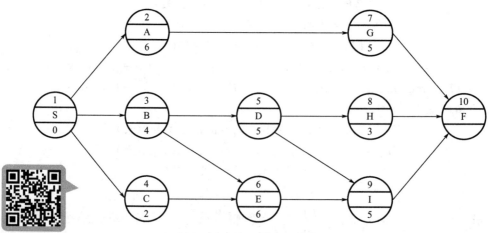

【单代号网络计划编制实例】

图 3-59 某工程单代号网络图

3.4 双代号时标网络计划

双代号时标网络计划简称时标网络计划，实质上是在一般网络计划上加注时间坐标，它所表达的逻辑关系与原网络计划完全相同，但箭线的长度不能任意画，而应与工作的持续时间相对应。

3.4.1 时标网络计划的特点

（1）时标网络计划既有一般网络计划的优点，又有横道计划直观易懂的优点，它能够清楚地表明计划的时间进程，使用方便。

（2）时标网络计划能在图上直接显示出各项工作的开始时间与完成时间，工作的自由时差及关键线路。

（3）在时标网络计划中可以统计每一个单位时间对资源的需要量，以便进行资源优化和调整。

（4）由于箭线受到时间坐标的限制，当情况发生变化时，对网络计划的修改比较麻烦，往往要重新绘图。但在使用计算机以后，这一问题已经比较容易解决。

时标网络计划可按最早时间和最迟时间两种方法绘制，使用较多的是最早时标网络计划。

3.4.2 时标网络图的绘制

时标网络图宜按最早时间绘制。在绘制前，首先应根据确定的时间单位绘制出一个时间坐标表（表 3 - 11），时间坐标单位可根据计划期的长短确定（可以是小时、天、周、旬、月或季等）；时标一般标注在时间坐标表的顶部或底部（也可在顶部和底部同时标注，特别是大型的、复杂的网络计划），要注明时标单位。有时在顶部或底部还加注相对应的计算坐标和日历坐标。时间坐标表中的刻度线应为细实线，为使图面清晰，此线一般不画或少画。

表 3 - 11　时间坐标表

计算坐标	0	1	2	3	4	5	6	7	8	9	10	11	12	13	14
日历坐标	24/4	25/4	26/4	29/4	30/4	6/5	7/5	8/5	9/5	10/5	13/5	14/5	15/5	16/5	17/5
工作日坐标	1	2	3	4	5	6	7	8	9	10	11	12	13	14	15
网络计划															

时标形式有以下三种。

（1）计算坐标：主要用作时标网络图时间参数的计算，但不够明确。如时标网络图表示的计划任务从第0天开始，就不容易理解。

（2）日历坐标：可明确表示整个工程的开工日期和完工日期，以及各项工作的开始日期和完成日期，同时可以考虑扣除节假日休息时间。

（3）工作日坐标：可明确表示各项工作在工程开工后第几天开始和第几天完成，但不能表示工程的开工日期和完工日期，以及各项工作的开始日期和完成日期。

在时标网络图中，以实线表示工作，实线后不足部分（与紧后工作开始节点之间的部分）用波形线表示，波形线的长度表示该工作与紧后工作之间的时间间隔；由于虚工作的持续时间为0，因此应垂直于时间坐标（画成垂直方向）用虚箭线表示，如果虚工作的开始节点与结束节点不在同一时刻上时，水平方向的长度用波形线表示，垂直部分仍应画成虚箭线，如图3-60所示。

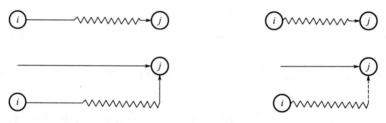

图3-60　时标网络图的表现形式

在绘制时标网络图时，应遵循以下规定。

（1）代表工作的箭线长度在时间坐标表上的水平投影长度，应与其所代表的持续时间相对应。

（2）节点的中心线必须对准时标的刻度线。

（3）在箭线与其结束节点之间有不足部分时，应用波形线表示。

（4）在虚工作的开始节点与其结束节点之间，垂直部分用虚箭线表示，水平部分用波形线表示。

（5）绘制时标网络图应先绘制出无时标网络图（逻辑网络图）草图，然后按间接绘制法或直接绘制法绘制。

1. 间接绘制法

间接绘制法（或称先算后绘法）指先计算无时标网络图草图的时间参数，然后在时间坐标表中进行绘制的方法。

用这种方法时，应先对无时标网络图进行计算，算出其工作最早开始时间或节点最早时间，然后按工作最早开始时间或节点最早时间将节点定位在时间坐标表上，再用规定线型绘出工作及其自由时差，即形成时标网络计划。绘制时，一般先绘制关键线路，然后绘制非关键线路。

绘制步骤如下。

（1）先绘制无时标网络图草图，如图3-61所示。

（2）计算工作最早开始时间并标注在图上。

（3）在时间坐标表上，按工作最早开始时间确定每项工作的开始节点位置（图形尽量与草图一致），节点的中心线必须对准时标的刻度线。

（4）按各工作的时间长度画出相应工作的实线部分，使其水平投影长度等于工作时间；由于虚工作不占用时间，因此应以垂直虚线表示。

（5）用波形线把实线部分与其紧后工作的开始节点连接起来，以表示自由时差。

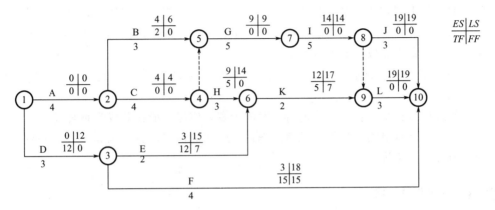

图 3-61　无时标网络图草图

按照以上步骤绘制的时标网络图如图 3-62 所示。

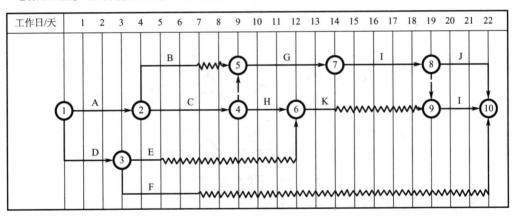

图 3-62　绘制好的时标网络图

【课堂练习 3-15】

试用间接绘制法将下列双代号网络图（图 3-63）转换为时标网络图。

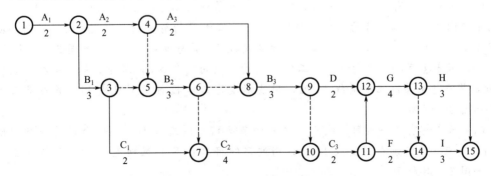

图 3-63　某工程的双代号网络图

2. 直接绘制法

直接绘制法指不经时间参数计算而直接按无时标网络图草图绘制时标网络图。其绘制步骤和方法可归纳为如下绘图口诀。

（1）时间长短坐标限：箭线的长度代表着具体的施工时间，受到时间坐标的限制。

（2）曲直斜平利相连：箭线的表达方式可以是直线、折线、斜线等，但是布图合理。

（3）箭线到齐补节点：工作的开始节点必须在该工作的全部紧前工作都画出后，定位在这些紧前工作最晚完成的时间刻度上。

（4）画完节点补波线：某些工作的箭线长度不足以达到其完成节点时，用波形线补足。

（5）零线尽量拉垂直：虚工作的持续时间为零，应尽可能让其成为垂直线。

（6）否则安排有缺陷：如果出现虚工作占据时间的情况，其原因是工作面停歇或者施工作业班组没有连续施工。

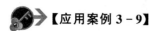**【应用案例 3-9】**

试绘制下列双代号网络计划（图 3-64）的时标网络图（直接绘制法）。

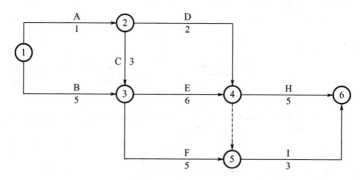

图 3-64 双代号网络图

【解】 按直接绘制法绘制的时标网络图如下。

（1）绘制时间坐标表，将起点节点①定位在时间坐标表的起始刻度线上，起点节点定位后，凡是从起点节点出发的工作，按工作的持续时间在时间坐标表上绘制向外的实箭线，画节点①的外向箭线，即按各工作的持续时间，画出无紧前工作的工作 A、B，并确定节点②、③的位置，如图 3-65 所示。

（2）节点②只有一个内向箭线，当工作 A 的箭线绘制完后可直接绘制节点②。节点③有两个内向箭线，工作 B 的箭头指向刻度线 5，工作 C 的箭头指向刻度线 4，节点③应绘制在刻度线 5 处，用波形线将工作 C 补至刻度线 5，并与节点③连接，如图 3-66 所示。

（3）节点④有两个内向箭线，工作 D 的箭头指向刻度线 3，工作 E 的箭头指向刻度线 11 处，节点④应绘制在刻度线 11 处，用波形线将工作 D 补至刻度线 11，并与节点④连接，如图 3-67 所示。

（4）节点⑤有两个内向箭线，工作 F 的箭头指向刻度线 10，虚工作的箭头指向刻度线 11，节点⑤应绘制在刻度线 11 处，用波形线将工作 F 补至刻度线 11，并与节点⑤连接，如图 3-68 所示。

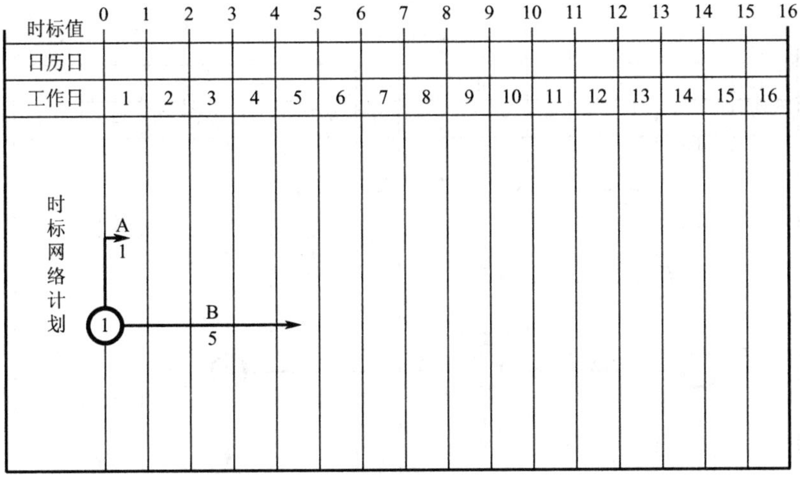

时标值	0	1	2	3	4	5	6	7	8	9	10	11	12	13	14	15	16
日历日																	
工作日	1	2	3	4	5	6	7	8	9	10	11	12	13	14	15	16	

时标网络计划

A 1
① B 5 →

图 3-65 时标网络图（一）

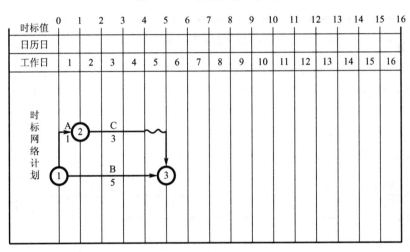

图 3-66 时标网络图（二）

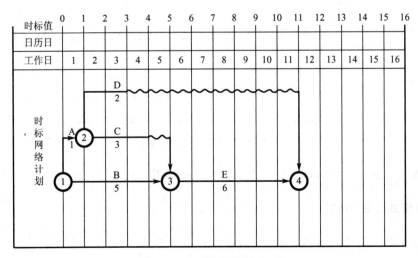

图 3-67 时标网络图（三）

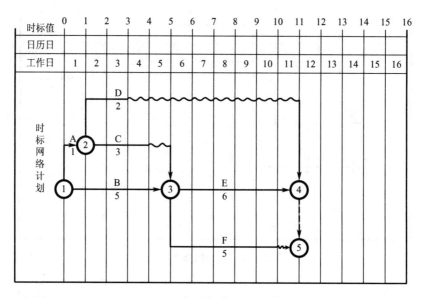

图 3-68 时标网络图 (四)

（5）节点⑥有两个内向箭线，工作 I 的箭头指向刻度线 14，工作 H 的箭头指向刻度线 16，节点⑥应绘制在刻度线 16 处，用波形线将工作 I 补至刻度线 16，并与节点⑥连接，如图 3-69 所示。

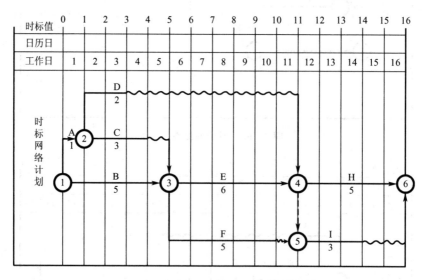

图 3-69 时标网络图 (五)

（6）按上述步骤，直到画出全部工作，时标网络图绘制完毕，如图 3-70 所示。

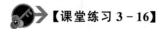【课堂练习 3-16】

试绘制下列双代号网络图（图 3-71）的时标网络图。

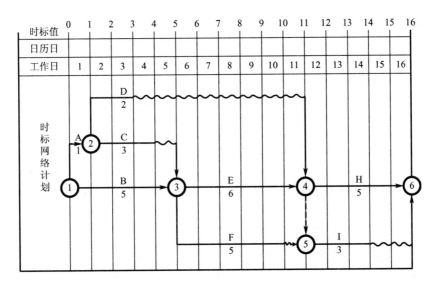

图 3 - 70 绘制完成的时标网络图

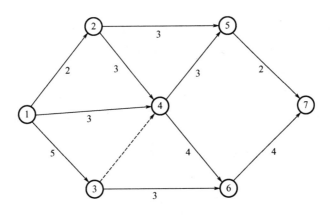

图 3 - 71 某工程的双代号网络图

时标网络图关键线路和时间参数的判定

1. 关键线路的判定

时标网络图的关键线路应从起点节点进行观察，凡自始至终没有波形线的线路，即为关键线路。

判别线路是否为关键线路主要是看这条线路上各项工作是否有总时差。在这里，也可以根据是否有自由时差来判断是否有总时差。因为有自由时差的线路必有总时差，自由时差是位于线路的末端，既然末端不出现自由时差，那么这条线路段上各工作也就没有总时差，这条线路必然就是关键线路。图 3 - 70 中的关键线路即为①—③—④—⑥。

2. 时间参数的判定

1）计算工期的判定

时标网络图计算工期等于终点节点与起点节点所在位置的时标值之差。

如图 3-70 中，计算工期为 $T_c = 16$ 天。

2）最早时间的判定

在时标网络图中，每条箭线箭尾节点中心所对应的时标值即为该工作的最早开始时间。没有自由时差的工作的最早完成时间为其箭头节点中心所对应的时标值；有自由时差的工作的最早结束时间为其箭线实线部分右端点所对应的时标值。

图 3-70 中，工作②—③的最早开始时间 $ES_{2-3} = 1$ 天，最早完成时间 $EF_{2-3} = 4$ 天；工作③—④的最早开始时间 $ES_{3-4} = 5$ 天，最早完成时间 $EF_{3-4} = 11$ 天。余下的工作的最早时间可以类推。

3）工作自由时差值的判定

（1）以终点节点为完成节点的工作，其自由时差应等于计划工期与本工作最早完成时间之差。以终点节点为完成节点的工作，其自由时差与总时差必然相等。

（2）其他工作的自由时差值等于其波形线在坐标轴上的水平投影长度。

图 3-70 中，工作②—③的自由时差 $FF_{2-3} = 1$ 天，工作③—④的自由时差 $FF_{3-4} = 0$ 天。

注意：当工作之后只紧接虚工作时，本工作箭线上不存在波形线，而其紧接的虚箭线中波形线水平投影长度的最短者则为本工作的自由时差。

4）工作总时差值的推算

时标网络图中，工作总时差不能直接观察，但可利用工作自由时差进行判定。工作总时差应自右向左逆箭线推算，因为只有其所有紧后工作的总时差判定后，本工作的总时差才能判定。

（1）以终点节点（$j = n$）为箭头节点工作的总时差 TF_{i-n} 应按网络图的计划工期 T_p 计算确定，即

$$TF_{i-n} = T_p - EF_{i-n} \tag{3-46}$$

从图 3-70 中可知，工作 H、I 的总时差分别为：

$$TF_{4-6} = T_p - EF_{4-6} = 16 - 16 = 0（天）$$
$$TF_{5-6} = T_p - EF_{5-6} = 16 - 14 = 2（天）$$

（2）其他工作的总时差等于其紧后工作的总时差的最小值加本工作的自由时差之和，即

$$TF_{i-j} = \min\{TF_{j-k}\} + FF_{i-j} \tag{3-47}$$

图 3-70 中，工作④—⑤的总时差为 $TF_{4-5} = TF_{5-6} + FF_{4-5} = 2 + 0 = 2（天）$；工作③—④的总时差为 $TF_{3-4} = \min\{TF_{4-5}, TF_{4-6}\} + FF_{3-4} = \min\{2, 0\} + 0 = 0（天）$；工作③—⑤的总时差为 $TF_{3-5} = TF_{5-6} + FF_{3-5} = 2 + 1 = 3（天）$。余下工作的总时差可以类推。

5）最迟时间的推算

有了工作总时差与最早时间，工作的最迟时间便可计算出来。

工作最迟开始时间等于本工作的最早开始时间与其总时差之和；工作最迟完成时间等于本工作的最早完成时间与其总时差之和，即

$$LS_{i-j}=ES_{i-j}+TF_{i-j} \tag{3-48}$$
$$LF_{i-j}=EF_{i-j}+TF_{i-j} \tag{3-49}$$

图 3-70 中，工作④—⑥的最迟开始时间 $LS_{4-6}=ES_{4-6}+TF_{4-6}=11+0=11$（天），其最迟完成时间 $LF_{4-6}=EF_{4-6}+TF_{4-6}=16+0=16$（天）。余下工作的最迟时间可以类推。

【应用案例 3-10】

已知某时标网络图如图 3-72 所示，试确定其关键线路，并计算出各非关键工作的自由时差、总时差、最迟开始时间和最迟完成时间。

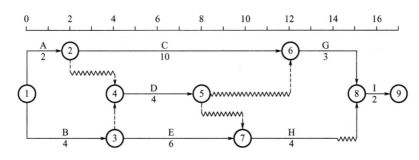

图 3-72 某时标网络图

【解】 关键线路为①—②—⑥—⑧—⑨。

1. 自由时差

工作 B：$FF_{1-3}=0$ 天

工作 D：$FF_{4-5}=\min\{LAG_{4-5-6}, LAG_{4-5-7}\}=\min\{2, 4\}=2$（天）

工作 E：$FF_{3-7}=0$ 天

工作 H：$FF_{7-8}=1$ 天

2. 总时差（由后向前计算）

工作 H：$TF_{7-8}=TF_{8-9}+FF_{7-8}=0+1=1$（天）

工作 D：$TF_{4-5}=\min\{TF_{7-8}+FF_{4-5}, TF_{6-8}+FF_{4-5}\}=\min\{1+2, 0+4\}=3$（天）

工作 E：$TF_{3-7}=TF_{7-8}+FF_{3-7}=1+0=1$（天）

工作 B：$TF_{1-3}=\min\{TF_{3-7}+FF_{1-3}, TF_{4-5}+FF_{1-3}\}=\min\{1+0, 3+0\}=1$（天）

3. 最迟开始时间

工作 B：$LS_{1-3}=ES_{1-3}+TF_{1-3}=0+1=1$（天）

工作 D：$LS_{4-5}=ES_{4-5}+TF_{4-5}=4+3=7$（天）

工作 E：$LS_{3-7}=ES_{3-7}+TF_{3-7}=4+1=5$（天）

工作 H：$LS_{7-8}=ES_{7-8}+TF_{7-8}=10+1=11$（天）

4. 最迟完成时间

工作 B：$LF_{1-3}=EF_{1-3}+TF_{1-3}=4+1=5$（天）

工作 D：$LF_{4-5}=EF_{4-5}+TF_{4-5}=8+3=11$（天）

工作 E：$LF_{3-7}=EF_{3-7}+TF_{3-7}=10+1=11$（天）

工作 H：$LF_{7-8}=EF_{7-8}+TF_{7-8}=14+1=15$（天）

【课堂练习 3 – 17】

已知某时标网络图如图 3 – 73 所示，求解如下问题。

（1）确定该时标网络图的关键线路。

（2）确定该时标网络图的计算工期。

（3）求工作 F 的最早开始时间和最早完成时间。

（4）求工作 B 的自由时差。

（5）求工作 C 的总时差。

【时标网络图编制实例】

（6）求工作 K 的最迟开始时间和最迟完成时间。

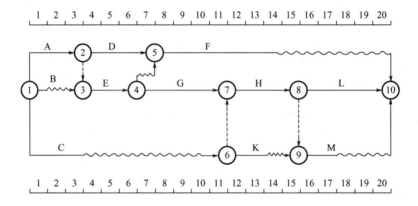

图 3 – 73　某时标网络图

3.5　单代号搭接网络计划

3.5.1　搭接关系

单代号搭接网络计划的搭接关系主要是通过两项工作之间的时距来表示。时距表示时间的重叠和间歇，时距的产生和大小取决于工艺的要求和施工组织上的需要。用以表示搭接关系的时距有五种，分别是 *FTS*（结束到开始）、*STS*（开始到开始）、*FTF*（结束到结束）、*STF*（开始到结束）和混合搭接关系。

1. *FTS*（结束到开始）搭接关系

结束到开始搭接关系是通过前项工作结束到后项工作开始之间的时距（*FTS*）来表达的，如图 3 – 74 所示。

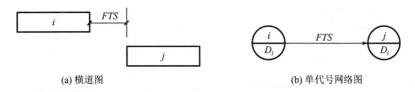

(a) 横道图　　　　　　　　　　　　　　　　　　(b) 单代号网络图

图 3 - 74　FTS 搭接关系时间参数示意

FTS 搭接关系的时间参数计算式为：

$$ES_j = EF_i + FTS_{i-j}$$
$$LS_j = LF_i + FTS_{i-j}$$

当 $FTS = 0$ 时，表示两项工作之间没有时距，$ES_j = EF_i$，$LF_i = LS_j$，即为普通网络图中的逻辑关系。

例如，房屋装修项目中刷油漆和安装玻璃两项工作之间的关系是：先刷油漆，干燥一段时间后才能安装玻璃。这种关系就是 FTS 关系，若干燥需要 3 天，则 $FTS = 3$ 天，如图 3 - 75 所示。

(a) 横道图　　　　　　　　　　　　　　　　　　(b) 单代号网络图

图 3 - 75　刷油漆与安装玻璃工作关系

又如混凝土沉箱码头工程，沉箱在岸上预制后，要求静置一段养护存放的时间，然后才可下水沉放。

2. STS（开始到开始）搭接关系

开始到开始搭接关系是通过前项工作开始到后项工作开始之间的时距（STS）来表达的，表示在工作 i 开始经过一个规定的时距（STS）后工作 j 才能开始进行，如图 3 - 76 所示。

(a) 横道图　　　　　　　　　　　　　　　　　　(b) 单代号网络图

图 3 - 76　STS 搭接关系时间参数示意

STS 搭接关系的时间参数计算式为：

$$ES_j = ES_i + STS_{i-j}$$
$$LS_j = LS_i + STS_{i-j}$$

例如，道路工程中的铺设路基和浇筑路面，当路基工作开始一定时间且为路面工作创造一定条件后，路面工程才可以开始进行。铺设路基与浇筑路面之间的搭接关系就是 STS 搭接关系，如图 3 - 77 所示。

图 3 - 77　铺设路基与浇筑路面工作关系

3. FTF（结束到结束）搭接关系

结束到结束搭接关系是通过前项工作结束到后项工作结束之间的时距（FTF）来表达的，表示在工作 i 结束（FTF）后，工作 j 才可结束，如图 3 - 78 所示。

图 3 - 78　FTF 搭接关系时间参数示意

FTF 搭接关系的时间参数计算式为：

$$EF_j = EF_i + FTF_{i-j}$$
$$LF_j = LF_i + FTF_{i-j}$$

例如，基坑排水工作结束一定时间后，浇筑混凝土工作才能结束，如图 3 - 79 所示。

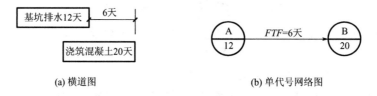

图 3 - 79　基坑排水与浇筑混凝土工作关系

4. STF（开始到结束）搭接关系

开始到结束搭接关系是通过前项工作开始到后项工作结束之间的时距（STF）来表达的，它表示工作 i 开始经过一个规定的时距（STF）后，工作 j 才可结束，如图 3 - 80 所示。

图 3 - 80　STF 搭接关系时间参数示意

STF 搭接关系的时间参数计算式为：

$$EF_j = ES_i + STF_{i-j}$$
$$LF_j = LS_i + STF_{i-j}$$

例如，当基坑开挖工作进行到一定时间后，就应开始进行降低地下水的工作，一直进行到地下水水位降到设计位置，如图 3-81 所示。

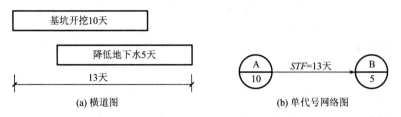

(a) 横道图   (b) 单代号网络图

图 3-81 基坑开挖与降低地下水工作关系

5. 混合搭接关系

混合搭接关系是指两项工作之间的相互关系是通过前项工作的开始到后项工作开始（STS）和前项工作结束到后项工作结束（FTF）双重时距来控制的，即两项工作的开始时间必须保持一定的时距要求，而且两者结束时间也必须保持一定的时距要求，如图 3-82 所示。

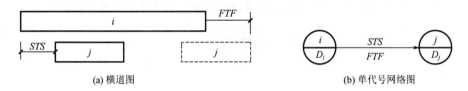

(a) 横道图   (b) 单代号网络图

图 3-82 混合时距时间参数示意

混合搭接关系中的 ES_j 和 EF_j 应分别计算，然后再选取其中最大者。

混合搭接关系的时间参数计算式为：

按 STS 搭接关系：

$$ES_j = ES_i + STS_{i-j}$$
$$LS_j = LS_i + STS_{i-j}$$

按 FTF 搭接关系：

$$EF_j = EF_i + FTF_{i-j}$$
$$LF_j = LF_i + FTF_{i-j}$$

例如，某修筑道路工程，工作 i 是修筑路基，工作 j 是铺面层，在组织这两项工作时，要求修筑路基至少开始一定时距（STS＝4 天）以后，才能开始铺面层；而且铺面层不允许在修筑路基完成之前结束，必须延后于修筑路基完成一个时距（FTF＝2 天）才能结束。路面工作的 ES_j 和 EF_j 如图 3-83 所示。

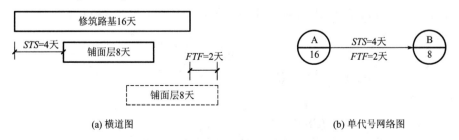

(a) 横道图   (b) 单代号网络图

图 3-83 修筑路基与铺面层工作关系

按 STS 搭接关系：

$$ES_j = ES_i + STS_{i-j} = 0 + 4 = 4（天）$$
$$EF_j = ES_j + D_j = 4 + 8 = 12（天）$$

按 FTF 搭接关系：

$$EF_j = EF_i + FTF_{i-j} = 16 + 2 = 18（天）$$
$$ES_j = EF_j - D_j = 18 - 8 = 10（天）$$

故要同时满足上述两者关系，必须选择其中的最大值，即 $ES_j = 10$ 天和 $EF_j = 18$ 天。

3.5.2　单代号搭接网络图时间参数的计算

单代号搭接网络图时间参数的计算与单代号网络图和双代号网络图时间参数的计算方法基本相同。由于搭接网络具有几种不同形式的搭接关系，所以其参数的计算要复杂一些。一般计算方法是：依据公式，在图上进行计算。

现以图 3-84 为例，介绍单代号搭接网络图时间参数的图上分析计算法。

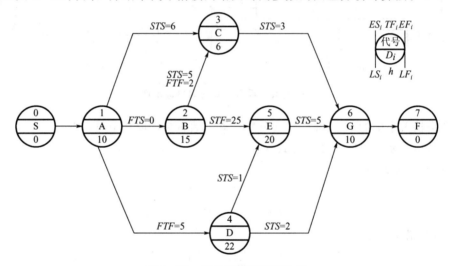

图 3-84　单代号搭接网络计划

1. 工作最早时间的计算

工作最早时间应从虚拟的起点节点开始，沿箭线方向自左向右，参照已知的时距关系，选用相应的搭接关系计算式计算。凡是与起点节点相连的工作，其最早开始时间都为 0。其他工作的最早时间根据时距计算。如果计算工作的最早时间为负值，这是不符合逻辑的，应将该工作与起点节点用虚箭线相连，并确定其时距为 $STS = 0$。

1）起点节点 S

$$ES_0 = 0 \text{ 天}$$
$$EF_0 = 0 + 0 = 0（天）$$

2）工作 A

$$ES_1 = 0 \text{ 天}$$
$$EF_1 = ES_1 + D_1 = 0 + 10 = 10（天）$$

3）工作 B

$$ES_2 = EF_1 + FTS_{1-2} = 10 + 0 = 10(天)$$

$$EF_2 = 10 + 15 = 25(天)$$

4）工作 D

$$EF_4 = EF_1 + FTF_{1-4} = 10 + 5 = 15(天)$$

$$ES_4 = 15 - 22 = -7(天)$$

显然，D 工作的最早开始时间出现负值，即在起点节点的前 7 天开始，这是不符合网络图只有一个起点节点的规则的，因此，D 工作的最早开始时间只能大于或等于零。因此，应将工作 D 与虚拟起点节点相连，标注在图中，则

$$ES_4 = 0 天$$

$$EF_4 = 0 + 22 = 22(天)$$

5）工作 C

$$ES_3 = ES_1 + STS_{1-3} = 0 + 6 = 6(天)$$

$$ES_3 = ES_2 + STS_{2-3} = 10 + 5 = 15(天)$$

$$ES_3 = EF_2 + FTF_{2-3} - D_3 = 25 + 2 - 6 = 21(天)$$

在上式中，取最大者，则

$$ES_3 = 21 天$$

$$EF_3 = 21 + 6 = 27(天)$$

6）工作 E

$$ES_5 = ES_4 + STS_{4-5} = 0 + 1 = 1(天)$$

$$ES_5 = ES_2 + STF_{2-5} - D_5 = 10 + 25 - 20 = 15(天)$$

在上式中，取最大者，则

$$ES_5 = 15 天$$

$$EF_5 = 15 + 20 = 35(天)$$

7）工作 G

$$ES_6 = ES_3 + STS_{3-6} = 21 + 3 = 24(天)$$

$$ES_6 = ES_5 + STS_{5-6} = 15 + 5 = 20(天)$$

$$ES_6 = ES_4 + STS_{4-6} = 0 + 3 = 3(天)$$

在上式中，取最大者，则

$$ES_6 = 24 天$$

$$EF_6 = 24 + 10 = 34(天)$$

2. 总工期的确定

应取各项工作的最早完成时间的最大值作为总工期，从上面计算结果可以看出，与虚拟终点节点 F 相连的工作 G 的 $EF_6 = 34$ 天，而不与 F 相连的工作 E 的 $EF_5 = 35$ 天，显然，总工期应取 35 天，所以，应将工作 E 与工作 F 用虚箭线相连，形成工期控制通路。

$$ES_7 = 35 天$$

$$EF_7 = 35 + 0 = 35(天)$$

注：在计算工作最早完成时间时，如果出现有工作最早完成时间为最大值的中间节点，则应将该节点的最早完成时间作为单代号搭接网络图的结束时间，并将该节点与结束节点用虚箭线相连，并确定其时距为 $FTF = 0$ 天。

3. 工作最迟时间的计算

以总工期为最后时间限制，自虚拟终点节点开始，逆着箭线方向由右向左，参照已知的时距关系，选择相应的计算关系计算。

1）终点节点 F

$$LF_7 = 35 \text{ 天}，\quad LS_7 = 35 - 0 = 35（天）$$

2）工作 E 和 G

与虚拟终点节点相连的工作的最迟结束时间就是总工期值。

$$LF_6 = 35 \text{ 天}，\quad LS_6 = 35 - 10 = 25（天）$$
$$LF_5 = 35 \text{ 天}，\quad LS_5 = 35 - 20 = 15（天）$$

3）工作 D

$$LS_4 = LS_5 - STS_{4-5} = 15 - 1 = 14（天）$$
$$LS_4 = LS_6 - STS_{4-6} = 25 - 3 = 22（天）$$

在上式中，取最小者，则

$$LS_4 = 14 \text{ 天}$$
$$LF_4 = LS_4 + D_4 = 14 + 22 = 36（天）$$

由于工作 D 的最迟结束时间大于总工期，显然是不合理的，所以，LF_4 应取总工期的值，并将工作 D 与终点节点用虚箭线相连，即

$$LF_4 = 35 \text{ 天}$$
$$LS_4 = LF_4 - D_4 = 35 - 22 = 13（天）$$

4）工作 C

$$LS_3 = LS_6 - STS_{3-6} = 25 - 3 = 22（天）$$
$$LF_3 = LS_3 + D_3 = 22 + 6 = 28（天）$$

5）工作 B

$$LS_2 = LF_5 - STF_{2-5} = 35 - 25 = 10（天）$$
$$LS_2 = LS_3 - STS_{2-3} = 22 - 5 = 17（天）$$
$$LS_2 = LF_3 - FTF_{2-3} - D_2 = 28 - 2 - 15 = 11（天）$$

在上式中，取最小者，则

$$LS_2 = 10 \text{ 天}$$
$$LF_2 = LS_2 + D_2 = 10 + 15 = 25（天）$$

6）工作 A

$$LS_1 = LS_2 - FTS_{1-2} - D_1 = 10 - 0 - 10 = 0（天）$$
$$LS_1 = LS_3 - STS_{1-3} = 22 - 6 = 16（天）$$
$$LS_1 = LF_4 - FTF_{1-4} - D_1 = 35 - 5 - 10 = 20（天）$$

在上式中，取最小者，则

$$LS_1 = 0 \text{ 天}$$
$$LF_1 = LS_1 + D_1 = 0 + 10 = 10（天）$$

7）起点节点 S

$$LS_0 = 0 \text{ 天}$$
$$LF_0 = 0 \text{ 天}$$

4. 间隔时间 *LAG* 的计算

在单代号搭接网络图中,相邻两项工作之间的搭接关系除了要满足时距要求之外,还有一段多余的空闲时间,称之为间隔时间,通常用 LAG_{i-j} 表示。

由于各项工作之间的搭接关系不同,LAG_{i-j} 必须要根据相应的搭接关系和不同的时距来计算。

1) *FTS* 搭接关系

$$LAG_{i-j} = ES_j - (EF_i + FTS_{i-j})$$

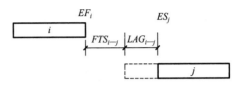

2) *STS* 搭接关系

$$LAG_{i-j} = ES_j - (ES_i + STS_{i-j})$$

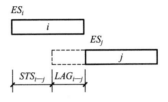

3) *FTF* 搭接关系

$$LAG_{i-j} = EF_j - (EF_i + FTF_{i-j})$$

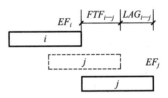

4) *STF* 搭接关系

$$LAG_{i-j} = EF_j - (ES_i + STF_{i-j})$$

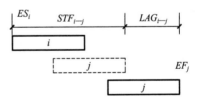

5) 混合搭接关系

当相邻两工序之间是由两种时距以上的关系连接时,应分别计算出其 LAG_{i-j},然后取其中的最小值。

$$LAG_{i-j} = \min \begin{cases} ES_j - EF_i - FTS_{i-j} \\ ES_j - ES_i - STS_{i-j} \\ EF_j - ES_i - STF_{i-j} \\ EF_j - EF_i - FTF_{i-j} \end{cases}$$

在该例中,各项工作之间的时间间隔 LAG_{i-j} 为:

$LAG_{6-7} = 35 - 34 = 1(天)$,$LAG_{5-7} = 35 - 35 = 0(天)$,$LAG_{4-7} = 35 - 22 = 13(天)$

$LAG_{5-6} = 24 - 15 - 5 = 4(天)$,$LAG_{4-6} = 24 - 0 - 3 = 21(天)$,$LAG_{3-6} = 24 - 21 - 3 = 0(天)$

$LAG_{2-5} = 35 - 10 - 25 = 0(天)$,$LAG_{4-5} = 15 - 0 - 1 = 14(天)$,$LAG_{0-4} = 0$ 天

$LAG_{1-3} = 21 - 0 - 6 = 15(天)$,$LAG_{2-3} = \min\{21 - 10 - 5, 27 - 25 - 2\} = 0(天)$

$LAG_{1-4} = 22 - 10 - 5 = 7(天)$,$LAG_{1-2} = 10 - 10 - 0 = 0(天)$,$LAG_{0-1} = 0$ 天

5. 工作总时差的计算

工作总时差即为最迟开始时间与最早开始时间之差，或最迟结束时间与最早结束时间之差。

1）起点节点 S

$$TF_0 = LS_0 - ES_0 = 0 - 0 = 0（天）$$

2）工作 A

$$TF_1 = LS_1 - ES_1 = 0 - 0 = 0（天）$$

3）工作 B

$$TF_2 = LS_2 - ES_2 = 10 - 10 = 0（天）$$

4）工作 C

$$TF_3 = LS_3 - ES_3 = 22 - 21 = 1（天）$$

5）工作 D

$$TF_4 = LS_4 - ES_4 = 13 - 0 = 13（天）$$

6）工作 E

$$TF_5 = LS_5 - ES_5 = 15 - 15 = 0（天）$$

7）工作 G

$$TF_6 = LS_6 - ES_6 = 25 - 24 = 1（天）$$

8）工作 F

$$TF_7 = LS_7 - ES_7 = 35 - 35 = 0（天）$$

6. 工作自由时差的计算

如果一项工作只有一项紧后工作，则该工作与紧后工作之间的 LAG_{i-j} 即为该工作的自由时差；如果一项工作有多项紧后工作，则该工作的自由时差为其与紧后工作之间的 LAG_{i-j} 的最小值。

1）起点节点 S

$$FF_0 = LAG_{0-1} = 0 \text{ 天}$$

2）工作 A

$$FF_1 = \min \begin{Bmatrix} LAG_{1-3} = 15 \\ LAG_{1-2} = 0 \\ LAG_{1-4} = 7 \end{Bmatrix} = 0（天）$$

3）工作 B

$$FF_2 = \min \begin{Bmatrix} LAG_{2-3} = 0 \\ LAG_{2-5} = 0 \end{Bmatrix} = 0（天）$$

4）工作 C

$$FF_3 = LAG_{3-6} = 0 \text{ 天}$$

5）工作 D

$$FF_4 = \min \begin{Bmatrix} LAG_{4-6} = 21 \\ LAG_{4-5} = 14 \\ LAG_{4-7} = 13 \end{Bmatrix} = 13（天）$$

6）工作 E

$$FF_5 = \min \begin{Bmatrix} LAG_{5-6} = 4 \\ LAG_{5-7} = 0 \end{Bmatrix} = 0（天）$$

7）工作 G

$$FF_6 = LAG_{6-7} = 1 \text{ 天}$$

8）终点节点 F

$$FF_7 = 0 \text{ 天}$$

将以上结果标注于图中，如图 3-85 所示。

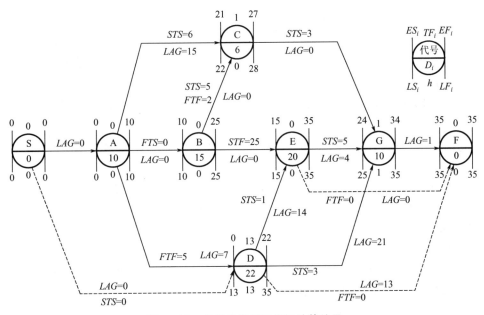

图 3-85　单代号搭接网络图计算结果

7. 关键线路的判别

单代号搭接网络图的关键线路为自起点节点到终点节点总时差为 0 的节点及其间的 LAG_{i-j} 为 0 的通路连接起来形成的路线。如该例中，关键线路为 S—A—B—E—F。

【课堂练习 3-18】

已知某工程单代号搭接网络图如图 3-86 所示，试计算其时间参数。

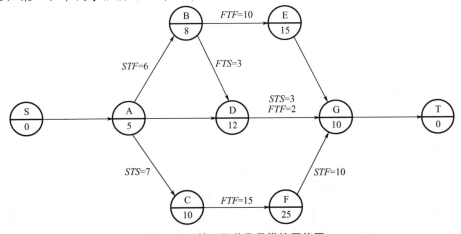

图 3-86　某工程单代号搭接网络图

3.6 网络计划的优化

网络计划的优化是指利用时差不断地改善网络计划的最初方案，在满足既定目标的条件下，按某一衡量指标来寻求最优方案。华罗庚曾经说过，在应用统筹法时，要向关键线路要时间，向非关键线路要节约。

网络计划的优化按照其要求的不同有工期优化、费用优化和资源优化等。

3.6.1 工期优化

当网络计划的计算工期大于要求工期时，就需要通过压缩关键工作的持续时间来满足工期的要求。工期优化是指压缩计算工期，以达到计划工期的目标，或在一定约束条件下使工期最短的过程。

在工期优化过程中要注意以下两点。

（1）不能将关键工作压缩成非关键工作；在压缩过程中，会出现关键线路的变化（转移或增加条数），必须保证每一步的压缩都是有效的压缩。

（2）在优化过程中如果出现多条关键路线时，必须考虑压缩共同的关键工作，或将各条关键线路上的关键工作都压缩同样的数值，否则就不能有效地将工期压缩。

工期优化的步骤如下。

（1）找出网络图中的关键工作和关键线路（如用标号法），并计算出计算工期。

（2）按计划工期计算应压缩的时间 ΔT。

$$\Delta T = T_c - T_p$$

式中　T_c——网络计划的计算工期；

　　　T_p——网络计划的计划工期。

（3）选择被压缩的关键工作，在确定优先压缩的关键工作时，应考虑以下因素。

① 缩短工作持续时间后，对质量和安全影响不大的工作。

② 有充足备用资源的工作。

③ 缩短持续时间所需增加的费用最少的工作。

（4）将优先压缩的关键工作压缩到最短的工作持续时间，并找出关键线路和计算出网络图的工期；如果被压缩的工作变成了非关键工作，则应将其工作持续时间延长，使之仍然是关键工作。

（5）若已经达到工期要求，则优化完成。若计算工期仍超过计划工期，则按上述步骤依次压缩其他关键工作，直到满足工期要求或工期已不能再压缩为止。

（6）当所有关键工作的工作持续时间均已经达到最短而工期仍不能满足要求时，应对计划的技术、组织方案进行调整，或对计划工期重新审订。

【应用案例 3-11】

已知某工程的双代号网络图如图 3-87 所示，箭线下方括号外为正常持续时间，括号内为最短工作时间，假定计划工期为 100 天，根据实际情况和考虑被压缩工作选择的因素，缩短顺序依次为 B、C、D、E、G、H、I、A，试对该双代号网络图进行工期优化。

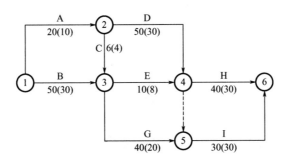

图 3-87 某工程的双代号网络图

【解】（1）找出关键线路并确定计算工期，如图 3-88 所示。

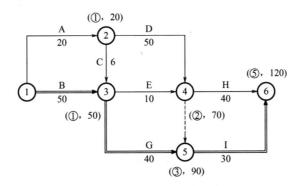

图 3-88 某工程的网络计划关键线路求解（一）

（2）计算应缩短的工期。

$$\Delta T = T_c - T_p = 120 - 100 = 20(天)$$

（3）根据已知条件，将工作 B 压缩到最短工作时间，重新计算双代号网络图计算工期，找出关键线路（图 3-89）。

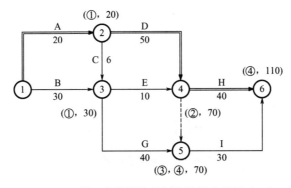

图 3-89 某工程的网络计划关键线路求解（二）

（4）显然，关键线路已发生转移，关键工作 B 变为非关键工作，所以，只能将工作 B 压缩 10 天，使之仍然为关键工作（图 3-90）。

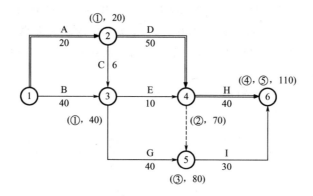

图 3-90　某工程的网络计划关键线路求解（三）

（5）再根据压缩顺序，将工作 D、G 各压缩 10 天，使工期达到 100 天的要求（图 3-91）。

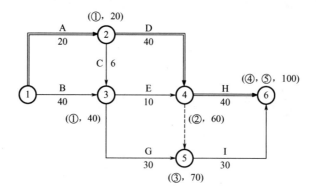

图 3-91　某工程的网络计划关键线路求解（四）

【课堂练习 3-19】

某工程的双代号网络图如图 3-92 所示。要求工期为 15 天，试对该网络图进行工期优化。

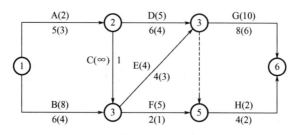

图 3-92　某工程的网络图

3.6.2 费用优化

工程网络计划一经确定（工期确定），其所包含的总费用也就确定下来。

费用优化的目的：一是求出工程费用（C_o）最低相对应的总工期（T_o），一般用在计划编制过程中；二是求出在规定工期条件下的最低费用，一般用在计划实施调整过程中。

3.6.3 资源优化

资源是指为完成一项计划任务所需投入的人力、材料、机械设备和资金等。完成一项计划任务所需要的资源量基本上是不变的，不可能通过资源优化将其减少。资源优化的目的是通过改变工作的开始时间和完成时间，使资源按照时间的分布符合优化目标。

在通常情况下，网络计划的资源优化分为两种，即"资源有限，工期最短"的优化和"工期固定，资源均衡"的优化。前者是通过调整计划安排，在满足资源限制的条件下，使工期延长最少的过程；而后者是通过调整计划安排，在工期保持不变的条件下，使资源需要量尽可能均衡的过程。

这里所讲的资源优化，其前提条件如下。

（1）在优化过程中，不改变网络计划中各项工作之间的逻辑关系。

（2）在优化过程中，不改变网络计划中各项工作的持续时间。

（3）网络计划中各项工作的资源强度（单位时间所需资源数量）为常数，而且是合理的。

（4）除规定可中断的工作外，一般不允许中断工作，应保持其连续性。

为简化问题，这里假定网络计划中的所有工作需要同一种资源。

1. "资源有限，工期最短"的优化

"资源有限，工期最短"的优化一般可按以下步骤进行。

（1）按照各项工作的最早开始时间安排进度计划，并计算网络计划每个时间单位的资源需要量。

（2）从计划开始日期起，逐个检查每个时段（每个时间单位资源需要量相同的时间段）的资源需要量是否超过所能供应的资源限量。如果在整个工期范围内每个时段的资源需要量均能满足资源限量的要求，则可行优化方案就编制完成。否则，必须转入下一步进行计划的调整。

（3）分析超过资源限量的时段。如果在该时段内有几项工作平行作业，则采取将一项工作安排在与之平行的另一项工作之后进行的方法，以降低该时段的资源需要量。

（4）对调整后的网络计划安排重新计算每个时间单位的资源需要量。

（5）重复上述（2）～（4），直至网络计划整个工期范围内每个时间单位的资源需要量均满足资源限量为止。

2. "工期固定，资源均衡"的优化

安排建设工程进度计划时，应使资源需要量尽可能地均衡，避免整个工程每单位时间的资源需要量出现过多的高峰和低谷，这样不仅有利于工程建设的组织与管理，而且可以降低工程费用。

"工期固定，资源均衡"的优化方法有多种，如方差值最小法、极差值最小法、削高峰法等。

由于资源优化极其复杂，这里不再做另行要求，只要求大家掌握资源优化的概念即可。

3.7 网络计划综合实例

3.7.1 某房屋建筑工程网络图的编制

有一项房屋建筑工程，经项目分解，可分解为 A、B、C、D、E、F、G、H、I 九项工作，其中 A、B、C 工作又分为 3 段流水施工。其逻辑关系和持续时间均列于表 3-12。

表 3-12 工作逻辑关系和持续时间表

工 作	紧前工作	紧后工作	持续时间/周
A1	—	A2、B1	2
A2	A1	A3、B2	2
A3	A2	B3	2
B1	A1	B2、C1	3
B2	A2、B1	B3、C2	3
B3	A3、B2	C3、D	3
C1	B1	C2	2
C2	B2、C1	C3	4
C3	B3、C2	E、F	2
D	B3	G	2
E	C3	G	1
F	C3	I	2
G	D、E	H、I	4
H	G	—	3
I	F、G	—	3

（1）根据表 3－12 编制双代号网络图，进行计算并找出关键线路。

（2）根据表 3－12 编制单代号网络图，进行计算并找出关键线路。

【分析与解答】

根据表 3－12 绘制的双代号网络图和时间参数如图 3－93 所示。

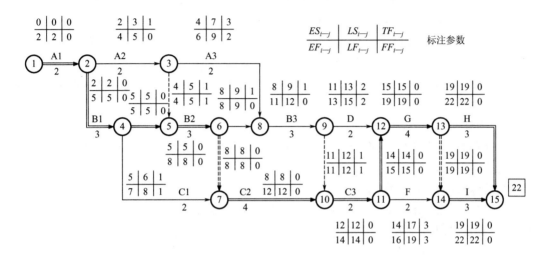

图 3－93　双代号网络图及时间参数

根据表 3－12 绘制的单代号网络图和时间参数如图 3－94 所示。

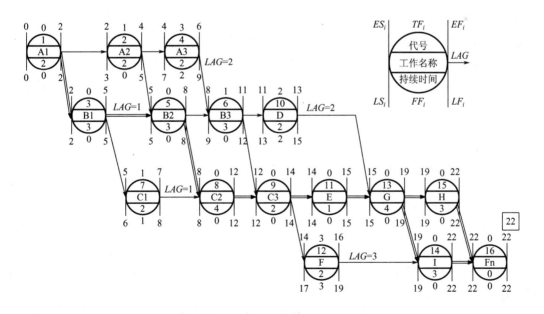

图 3－94　单代号网络图及时间参数

3.7.2 某现浇钢筋混凝土结构住宅工程双代号网络图的编制

某项目经理部承担了一栋外砖内模现浇钢筋混凝土结构（简称外砖内模）的住宅楼工程施工任务。建筑面积地上 3200m²，地下 668m²；四个单元，5 层结构；抗震按 8 度设防；内墙为 16cm 现浇钢筋混凝土板；外墙为 37cm 砖墙，内隔墙为 5cm 厚预制混凝土板；屋顶及楼层为预应力钢筋混凝土预制圆孔板；预制混凝土挑檐，四毡五油屋面防水；混凝土墙面刮腻子喷浆；砖墙内抹灰刷白；水泥地面；厕所地面油毡防水；外装修以勾缝为主，局部水刷石、干粘石、抹水泥；有上下水、暖气、煤气、电视电话线、电气设施。

（1）简述网络计划技术的应用程序。

（2）编制结构施工的一层（四单元）网络图和结构、装修施工的综合网络图。

【分析与解答】

（1）网络计划技术的应用程序。

按《网络计划技术 第 3 部分：在项目管理中应用的一般程序》（GB/T 13400.3—2009）的规定，网络计划技术的应用程序如下。

① 准备阶段，步骤如下。

a. 确定网络计划目标。网络计划目标有时间目标、时间-资源目标、时间-费用目标。

b. 调查研究。调查研究的内容包括：项目有关的工作任务、实施条件、设计数据等资料；有关的标准、定额、规程、制度等；资源需求和供应情况；有关经验、统计资料和历史资料；其他有关技术经济资料。

c. 项目分解。项目分解的目的：根据项目管理和网络计划的要求，将项目分解为较小的、易于管理的基本单元。项目分解的原则：项目分解可面向对象、结构、团队、流程和交付成果等；项目分解宜根据具体情况决定分解的层次和任务范围。

d. 工作方案设计。工作方案设计的主要内容：确定工作（生产）顺序；确定工作（生产）方法；选择需要的资源；确定重要的工作管理组织；确定重要的工作保证措施；确定采用的网络图类型。

② 绘制网络图阶段，步骤如下。

a. 逻辑关系分析。逻辑关系分为工艺关系和组织关系。

b. 网络图构图。绘制网络图的步骤：确定网络图的布局；从起始工作开始，自左至右依次绘制；检查工作和逻辑关系；进行修正；节点编号。

③ 计算参数阶段。计算参数阶段的主要内容：计算工作持续时间、计算工作最早时间及计算工期、确定计划工期、计算工作最迟时间、计算时差、确定关键线路。

④ 编制可行网络图阶段。编制可行网络计划阶段包括检查与调整、绘制并形成可行网络计划。

⑤ 优化并确定正式网络图阶段。优化并确定正式网络图阶段包括优化网络图和绘制正式网络图。

⑥ 网络图的实施、调整与控制阶段。网络图的实施、调整与控制阶段包括网络图的贯彻、检查和数据采集、控制与调整。

⑦ 收尾阶段。收尾阶段包括分析和总结。

（2）分析。

① 施工方法。按照施工规律和该类工程的研究结果，外砖内模工程的施工方法要点如下：大模板采用 5 条轴线（一单元的轴线数）平模一套；结构施工配备 QT80/60 塔式起重机一台进行综合吊装，功能最高吊次 90 吊/台班，两班作业，可满足两班吊装 170 吊次的需要；装修阶段垂直运输采用两台井架；采用商品混凝土；砌砖用平台架，外装修用挂架。

② 流水段划分。结构分四个流水段，一天一个单元层，四天一个楼层；装修按层分段；楼层抹灰按单元分段。

③ 劳动组织。结构施工时，由瓦工（一组 26 人）、混凝土工（一组 20 人）、木工（一组 18 人）、架子工（一组 6 人）共 70 人组成混合施工队；配合施工的有水暖工（3 人）、油工（2 人）、电工（2 人）、机工（每班 2 人，共计 4 人）、吊装工（每班 6 人，共计 12 人）、放线工（2 人）、翻斗车司机（每班 2 人，共计 4 人），总共 29 人。装修时配备抹灰工（3 组 60 人）、木工（1 组 15 人）、油工（2 组 30 人）、混凝土工（1 组 16 人）、瓦工（1 组 14 人）、水暖工（1 组 12 人）、电工（1 组 8 人），共计 155 人。

④ 项目分解。项目分解的指导原则是：符合施工工艺要求；充分利用塔式起重机的吊装能力；实现一昼夜一单元层且使模板周转一次。结构工程分解的主要项目如下：外墙砌砖；立正模、立钢筋网片、安装水电埋件；立反模，浇墙体混凝土并养护；拆模、刷隔离剂；吊装并焊接预制混凝土隔墙板；楼板、楼梯、阳台构件安装；圈梁及板缝支模、钢筋绑扎；圈梁、板缝、现浇板浇筑并养护。内装修工程分解的项目包括：立门窗口、地面、地面养护、墙面抹灰、木装修、支管、内墙面刮腻子、油漆、喷浆、灯具、玻璃、试灯、试水、修理、验收。

⑤ 逻辑关系分析。以上项目分解的排列就是施工的先后顺序关系。综合起来还有以下说明：立塔以后做结构；结构按单元组织等节奏流水施工；五层结构完成后立即立井架做屋面；三层结构完成后开始自下而上做一层至五层的立管和厕所垫层；装修自上而下依次进行；外装修自上而下在铺完油毡之后、一层地面施工之前完成；楼梯在完成一层墙面以后开始、喷浆之前完成；一层油漆完成之后喷浆，不分层；喷浆之后刷油漆、安装灯具、安装玻璃、试灯、试水、修理、验收。

⑥ 确定排列方式。房屋建筑工程施工网络图的排列方式有：混合排列法、按施工段排列法、按楼层排列法、按施工单位或按专业排列法、按栋号（房屋类别、区域）排列法、按室内外排列法。本例的结构层网络计划按单元的工艺排列；结构及装修综合网络计划按层及工艺排列。

⑦ 逻辑关系处理原则。本例的逻辑关系处理原则是：横向主要表示工艺关系；纵向主要表示组织关系。抹灰任务分配如下。

第 1 组：外装修→四层抹灰→二层抹灰。

第 2 组：外装修→一层抹灰→楼梯间抹灰。

第 3 组：地面→五层抹灰→三层抹灰。

项目小结

　　本项目主要让学生通过学习掌握双代号网络图的绘制与时间参数的计算,单代号网络图的绘制和时间参数的计算,掌握双代号时标网络图的绘制和时间参数的计算,熟悉单代号搭接网络图时间参数的计算,并能对网络计划进行工期优化和费用优化。

习　　题

一、单选题

1. 建设工程进度网络图与横道图相比,其主要优点是能够(　　)。

A. 明确表达各项工作之间的逻辑关系　　B. 直观表达工程进度计划的计算工期

C. 明确表达各项工作之间的搭接时间　　D. 直接表达各项工作的持续时间

2. 双代号网络图中,虚工作(虚箭线)表示工作之间的(　　)。

A. 时间间歇　　　B. 搭接关系　　　C. 逻辑关系　　　D. 自由时差

3. 双代号网络图中节点是箭线之间的连接点,网络图中既有内向箭线,又有外向箭线的节点称为(　　)。

A. 中间节点　　　B. 起点节点　　　C. 终点节点　　　D. 交接节点

4. 已知某双代号网络图中工作 M 的自由时差为 3 天,总时差为 6 天。通过检查分析,发现该工作的实际进度拖后,且影响总工期 2 天。在其他工作均正常的前提下,工作 M 的实际进度拖后(　　)。

A. 1 天　　　　　B. 4 天　　　　　C. 8 天　　　　　D. 9 天

5. 某双代号网络图有 A、B、C、D、E 五项工作,其中 A、B 完成后 D 开始,B、C 完成后 E 开始。能够正确表达上述逻辑关系的图形是(　　)。

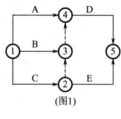
(图1)

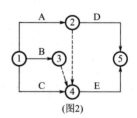
(图2)

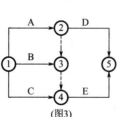
(图3)

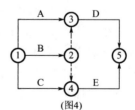
(图4)

A. 图 1　　　　　B. 图 2　　　　　C. 图 3　　　　　D. 图 4

6. 当网络图中某一非关键工作的持续时间拖延 Δ，且大于该工作的总时差 TF 时，网络图总工期将（　　）。

A. 拖延 Δ　　　　B. 拖延 $\Delta+TF$　　　　C. 拖延 $\Delta-TF$　　　　D. 拖延 $TF-\Delta$

7. 在双代号网络图中，如果生产性工作 M 和 N 之间的先后顺序关系属于工艺关系，则说明它们的先后顺序是由（　　）决定的。

A. 劳动力调配　　　　B. 原材料供应　　　　C. 工艺过程　　　　D. 资金需求

8. 工作自由时差是指（　　）。

A. 在不影响总工期的前提下，该工作可以利用的机动时间

B. 在不影响其紧后工作最迟开始时间的前提下，该工作可以利用的机动时间

C. 在不影响其紧后工作最迟完成时间的前提下，该工作可以利用的机动时间

D. 在不影响其紧后工作最早开始时间的前提下，该工作可以利用的机动时间

9. 当网络计划的计划工期小于计算工期时，关键工作的总时差（　　）。

A. 等于零　　　　B. 大于零　　　　C. 小于零　　　　D. 小于或等于零

10. 工作 D 有三项紧前工作 A、B、C，其持续时间分别为 A=3 天、B=7 天、C=5 天，其最早开始时间分别为 A=4 天、B=5 天、C=6 天，则工作 C 的自由时差为（　　）天。

A. 0　　　　B. 5　　　　C. 1　　　　D. 3

11. 某分部工程双代号网络图如图 3-95 所示，则工作 D 的总时差和自由时差分别为（　　）天。

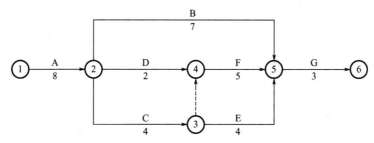

图 3-95　某分部工程双代号网络图

A. 1 和 1　　　　B. 1 和 2　　　　C. 2 和 1　　　　D. 2 和 2

12. 已知在双代号网络图中，某工作有四项紧后工作，它们的最迟开始时间分别为 17 天、20 天、22 天和 25 天。如果该工作的持续时间为 6 天，则其最迟开始时间为（　　）天。

A. 11　　　　B. 14　　　　C. 16　　　　D. 19

13. 某工程单代号网络图如图 3-96 所示，其关键线路为（　　）。

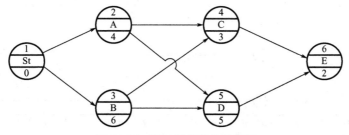

图 3-96　某工程单代号网络图

A. ①—②—④—⑥　　B. ①—③—④—⑥　　C. ①—③—⑤—⑥　　D. ①—②—⑤—⑥

14. 在单代号网络图中，设工作 H 的紧后工作有 I 和 J，总时差分别为 3 天和 4 天，工作 H、I 之间的时间间隔为 8 天，工作 H、J 之间的时间间隔为 6 天，则工作 H 的总时差为（　　）天。

A. 5 　　　　　　B. 8 　　　　　　C. 10 　　　　　　D. 12

15. 在双代号时标网络图中，以波形线表示工作的（　　）。

A. 逻辑关系 　　　　B. 关键线路 　　　　C. 总时差 　　　　D. 自由时差

16. 在工程网络计划的执行过程中，发现某工作的实际进度比其计划进度拖后 5 天，影响总工期 2 天，则该工作原来的总时差为（　　）天。

A. 2 　　　　　　B. 3 　　　　　　C. 5 　　　　　　D. 7

17. 某工程进度计划中工作 A 的持续时间为 5 天，总时差为 10 天，自由时差为 4 天。如果工作 A 的实际进度拖延 14 天，则会影响工程计划工期（　　）天。

A. 9 　　　　　　B. 8 　　　　　　C. 10 　　　　　　D. 4

18. 已知某工作 $i—j$ 的持续时间为 5 天，其节点 i 的最早时间为 19 天，最迟时间为 22 天，则该工作的最早完成时间为（　　）天。

A. 18 　　　　　　B. 22 　　　　　　C. 24 　　　　　　D. 39

19. 某工程双代号时标网络图如图 3-97 所示。如果 A、D、G 三项工作共用一台施工机械，则在不影响总工期的前提下，该施工机械在施工现场的最小闲置时间是（　　）周。

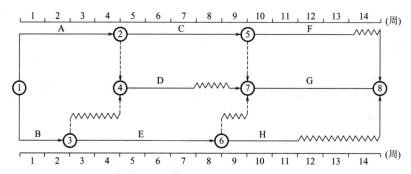

图 3-97　某工程双代号时标网络图

A. 1 　　　　　　B. 2 　　　　　　C. 3 　　　　　　D. 4

20. 已知某基础工程双代号时标网络图如图 3-98 所示，如果工作 E 实际进度延误了 4 周，则施工进度计划工期延误（　　）周。

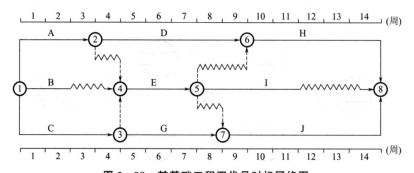

图 3-98　某基础工程双代号时标网络图

A. 2 　　　　　　B. 3 　　　　　　C. 4 　　　　　　D. 5

二、多选题

1. 与网络图相比，横道图进度计划法的特点有（　　）。

A. 适用于手工编制计划　　　　　　　B. 工作之间的逻辑关系表达清楚

C. 能够确定计划的关键工作和关键线路　　D. 调整工作量大

E. 适应大型项目的进度计划系统

2. 在各种计划方法中，（　　）的工作进度线与时间坐标相对应。

A. 形象进度计划　　　　　　　　　　B. 横道图

C. 双代号网络图　　　　　　　　　　D. 单代号搭接网络图

E. 双代号时标网络图

3. 在双代号网络图绘制过程中，要遵循一定的规则和要求。下列表述中，正确的是（　　）。

A. 一项工作应当对应唯一的一条箭线和相应的一个节点

B. 箭尾节点的编号应小于其箭头节点的编号，即 $i < j$

C. 节点编号可不连续，但不允许重复

D. 无时间坐标的双代号网络图的箭线长度原则上可以任意画

E. 一张双代号网络图中必定有一条以上的虚箭线

4. 某单代号网络图如图 3-99 所示，其关键线路为（　　）。

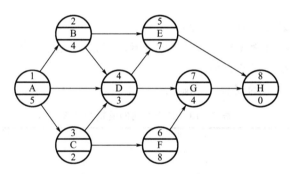

图 3-99　某单代号网络图

A. ①—②—④—⑤—⑧　　　　　　　B. ①—②—⑤—⑧

C. ①—③—④—⑤—⑧　　　　　　　D. ①—③—④—⑦—⑧

E. ①—③—⑥—⑦—⑧

5. 网络图中工作之间的逻辑关系包括（　　）。

A. 工艺关系　　　B. 组织关系　　　C. 生产关系　　　D. 技术关系

E. 协调关系

6. 在工程网络图中，关键线路是指（　　）的线路。

A. 双代号网络图中无虚箭线　　　　　B. 双代号时标网络图中无波形线

C. 单代号网络图中工作时间间隔为零　　D. 双代号网络图中持续时间最长

E. 单代号网络图中自由时差为零的工作连起来

7. 当计算工期不能满足要求工期时，需要压缩关键工作的持续时间以满足工期要求。在选择缩短持续时间的关键工作时宜考虑（　　）。

A. 缩短持续时间对质量影响不大的工作　　B. 缩短持续时间所需增加的费用最少的工作

C. 有充足备用资源的工作　　D. 持续时间最长的工作

E. 缩短持续时间对安全影响不大的工作

三、简答题

1. 双代号网络图的构成要素包括哪些？

2. 实工作和虚工作有何不同？虚工作的作用有哪些？

3. 简述双代号网络图的绘制原则。

4. 简述工作总时差和自由时差的含义及其区别。

5. 双代号网络图的时间参数有哪些？

6. 简述单代号网络图的绘制规则。

7. 简述单代号网络图中关键线路的确定方法。

8. 简述单代号搭接网络图的几种搭接关系。

9. 简述双代号时标网络图的绘制方法。

四、计算题

1. 某分部工程由三个施工过程组成：支模板、绑钢筋、浇混凝土。该工程在平面上划分为三个施工段组织流水施工，各施工过程在各施工段的持续时间分别为：支模板 3 天，绑钢筋 4 天，浇混凝土 5 天。

问题：

(1) 简述网络计划技术的应用程序。

(2) 该分部工程的网络计划可以采用哪两种排列法？试按其中一种排列法绘制双代号网络图，并确定该网络计划的工期。

2. 已知各项工作之间的逻辑关系如表 3-13 和表 3-14 所示，试绘制双代号网络图。

表 3-13　工作之间的逻辑关系表

工作	A	B	C	D	E	F	G	H
紧前工作	—	—	A	A	B、C	B、C	D、E	D、E、F

表 3-14　工作之间的逻辑关系表

工作	A	B	C	D	E	F	G	H	I
紧前工作	—	A	A	B	B、C	C	D、E	E、F	H、G
紧后工作	B、C	D、E	E、F	G	G	H	I	I	—

3. 某网络计划的有关资料如表 3-15 所示，试绘制双代号网络图，并计算各项工作的时间参数，判定关键线路。

表 3-15　工作之间的逻辑关系表

工作	A	B	C	D	E	F	G	H	I	J
持续时间	2	3	5	2	3	3	2	3	6	2
紧前工作	—	A	A	B	B	D	F	E、F	C、E、F	G、H

4. 计算图 3 – 100 所示某单代号网络图的时间参数，并确定关键线路。

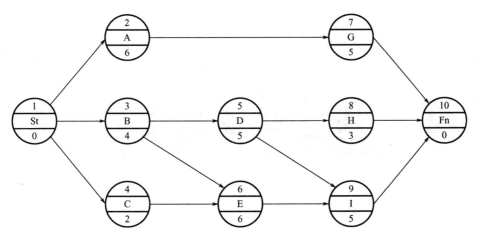

图 3 – 100　某单代号网络图

5. 某群体工程由Ⅰ、Ⅱ、Ⅲ、Ⅳ四个相同的单项工程组成。其土建工程均划分为三个分部工程：基础工程、主体结构和装修工程。各分部工程的持续时间依次是：基础工程 25 天，主体结构 30 天，装修工程 50 天。施工时，基础工程组建一个施工队，主体工程组建一个施工队，装修工程组建两个施工队，其中装修 A 队施工Ⅰ、Ⅱ工程，装修 B 队施工Ⅲ、Ⅳ工程。

问题：

(1) 根据工作之间的关系绘制单代号网络图。

(2) 用图上计算法计算时间参数。

(3) 在图上标明项目总工期。

(4) 简述单代号网络图关键线路的确定方法，并确定该网络图的关键线路，在图上用双箭线标明关键线路。

6. 如图 3 – 101 所示为某工程双代号网络图，把它改绘成时标网络图，计算每一项工作的最早时间、最迟时间、总时差和自由时差，并确定出关键线路。

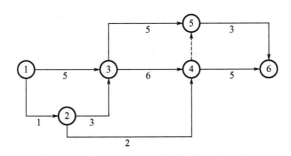

图 3 – 101　某工程双代号网络图

项目 4 施工准备工作

学习目标

了解施工准备工作的意义；熟悉施工准备工作的分类；了解施工准备工作的要求；掌握施工准备工作的内容（包括原始资料的收集和整理、技术资料的准备、施工人员的准备、物资的准备、施工现场的准备和季节性施工的准备工作）；掌握施工准备工作计划的编制。

学习要求

能力目标	知识要点	权重
了解施工准备工作的意义	施工准备工作的意义	5%
熟悉施工准备工作的分类	施工准备工作的分类	15%
了解施工准备工作的要求	施工准备工作的要求	5%
掌握施工准备工作的内容	原始资料的收集和整理、技术资料的准备、施工人员的准备、物资的准备、施工现场的准备和季节性施工的准备工作	60%
掌握施工准备工作计划的编制	施工准备工作计划的编制内容	15%

引例

某办公楼工程概况如下，请同学们思考该工程需要进行哪些施工准备工作？

（1）项目概况。

本工程为××省××公司的办公楼，位于××市郊××公路边，建筑总面积为6262m²，平面形式为L形，南北方向长61.77m，东西方向长39.44m。该建筑物大部分为五层，高18.95m，局部六层，高22.45m，附楼（F～L轴）带地下室，在⑪轴线处有一道温度缝，在F轴线处有一道沉降缝。

本工程承重结构除门厅部分为现浇钢筋混凝土半框架结构外，其余皆采用砖混结构。基础埋深1.9m，在C15素混凝土垫层上砌条形砖基础，基础中设有钢筋混凝土地圈梁，实心砖墙承重，每层设现浇钢筋混凝土圈梁；内外墙交接处和外墙转角处设抗震构造柱；除厕所、盥洗室采用现浇楼板外，其余楼板和屋面均采用预制钢筋混凝土多孔板，大梁、楼梯及挑檐均为现浇钢筋混凝土构件。

室内地面除门厅、走廊、实验室、厕所、楼梯踏步为水磨石面层外，其他皆采用水泥砂浆地面。室内装修主要采用白灰砂浆外喷106涂料，室外装修以涂料为主。窗间墙为干粘石，腰线、窗套为贴面砖，散水为无筋混凝土一次抹光。

屋面保温为炉渣混凝土，上做二毡三油防水层，铺绿豆砂。上人屋面部分铺设预制混凝土板。

设备安装及水、暖、电工程配合土建施工。

（2）地质及环境条件。

根据勘测报告，土壤为Ⅰ级大孔性黄土，天然地基承载力为150kN/m²，地下水位在地表下7～8m。本地区土壤最大冻结深度为0.5m。

建筑场地南侧为已建成建筑物，北侧和西侧为本公司地界的围墙，东侧为××公路，距道牙3m以内的人行道不得占用，沿街树木不得损伤。人行道一侧上方尚有高压输电线及电话线通过。

（3）施工工期。

本工程定于2013年4月1日开工，要求在当年12月30日竣工。限定总工期为9个月，日历工期为225天。

（4）气象条件。

施工期间主导风向偏东，雨期为9月份，冬期为12月份到第二年的1月份和2月份。

（5）施工技术经济条件。

施工任务由市××建筑公司承担，该公司分派一个施工队负责。该队瓦工20人，木工16人，以及其他辅助工种工人如钢筋工、机工、电工及普工等共计140人。根据施工需要有部分民工协助工作。装修阶段可从其他施工队调入抹灰工，最多调入70人。

施工中需要的水、电均从城市供水供电网中引入。建筑材料及预制品（件）可用汽车运入工地。多孔板由市建筑总公司预制厂制作（运距10km），木制门窗由市木材加工厂制作（运距7km）。

临建工程除工人宿舍可利用已建成的家属公寓楼外，其他所需临时设施均应在现场搭建。

可供施工选用的起重机有 QT1－6 型、QT1－2 型塔式起重机。汽车除解放牌（5t）外，尚有黄河牌（8t）可以使用。卷扬机、各种搅拌机、木工机械、混凝土振捣器、脚手架、脚手板可根据计划需要进行供应。

（6）主要项目实物工程量（略）。

（7）主体结构工程量明细表（略）。

4.1 施工准备工作概述

4.1.1 施工准备工作的意义

施工准备工作是指施工前为了保证整个工程能够按计划顺利施工，事先必须做好的各项准备工作。它是施工程序中的重要环节。做好施工准备工作具有以下重要意义。

（1）做好施工准备工作，是取得施工主动权，降低施工风险的有力保障。由于建筑产品及其施工生产的特点，其生产过程受外界干扰及自然因素的影响较大，因而施工中遇到的风险也比较多。只有根据周密的分析和多年积累的施工经验，采取有效的防范控制措施，认真细致地做好施工准备工作，增强应变能力，才能有效地降低风险损失。

（2）做好施工准备工作，是降低工程成本、提高企业综合经济效益的重要保证。认真做好施工准备工作，有利于发挥企业优势，合理供应资源，加快施工进度，提高工程质量，降低工程成本，增加企业经济效益，赢得企业社会信誉，实现企业管理现代化，从而提高企业综合效益。

（3）施工准备工作是建筑施工企业生产经营管理的重要组成部分。现代企业管理的重点是生产经营，而生产经营的核心是决策。因此，施工准备工作作为生产经营管理的重要组成部分，主要对拟建工程目标、资源供应、施工方案及其空间布置和时间排列等诸方面进行选择和施工决策，有利于施工企业搞好目标管理，推行技术经济责任制。

（4）施工准备工作是建筑施工程序的重要阶段。现代建筑工程施工是十分复杂的生产活动，不仅要消耗大量的人力、物力、财力，而且还会遇到各种复杂的技术问题、配合协作问题等。对于这样复杂而庞大的工程而言，做好施工准备工作是保证整个工程施工和安装顺利进行的重要环节，可以为拟建工程的施工创造必要的技术和物资条件，统筹安排施工力量和施工现场。

施工准备工作的进行，虽然需要花费一定的时间，但实践证明，凡是重视和做好施工准备工作，积极为工程项目创造一切有利施工条件的工程，施工进度不但不会减慢，反而会加快。因为做好了施工的充分准备，不但取得了施工的主动权，而且可以避免工作的无序性和资源的浪费，有利于保证工程质量和施工安全，提高效益。

4.1.2 施工准备工作的分类

1. 按工程项目施工准备工作的范围不同分类

按工程项目施工准备工作的范围不同，施工准备工作一般可分为全场性施工准备、单项（或单位）工程施工条件准备和分部分项工程作业条件准备。

（1）全场性施工准备：是以整个建设项目为对象而统一部署的各项施工准备，它的作用是为整个建设项目的顺利施工创造条件，即为总的施工做好准备。它不仅要为全场性的施工活动创造有利条件，而且要兼顾单位工程施工条件的准备。

（2）单项（或单位）工程施工条件准备：是以建设一栋建（构）筑物为对象而进行的施工条件准备工作，它的作用是为单项（或单位）工程施工服务，不仅要为单项（或单位）工程在开工前做好一切准备，而且要为分部工程做好施工准备工作。

（3）分部分项工程作业条件准备：是以一个分部分项工程或冬、雨期施工为对象而进行的作业条件准备。

2. 按拟建工程所处的施工阶段的不同分类

按拟建工程所处的施工阶段不同，施工准备工作一般可分为开工前的施工准备和各施工阶段前的施工准备。

（1）开工前的施工准备：是在拟建工程正式开工之前所进行的一切施工准备工作。其目的是为拟建工程正式开工创造必要的施工条件。它既可能是全场性施工准备，又可能是单位工程施工条件准备。

（2）各施工阶段前的施工准备：是在拟建工程开工之后，每个施工阶段正式开工之前所进行的一切施工准备工作。其目的是为施工阶段正式开工创造必要的施工条件。如混合结构民用住宅的施工，一般可分为地下工程、主体工程、屋面工程和装饰工程等施工阶段。

每个施工阶段的施工内容不同，所需要的技术条件、物资条件、组织要求和现场布置等方面也不同，因此在每个施工阶段开工之前，都必须做好相应的施工准备工作。

4.1.3 施工准备工作的要求

1. 施工准备应该有组织、有计划、有步骤地进行

（1）建立施工准备工作的组织机构，明确相应的管理人员。

（2）编制施工准备工作计划，保证施工准备工作按计划落实。

（3）将施工准备工作按工程的具体情况划分为开工前、地基基础工程、主体工程、屋面工程与装饰工程等时间区段，分期、分阶段、有步骤地进行，可为顺利进行下一阶段的施工创造条件。

2. 建立严格的施工准备工作责任制及相应的检查制度

由于施工准备工作项目多、范围广、时间跨度大，因此必须建立严格的责任制，按计划将责任落实到相关部门及个人，明确各级技术负责人在施工准备中应负的责任，使各级技术负责人认真做好施工准备工作。在施工准备工作实施过程中，应定期进行检查，可按周、半月、月度进行检查，主要检查施工准备工作计划的执行情况。

3. 坚持按基本建设程序办事，严格执行开工报告制度

依据《建设工程监理规范》（GB/T 50319—2013）的有关要求，工程项目开工前，当施工准备工作情况达到开工条件要求时，应向监理工程师报送工程开工报审表及开工报告等有关资料，由总监理工程师签发，并报建设单位后，在规定的时间内开工。

4. 施工准备工作必须贯穿于施工全过程

施工准备工作贯穿于整个施工过程中，不仅要在开工前集中进行，而且工程开工后也要及时全面地做好各施工阶段的准备工作。

5. 施工准备工作要取得各协作单位的友好支持与配合

由于施工准备工作涉及面广，除了施工单位自身努力做好外，还要取得建设单位、监理单位、设计单位、供应单位、银行、行政主管部门、交通运输等单位的协作及相关单位的大力支持，做到步调一致，分工负责，共同做好施工准备工作，以缩短施工准备工作的时间，争取早日开工。

4.2 施工准备工作的内容

工程施工准备工作的内容，视该工程本身及其具备的条件而异，有的比较简单，有的却十分复杂。例如，只有一个单项工程的施工项目和包含多个单项工程的群体项目，一般小型项目和规模庞大的大中型项目，新建项目和改扩建项目，在未开发地区兴建的项目和在已开发地区兴建的项目等，都因工程的特殊需要和特殊条件而对施工准备工作提出各不相同的具体要求。

施工准备工作要贯穿整个施工过程，根据施工顺序的先后，有计划、有步骤、分阶段进行。按准备工作的性质，施工准备工作可大致归纳为六个方面：原始资料的收集和整理、技术资料的准备、施工人员的准备、物资的准备、施工现场的准备和季节性施工的准备工作。

4.2.1 原始资料的收集和整理

建筑工程施工涉及的单位多、内容广、情况多变、问题复杂。因此，要求编制施工组织设计的人员必须做好调查研究，熟悉当地条件，了解实际情况，收集原始资料和参考资料，掌握充分的信息，编制出符合当地实际情况、切实可行、质量较高的施工组织设计。对调查收集的资料应注意整理归纳、分析研究，对其中特别重要的资料，必须复查数据的真实性和可靠性，因此应该做好以下几个方面的调查分析。

1. 项目特征与要求的调查

施工单位应按所拟订的调查提纲，首先向建设单位、勘察设计单位收集有关项目的计划任务书、工程选址报告、初步设计、施工图及工程概预算等资料；向当地有关行政管理部门收集现行的项目施工相关规定、标准及与该项目建设有关的文件等资料；向建筑施工企业与主管部门了解参加项目施工的各家单位的施工能力与管理状况等。施工准备工作调查具体见表4-1。

表4-1　施工准备工作调查

序号	调查单位	调查内容	调查目的
1	建设单位	1. 建设项目设计任务书、有关文件 2. 建设项目性质、规模、生产能力 3. 生产工艺流程、主要工艺设备名称及来源、供应时间、分批和全部到货时间 4. 建设期限、开工时间、交工先后顺序、竣工投产时间 5. 总概算投资、年度建设计划 6. 施工准备工作计划的内容、安排、工作进度表	1. 施工依据 2. 项目建设部署 3. 制订主要工程施工方案 4. 规划施工总进度计划 5. 安排年度施工进度计划 6. 规划施工总平面 7. 确定占地范围
2	设计单位	1. 建设项目总平面图规划 2. 工程地质勘察资料 3. 水文勘察资料 4. 项目建筑规模，建筑、结构、装修概况，总建筑面积、占地面积 5. 单项（单位）工程个数 6. 设计进度安排 7. 生产工艺设计、特点 8. 地形测量图	1. 规划施工总平面图 2. 规划生产施工区、生活区 3. 安排大型临建工程 4. 概算施工总进度 5. 规划施工总进度 6. 计算平整场地土石方工程量 7. 确定地基基础施工方案

2. 自然条件的调查

建设地区自然条件调查的主要内容包括建设地区水准点和绝对标高等情况；地质构造、土的性质和类别、地基土的承载力、地震等级和烈度等情况；河流流量和水质、最高洪水期和枯水期的水位等情况；地下水位的高低变化情况，含水层的厚度、流向、流量和水质等情况；气温、雨、雪、风和雷电等情况；土的冻结深度和冬、雨期的期限等情况。自然条件调查的目的：为编制施工现场的"三通一平"计划提供依据，如地上建筑物的拆除、高压输电线路的搬迁、地下构筑物的拆除和各种管线的搬迁等工作；为减少施工公害，如打桩工程应在打桩前对居民的危房和居民中的心脏病患者采取保护性措施。建设地区自然条件调查的项目具体见表4-2。

表4-2　建设地区自然条件调查的项目

序号	调查项目	调查内容	调查目的
气　象			
1	气温	1. 全年各月平均温度 2. 最高温度、月份，最低温度、月份 3. 冬期、夏期室外计算温度 4. 小于-3℃、0℃、5℃的天数、起止时间	1. 确定防暑降温措施 2. 确定冬期施工措施 3. 估计混凝土、砂浆的强度增长情况

续表

序号	调查项目	调查内容	调查目的
气　象			
2	雨（雪）	1. 雨期起止时间 2. 月平均降水量、最大降水量、一昼夜最大降水量 3. 全年雷暴日数	1. 确定雨期施工措施 2. 确定工地排洪、防洪方案 3. 确定防雷设施
3	风	1. 主导风向及频率 2. 大于或等于8级风的全年天数、时间	1. 确定临时设施布置方案 2. 确定高空作业及吊装技术安全措施
工程地形、地质、地震			
1	地形	1. 区域地形图 2. 工程位置地形图 3. 该地区城市规划图 4. 经纬坐标桩、水准基桩位置	1. 选择施工用地 2. 布置施工总平面图 3. 场地平整及土方量计算 4. 了解障碍物及数量
2	地质	1. 钻孔布置图 2. 地质剖面图：土层类别、厚度 3. 物理力学指标：天然含水率、孔隙比、塑性指数、渗透系数、压缩试验及地基土强度 4. 地层稳定性：断层、滑坡、流砂 5. 最大冻结深度 6. 枯井、古墓、防空洞及地下构筑物等情况	1. 选择土方施工方法 2. 确定地基土处理方法 3. 选择基础施工方法 4. 复核地基基础设计 5. 拟订障碍物拆除计划
3	地震	地震等级、烈度大小	确定对基础的影响，制订施工注意事项
工程水文地质			
1	地下水	1. 最高、最低水位及时间 2. 水的流向、流速及流量 3. 水质分析：地下水的化学成分 4. 抽水实验	1. 选择基础施工方案 2. 确定降低地下水位的方法 3. 拟订防止侵蚀性介质的措施
2	地表水	1. 临近江河湖泊到工地的距离 2. 洪水期、平水期、枯水期的水位、流量及航道深度 3. 水质分析 4. 最大、最小冻结深度及冻结时间	1. 拟订临时给水方案 2. 确定运输方式 3. 选择水工工程施工方案 4. 确定防洪方案

3. 水、电、气供应条件的调查

水、电、气供应条件可向当地城建、电力、电信和建设单位等进行调查，主要为选择施工临时供水、供电、供气方式提供技术经济比较分析的依据。水、电、气供应条件调查的项目具体见表4-3。

表 4 - 3　水、电、气供应条件调查的项目

序号	调查项目	调查内容	调查目的
1	给排水	1. 工地用水与当地现有水源连接的可能性,可供水量、管线敷设地点、管径、材料、埋深、水压、水质及水费;水源至工地的距离,沿途地形地物状况 2. 自选临时江河水源的水质、水量,取水方式,水源至工地的距离,沿途地形地物状况;自选临时水井的位置、深度、管径、出水量和水质 3. 利用永久性排水设施的可能性,施工排水的去向、距离和坡度;有无洪水影响,防洪设施状况	1. 确定生活、生产供水方案 2. 确定工地排水方案和防洪设施 3. 拟订供排水设施的施工进度计划
2	供电与通信	1. 当地电源位置,引入的可能性,可供电的容量、电压、导线截面和电缆;引入方向,接线地点及其至工地的距离,沿途地形地物状况 2. 建设单位和施工单位自有的发电、变电设备的型号、台数和容量 3. 利用邻近通信设施的可能性,电话、电报局等至工地的距离,可能增设通信设施、线路的情况	1. 确定供电方案 2. 确定通信方案 3. 拟订供电、通信设施的施工进度计划
3	供气	1. 蒸汽来源,可供蒸汽量,接管地点、管径、埋深,至工地的距离,沿途地形地物状况,蒸汽价格 2. 建设、施工单位自有锅炉的型号、台数和能力,所需燃料及水质标准 3. 当地或建设单位可能提供的压缩空气、氧气的能力,至工地的距离	1. 确定生产、生活用气的方案 2. 确定压缩空气、氧气的供应计划

4. 机械设备与建筑材料条件的调查

机械设备指项目施工的主要生产设备;建筑材料指水泥、钢材、木材、砂、石、砖、预制构件、半成品及成品等。这些资料可以向当地的计划、经济、物资管理等部门调查,主要作为确定材料和设备采购(租赁)供应计划、加工方式、储存和堆放场地以及搭设临时设施的依据。机械设备与建筑材料条件调查的项目具体见表 4 - 4。

表 4 - 4　机械设备与建筑材料条件调查的项目

序号	调查项目	调查内容	调查目的
1	三材	1. 本省或本地区钢材生产情况、质量、规格、钢号、供应能力等 2. 本省或本地区木材供应情况、规格、等级、数量等 3. 本省或本地区水泥厂有多少家,质量、品种、等级、供应能力等	1. 确定临时设施和堆放专场 2. 确定木材加工计划 3. 确定水泥储存方式

序号	调查项目	调查内容	调查目的
2	特殊材料	1. 需要的品种、规格、数量 2. 试制、加工和供应情况	1. 制订供应计划 2. 确定储存方式
3	主要设备	1. 主要工艺设备名称、规格、数量和供货单位 2. 供应时间：分批和全部到货时间	1. 确定临时设施和堆放场地 2. 拟订防雨措施
4	地材	1. 本省或本地区砂子供应情况、规格、等级、数量等 2. 本省或本地区石子供应情况、规格、等级、数量等 3. 本省或本地区砌筑材料供应情况、规格、等级、数量等	1. 制订供应计划 2. 确定堆放场地

5. 交通运输条件的调查

　　交通运输方式一般常见的有铁路、公路、水路等。交通运输资料可向当地铁路、公路运输和航运管理部门进行调查，主要为组织施工运输业务、选择运输方式提供技术经济分析比较的依据。交通运输条件调查的项目具体见表 4 - 5。

表 4 - 5　交通运输条件调查的项目

序号	调查项目	调查内容	调查目的
1	铁路	1. 邻近铁路专用线、车站到工地的距离及沿途运输条件 2. 站场卸货线长度、起重能力和储存能力 3. 装载单个货物的最大尺寸、质量的限制	
2	公路	1. 主要材料产地到工地的公路等级、路面构造、路宽及完成情况，允许最大载重量；途经桥涵等级、允许最大尺寸、最大载重量 2. 当地专业运输机构及附近村镇提供的装卸、运输能力，汽车、畜力、人力车数量，以及运输效率、运费、装卸费 3. 当地有无汽车修配厂，修配能力及至工地的距离	1. 选择运输方式 2. 拟订运输计划
3	水路	1. 货源、工地到邻近河流、码头、渡口的距离，道路情况 2. 洪水期、平水期、枯水期通航的最大船只及吨位，取得船只的可能性 3. 码头装卸能力、最大起重量，增设码头的可能性 4. 渡口的渡船能力，同时可载汽车数，每日次数，为施工提供的运载能力 5. 运费、渡口费、装卸费	

6. 劳动力与生活条件的调查

这些资料可以向当地劳动、商业、卫生、教育、邮电、交通等主管部门调查,作为拟订劳动力调配计划、建立施工生活基地、确定临时设施面积的依据。劳动力与生活条件调查的项目具体见表 4-6。

表 4-6 劳动力与生活条件调查的项目

序号	调查项目	调查内容	调查目的
1	社会劳动力	1. 少数民族地区风俗习惯 2. 当地能提供的劳动力人数、技术水平及来源 3. 上述人员的生活安排	1. 拟订劳动力计划 2. 安排临时设施
2	房屋设施	1. 必须在工地居住的单身人数和户数 2. 能作为施工用的现有房屋数量、面积、结构、位置,以及水、暖、电、卫设备情况 3. 上述建筑物适宜用途	1. 确定原有房屋为施工服务的可能性 2. 安排临时设施
3	生活服务	1. 文化教育、消防治安等机构能为施工提供的支援 2. 邻近医疗单位到工地的距离,可能就医的情况 3. 周围是否有有害气体、污染情况,有无地方病	安排职工生活基地,解除后顾之忧

4.2.2 技术资料的准备

技术资料的准备工作是施工准备工作的核心,对于指导现场施工准备工作,保证建筑产品质量,加快工程进度,实现安全生产,提高企业效益具有十分重要的意义。

任何技术差错和隐患都可能引起人身安全和质量事故,造成生命财产和经济的巨大损失,因此必须认真做好技术资料准备工作,不得有半点马虎。技术资料准备工作主要包括熟悉、审查施工图纸和有关设计资料,编制施工组织设计,编制施工图预算和施工预算等。

1. 熟悉、审查施工图纸和有关设计资料

1)熟悉、审查施工图纸的依据

(1)建设单位和设计单位提供的初步设计或扩大初步设计(技术设计)、施工图设计、建筑总平面图、土方数量设计和城市规划等资料文件。

(2)调查、搜集的原始资料。

(3)设计、施工验收规范和有关技术规定。

2)熟悉、审查设计图纸的目的

(1)为了能够按照设计图纸的要求顺利地进行施工,生产出符合设计要求的最终建筑产品〔建(构)筑物〕。

(2)为了能够在拟建工程开工之前,使从事建筑施工技术和经营管理的工程技术人员

充分地了解和掌握设计图纸和设计意图、结构与构造特点及技术要求。

（3）通过审查发现设计图纸中存在的问题和错误，使其改正在施工开始之前，为拟建工程的施工提供一份准确、齐全的设计图纸。

3）熟悉、审查设计图纸的内容

（1）审查拟建工程的地点、建筑总平面图同国家、城市或地区规划是否一致，以及建（构）筑物的设计功能和使用要求是否符合卫生、防火及美化城市方面的要求。

（2）审查设计图纸是否完整、齐全，以及设计和资料是否符合国家有关工程建设的设计、施工方面的方针和政策。

（3）审查设计图纸与说明书在内容上是否一致，以及设计图纸与其各组成部分之间有无矛盾和错误。

（4）审查建筑总平面图与其他结构图在几何尺寸、坐标、标高、说明等方面是否一致，技术要求是否正确。

（5）审查工业项目的生产工艺流程和技术要求，掌握配套投产的先后次序和相互关系，以及设备安装图纸与其相配合的土建施工图纸在坐标、标高上是否一致，掌握土建施工质量是否满足设备安装的要求。

（6）审查地基处理与基础设计同拟建工程地点的工程水文、地质等条件是否一致，以及建（构）筑物与地下建（构）筑物、管线之间的关系。

（7）明确拟建工程的结构形式和特点，复核主要承重结构的强度、刚度和稳定性是否满足要求，审查设计图纸中的工程复杂、施工难度大和技术要求高的分部分项工程或新结构、新材料、新工艺，检查现有施工技术水平和管理水平能否满足工期和质量要求，并采取可行的技术措施加以保证。

（8）明确建设期限、分期分批投产或交付使用的时间和顺序，以及工程所用的主要材料和设备的数量、规格、来源和供货日期。

（9）明确建设、设计和施工等单位之间的协作、配合关系，以及建设单位可以提供的施工条件。

4）图纸会审

施工人员参加图纸会审的目的是了解设计意图并向设计人员质疑，对图纸中不清楚的部分或不符合国家制定的建设方针、政策的部分，本着对工程负责的态度应予以指出，并提出修改意见供设计人员参考。

施工图中的建筑图、结构图、水暖电管线及设备安装图等，有时由于设计时配合不好或会审不严而存在矛盾时，应提请设计人员做书面更正或补充。图纸会审应注意以下几个方面。

（1）施工图纸的设计是否符合国家有关技术规范。

（2）图纸及设计说明是否完整、齐全、清楚；图中的尺寸、坐标、轴线、标高、各种管线和道路的交叉连接点是否准确；一套图纸的前后各图纸及建筑和结构施工图是否吻合一致，有无矛盾；地下和地上的设计是否有矛盾。

（3）施工单位的技术装备条件能否满足工程设计的有关技术要求；采用新结构、新工艺、新技术或工程的工艺设计与使用的功能要求；对土建施工和设备、管道、动力、电器安装采取特殊技术措施时，施工单位在技术上有无困难，是否能确保施工质量和施工安全。

（4）设计中所选用的各种材料、构（配）件（包括特殊的、新型的），在组织生产供应时，其品种、规格、性能、质量、数量等方面能否满足设计规定的要求。

（5）对设计中不明确或有疑问处，请设计人员解释清楚。

（6）指出图纸中的其他问题，并提出合理化建议。

图纸会审应有记录，并由参加会审的各单位会签。对会审中提出的问题，必要时，设计单位应提供补充图纸或变更设计通知单，连同会审记录分送给有关单位。这些技术资料应视为施工图的组成部分并与施工图一起归档。

【图纸会审】

2. 编制施工组织设计

施工组织设计是指导拟建工程从施工准备到施工完成的组织、技术、经济的综合性技术文件，是编制施工预算、实行项目管理的依据，是施工准备工作的主要文件。施工组织设计对施工的全过程起指导作用，既要体现基本建设计划和设计的要求，又要符合施工活动的客观规律，对建设项目、单项及单位工程的施工全过程起到部署和安排的双重作用。

根据建筑施工的技术经济特点，对建筑施工方法、施工机具、施工顺序等因素有不同的安排，所以，每个工程项目都需要分别编制施工组织设计，作为组织和指导施工的重要依据。

施工单位必须在施工约定的时间内完成中标后施工组织设计的编制与自审工作，并填写施工组织设计报审表，报送项目监理机构。

总监理工程师应在约定的时间内组织专业监理工程师审查，提出审查意见后，由总监理工程师审定批准，需要施工单位修改时，由总监理工程师签发书面意见，退回施工单位修改后再报审，总监理工程师应重新审定，已审定的施工组织设计由项目监理机构报送建设单位。

施工单位应按审定的施工组织设计文件组织施工，如需对其内容做较大变更，应在实施前将变更内容书面报送项目监理机构重新审定。

对规模大、结构复杂或属新结构、特种结构的工程，专业监理工程师提出审查意见后，由总监理工程师签发审查意见，必要时可与建设单位协商，组织有关专家会审。

3. 编制施工图预算与施工预算

施工图预算是按照施工图确定的工程量、施工组织设计所拟订的施工方法、建筑工程预算定额及其取费标准编制的确定建筑安装工程造价和主要物资需要量的经济文件。

施工预算是根据施工图预算、施工图纸、施工组织设计、施工定额等文件编制的。它是企业内部经济核算和班组承包的依据，是企业内部使用的一种预算。

施工图预算与施工预算存在很大的区别，施工图预算是甲乙双方确定预算造价、发生经济联系的经济文件，而施工预算则是施工企业内部经济核算的依据。施工预算直接受施工图预算的影响。

在设计交底和图纸会审的基础上，施工组织设计经监理工程师批准后，预算部门即可着手编制单位工程施工图预算和施工预算，以确定人工、材料和机械费用的支出，并确定人工数量、材料消耗量及机械台班使用量。

4.2.3 施工人员的准备

1. 确立拟建工程项目的领导机构

施工组织领导机构的建立应根据施工项目的规模、结构特点和复杂程度,确定项目施工的领导机构人选和名额,坚持合理分工与密切协作相结合,把有施工经验、有创新精神、有工作效率的人选入领导机构,认真执行因事设职、因职选人的原则。组织领导机构的设置程序如图 4-1 所示。

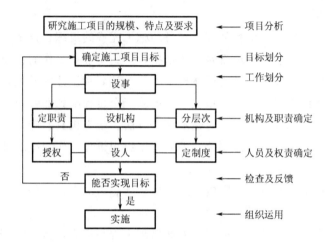

图 4-1 组织领导机构的设置程序

2. 建立精干的施工队伍

施工队伍的建立要认真考虑专业、工种的合理配合,技工、普工的比例要满足合理的劳动组织,要符合流水施工组织方式的要求,建立施工队组(是专业施工队组或是混合施工队组)要坚持合理、精干高效的原则;人员配置要从严控制二、三线管理人员,力求一专多能、一人多职,同时制订出该工程的劳动力需要量计划。

3. 集结施工力量、组织劳动力进场

工地领导机构确定之后,按照开工日期和劳动力需要量计划,组织劳动力进场。同时要进行安全、防火和文明施工等方面的教育,并安排好职工的生活。

4. 向施工队组和工人进行施工组织设计、计划和技术交底

施工组织设计、计划和技术交底的时间在单位工程或分部分项工程开工前及时进行,以保证工程严格地按照设计图纸、施工组织设计、安全操作规程和施工验收规范等要求进行施工。

施工组织设计、计划和技术交底的内容有工程的施工进度计划、月(旬)作业计划;施工组织设计,尤其是施工工艺、质量标准、安全技术措施、降低成本措施和施工验收规范的要求;新结构、新材料、新技术、新工艺的实施方案和保证措施;图纸会审中所确定的有关部门的设计变更和技术核定等事项。交底工作应该按照管理系统逐级进行,由上而下直到工人班组。交底的方式有书面形式、口头形式和现场示范形式等。

队组、工人接受施工组织设计、计划和技术交底后，要组织其成员进行认真的分析研究，弄清关键部位、质量标准、安全措施和操作要领。必要时应该进行示范，并明确任务，做好分工协作，同时建立健全岗位责任制和保证措施。

【技术交底】

5. 建立健全各项管理制度

工地的各项管理制度是否建立健全，会直接影响其各项施工活动的顺利进行。为此必须建立健全工地的各项管理制度。管理制度的一般内容有：工程质量检查与验收制度，工程技术档案管理制度，建筑材料［构（配）件、制品］的检查验收制度，技术责任制度，施工图纸学习与会审制度，技术交底制度，职工考勤、考核制度，工地及班组经济核算制度，材料出入库制度，安全操作制度，机具使用保养制度。

4.2.4 物资的准备

物资的准备是指工程施工必需的施工机械、机具、材料和构（配）件的准备。该项工作应根据施工组织设计的各种资源需要量计划，分别落实货源、组织运输和安排存储，确保工程的连续施工。对大型施工机械及设备应精确计算工作日并确定进场时间，做到进场即能使用，用毕即可退场，以提高机械利用率，节省台班费。

1. 基本建筑材料的准备

基本建筑材料的准备包括"三材"、地方材料和装饰材料的准备。准备工作应根据材料的需要量计划，组织货源，确定物资加工、供应地点和供应方式，签订物资供应合同。材料的储备应根据施工现场分期分批使用材料的特点，按照以下原则进行材料的储备。

首先，应按工程进度分期、分批进行，现场储备的材料多了会造成积压，增加材料保管的负担，同时也会占用过多的流动资金；储备的材料少了又会影响正常生产，所以材料的储备应合理、适宜。其次，要做好现场保管工作，以保证材料的数量和原有的使用价值。再次，现场材料的堆放应合理，现场储备的材料应严格按照施工平面布置图的位置堆放，以减少二次搬运，且应堆放整齐，标明标牌，以免混淆，此外，还应做好防水、防潮、易碎材料的保护工作。最后，应做好技术试验和检验工作，对于无出厂合格证明和没有按规定测试的原材料，一律不得使用，不合格的建筑材料和构件，一律不准出厂和使用，特别对于没有把握的材料或进口原材料、某些再生材料更要严格把关。

2. 拟建工程所需构（配）件、制品的加工准备

工程项目施工中需要大量的预制构（配）件、门窗、金属构件、水泥制品及卫生洁具等，这些构（配）件必须事先提出订制加工单。

3. 施工机具的准备

施工所需机具设备门类繁多，如各种土方机械，混凝土、砂浆搅拌设备，垂直及水平运输机械，吊装机械，钢筋加工设备，木工机械，焊接设备，打夯机，抽水设备等，应根据施工方案和施工进度计划确定其类型、数量和进场时间，然后确定其供应方案和进场后的存放地点、方式，编制出施工机具需要量计划，以此作为组织施工机具运输和存放的依据。

4. 模板和脚手架的准备

模板和脚手架是施工现场使用量大、堆放占地最大的周转材料。模板及其配件规格多、数量大，对堆放场地要求比较高，一定要分规格、分型号整齐码放，以便于使用及维修；大钢模一般要求立放，并防止倾倒，在现场也应规划出必要的存放场地；钢管脚手架、桥脚手架、吊篮脚手架等都应按指定的平面位置堆放整齐；扣件等零件还应采取防雨措施，以防锈蚀。

4.2.5　施工现场的准备

施工现场的准备即通常所说的室外准备（外业准备），下面主要从业主方和施工方两方介绍施工现场准备工作的范围和各方的职责。施工现场的准备是为工程创造有利于施工条件的保证，其工作应按施工组织设计的要求进行，主要内容有清除障碍物、做好"七通一平"、建立测量控制网、搭设临时设施等。

1. 业主方施工现场的准备工作

（1）办理土地征用、拆迁补偿、平整施工场地等工作，使施工场地具备施工条件，在开工后继续负责解决以上事项的遗留问题。

（2）将施工所需水、电、电信线路从施工场地外部接至专用条款约定地点，保证施工期间的需要。

（3）开通施工场地与城乡公共道路的通道及专用条款约定的施工场地内的主要道路，以满足施工运输的需要，保证施工期间的畅通。

（4）向承包人提供施工场地的工程地质和地下管线资料，对资料的真实准确性负责。

（5）办理施工许可证及其他施工所需证件、批件，以及临时用地、停水、停电、中断道路交通、爆破作业等的申请批准手续（证明承包人自身资质的文件除外）。

（6）确定水准点与坐标控制点，以书面形式交给承包人，进行现场交验。

（7）协调处理施工场地周围地下管线和邻近建（构）筑物（包括文物保护建筑）、古树名木的保护工作，承担有关费用。

2. 施工方施工现场的准备工作

（1）按工程需要提供和维修非夜间施工使用的照明、围栏设施，并负责安全保卫。

（2）按专用条款约定的数量和要求，向发包人提供施工场地办公和生活的房屋及设施，发包人承担由此发生的费用。

（3）遵守政府有关主管部门对施工场地交通、施工噪声、环境保护和安全生产等的管理规定，按规定办理有关手续，并以书面形式通知发包人，发包人承担由此发生的费用，因承包人责任造成的罚款除外。

（4）按专用条款约定做好施工场地地下管线和邻近建（构）筑物（包括文物保护建筑）、古树名木的保护工作。

（5）保证施工场地符合环境卫生管理的有关规定。

（6）建立测量控制网。

（7）工程用地范围内的"七通一平"，其中平整场地工作应由其他单位承担，但业主也可要求施工单位完成，费用仍由业主承担。

（8）搭设现场生产和生活用的临时设施。

3. 施工现场准备的主要内容

1）清除障碍物

施工场地内的一切障碍物，无论是地上的还是地下的，都应在开工前清除，此项工作一般是由建设单位来完成的，但也有委托施工单位来完成的。如果由施工单位来做这项工作，施工单位一定要事先摸清现场情况，尤其是在老城区内，由于原有建（构）筑物情况复杂，而且往往资料不全，在清除前需要采取相应的措施，防止发生事故。

拆除障碍物后，留下的渣土等杂物都应清除出场外。运输时，应遵守交通、环保部门的有关规定，运土的车辆要按指定的路线和时间行驶，并采取封闭运输车或在渣土上洒水等措施，防止渣土飞扬而污染环境。

2）做好"三通一平"和"七通一平"

"三通一平"是指建设项目正式施工以前，施工现场应达到水通、电通、路通和场地平整。其实，工地上实际需要的往往不只是水通、电通、路通和场地平整，有的工地还需要架设热力管线，称为"热通"；工地上还要求基本通信设施畅通，称为"电信通"；还可能因为施工中的特殊要求，还有其他的"通"。我们通常把"路通""给水通""排水通""热通""电通""电信通""蒸汽及煤气通"称为"七通"。"一平"指的是场地平整。一般而言，最基本的还是"三通一平"。

3）建立测量控制网

按照设计单位提供的建筑总平面图及接收施工现场时建设方提交的施工场地范围、规划红线桩、工程控制坐标桩和水准基桩进行施工现场的测量与定位。这一工作是确定拟建工程平面位置的关键，施测中必须保证精度、杜绝错误。

施工时应根据建设单位提供的由规划部门给定的永久性坐标和高程，按建筑总图上的要求，进行现场控制网点的测量，妥善设立现场永久性标准，为施工全过程的投测创造条件。

在测量放线前，应做好检验校正仪器、校核红线桩（规划部门给定的红线，在法律上起着控制建筑用地的作用）与水准点，制订测量放线方案（如平面控制、标高控制、沉降观测和竣工测量等）等工作。如发现红线桩和水准点有问题，应提请建设单位处理。

建筑物应通过设计图中的平面控制轴线来确定其轮廓位置，测定后提交有关部门和建设单位验线，以保证定位的准确性。沿红线的建筑物，还要由规划部门验线，以防止建筑物压红线或超红线，为正常顺利施工创造条件。

4）搭建临时设施

按照施工总平面图和临时设施需要量计划，建造各项临时设施，为正式开工准备好生产和生活用房。

现场生产和生活用的临时设施，应按施工平面布置图的要求进行建设，临时建筑平面图及主要房屋结构图都应报请城市规划、市政、消防、交通、环境保护等有关部门审查批准。

为了方便施工并确保行人的安全，应用围墙将施工用地围护起来。围护的形式和材料应符合市容管理的有关规定和要求，并在主要入口处设置标牌，标明工地名称、施工单位、工地负责人等。各种生产、生活用的临时设施，包括各种仓库、混凝土搅拌站、预制

【施工现场临时设施】

构件场、机修站、各种生产作业棚、办公用房、宿舍、食堂、文化生活设施等，不得乱搭、乱建，并尽可能利用永久性工程，且均应按批准的施工组织设计规定的数量、标准、面积、位置等要求组织修建。大、中型工程可分批分期修建。

此外，在考虑施工现场临时设施的搭设时，应尽量利用原有建筑物，尽可能减少临时设施的数量，以便节约用地、节省投资。

5）组织施工机具进场、安装和调试

按照施工机具需要量计划，分期分批组织施工机具进场，根据施工总平面布置图，将施工机具安置在规定的地点或存储的仓库内。对于固定的机具要进行就位、搭防护棚、接电源、保养和调试等工作。对所有施工机具，都必须在开工前进行检查和试运转。

6）组织材料、构（配）件、半成品进场存储

按照材料、构（配）件、半成品的需要量计划组织物资、周转材料进场，并依据施工总平面图规定的地点和指定的方式进行存储和定位堆放。同时，按进场材料的批量，依据材料试验、检验要求，及时采样并提供建筑材料的试验申请计划，严禁不合格的材料存储在现场。

4.2.6 季节性施工的准备

建筑工程施工现场主要工作是露天作业，受季节性影响较大，因此在冬期、雨期及夏期施工中，必须做好季节性施工准备工作，以保证按期、保质、安全地完成施工任务，提高企业经济效益。

1. 冬期施工准备工作

在冬期施工过程中，由于受到冬期施工气温较低、工程建设进度等各方面原因的影响，为确保工程安全施工、保证工程质量，在施工前应制订相应的冬期安全施工措施，对施工人员要进行安全教育，尤其是高空作业和特殊工种的教育，要配备必要的安全防护用品，并加强现场施工管理工作。

1）冬期施工特点

（1）事故多发。由于施工条件及环境不利，冬期施工是工程质量事故的多发季节，其中事故多发于混凝土和地基基础工程方面。

（2）隐蔽性、滞后性是质量事故的特征。因为工程是冬天施工的，大多数事故在春季才开始暴露出来，这就给事故处理带来很大难度。一般的质量缺陷可以进行修补，但严重的质量缺陷则要返工重来，这不仅给工程带来损失，而且会影响工程的使用寿命。

（3）计划性和准备工作时间性强是冬期施工的显著特点。一些质量事故的发生，往往是因为准备工作的时间短，技术要求复杂，却仓促施工造成的。

2）冬期施工各项准备工作

（1）合理安排冬期施工项目。为了更好地保证工程施工质量、合理控制施工费用，从施工组织安排上要综合研究，明确冬期施工的项目，做到冬期不停工，而采取的措施费用增加较少。

（2）落实各种热源供应和管理。热源供应和管理包括各种热源供应渠道、热源设备和

冬期用的各种保温材料的存储和供应、司炉工培训等工作。

（3）做好测温工作。冬期施工昼夜温差较大，为保证施工质量，在整个冬期施工过程中项目部要组织专人进行测温工作，每日实测室外最低温度、最高温度、砂浆温度，并负责把每天测温情况通知工地负责人。出现异常情况应立即采取措施，测温记录最后由技术员归入技术档案。

（4）做好保温防冻工作。冬期来临前，为保证室内其他项目能顺利施工，应做好室内的保温施工项目，如先完成供热系统、安装好门窗玻璃等项目；室外各种临时设施要做好保温防冻，如防止给排水管道冻裂、防止道路积水结冰；及时清扫道路上的积雪，以保证运输顺利。

（5）加强安全教育，严防火灾发生。为确保施工质量，避免事故发生，要做好职工培训及冬期施工的技术操作和安全施工的教育，要有防火安全技术措施，并经常检查落实，保证各种热源设备完好。

3）冬期施工应采取的措施

（1）加强计划安排。由于在工程施工建设中，冬期施工计划安排极其重要，因此，在全年计划中，当预计要进行冬期施工时，一般每年 7、8 月份即应考虑，提前进行安排部署，增强冬期工程施工的科学性。

（2）编制技术措施和冬期施工方案。技术措施通常在每年 9 月份即应编制完毕，它是指导施工的纲领性文件，要确定主要技术关键，规定单项工程施工方案编制原则和主要工程的技术规定。冬期施工方案应根据工程特点及冬期施工信息的反馈情况，遵守年度冬期施工原则及实施方针，结合本单位的具体情况进行编制。

（3）重视技术培训和技术交底工作。技术培训和技术交底是保证工程质量、加快工程进度的关键。在进入冬期施工前，施工管理人员、测温人员要进行培训考核，通过后方可上岗。通过培训，施工管理人员应了解本年度的冬期施工任务、特点，在组织生产过程中能够统筹安排劳力，适时做好冬期施工准备工作。

（4）加强施工准备工作。施工现场所有的准备工作，必须在混凝土浇筑前完成，以达到进行冬期施工的条件。现场准备要求：原料加热设备符合要求，保温围护好；供水消防管线、模板的保温措施已完成；测温工作已开始进行，测温记录齐全；现场生活设施做好入冬准备，并符合安全消防要求，未完成工序进入冬期施工前应停在合理部位。材料部门应根据计划采购订货，其他资源的准备包括保温、覆盖材料的设备，要根据工程任务特点及主要施工方法确定保温、覆盖材料的用量，编制计划，组织进场存放和保管。在冬期施工中，要特别注意的是外加剂的准备，一般要从结构类型、性质、施工部位及外加剂使用目的等方面选择外加剂。

（5）做好冬期施工计划管理。进入冬期施工前，结合各级施工方案，统一安排生产计划，并在冬期施工过程中严格按《建筑工程冬期施工规程》（JGJ/T 104—2011）中的要求和冬期施工方案确定的原则和施工方法进行施工，加强技术管理、安全管理、消防管理，保障施工的顺利进行。

（6）加强资料收集和注意气温变化。在工程即将进入冬期施工前，要提前收集当地冬期的气象资料，了解施工过程中未来一周的天气变化，了解当地的气温变化，持续时间，最低温度及最大风、雪等资料，要提前准备和防范，把不利的因素消除在萌芽状态，做到防患于未然。

2. 雨期施工准备工作

我国幅员辽阔，雨期施工在不同的地域有不同的时间段，大部分地区一般集中在每年的 7、8 月份，南方时间长一点，北方时间短一点。由于雨期施工持续的时间一般都较长（特别是在我国南方），而且时常伴有突然性的大雨、暴雨及大风等恶劣天气，所以要认真编制雨期施工的安全技术施工预案。

1）雨期施工的特点

（1）雨期施工具有突然性。由于当前科学技术水平的限制，气象部门发布的天气预报并不能保证绝对的准确和及时，这就要求建筑施工的防雨工作需要"未雨绸缪"，随时做好雨期施工的准备。

（2）雨期施工具有突击性。雨水的冲刷和浸泡会对建筑物（如建筑物的结构或地基等）造成相当大的破坏，因此防护工作必须快速和及时，以尽量减小对建筑工程施工的影响和损失。

（3）雨期往往持续时间较长。为确保工程的顺利进行，不拖延工程工期，对雨期应事先有充分估计并做好合理安排。

2）雨期施工各项准备工作

认真做好各项准备工作，其中主要有以下几方面。

（1）防洪排涝，做好现场排水工作。

（2）做好雨期施工安排，尽量避免雨期窝工造成的损失。

（3）做好道路维护，保证运输畅通。

（4）做好物资的存储。

（5）做好机具设备等的防护。

（6）加强施工管理，做好雨期施工的安全教育。

（7）加固整修临时设施及其他准备工作。

3）雨期施工的安全措施

（1）现场排水。为确保施工工地和临时设施的安全，雨期施工前，应根据总图利用自然地形确定排水方向，按规定坡度挖好排水沟，并对施工场地原有排水系统进行检查、疏浚或加固。

（2）临时设施及设备的防护。施工现场的大型临时设施，在雨期前应整修完毕，保证不漏、不塌、不倒，周围不积水。对脚手架埋深应进行全面检查，特别是大风、大雨后要及时检查，发现问题应及时处理。施工现场的机电设施（配电箱、闸箱、电焊机、水泵）应有可靠的防雨措施。雨期前应检查照明和动力线有无混线、漏电，电杆有无腐蚀，埋设是否牢靠等，保证雨期正常供电。怕雨、怕潮的原材料、构件和设备等，应放在室内，或设立坚实的基础堆放在较高处，并用篷布封盖严密。

（3）雨期施工用材料必须有出厂质量证明、说明书等资料，特殊材料必须具备市建委颁发的材料准用证。

（4）防汛抢险工作必须及时、有效。

(5) 防汛值班人员在值班期间严守纪律,不得擅自离岗,发现汛情应及时向防汛小组组长汇报,以便尽快采取各种防范措施,及时调动抢险人员到位。

(6) 出现汛情紧急情况时,防汛人员必须坚守岗位,查清险情,同时向上级有关领导和防汛部门汇报情况。按照现场抢险有关要求马上组织抢险工作,力争把灾害降到最低限度。

(7) 抢险过程中,必须认真服从指挥人员的统一指挥,并统一调配抢险过程中所需使用的物资用品。

3. 夏期施工准备工作

夏期施工最显著的特点就是环境温度高、雷雨天气较多,所以要认真编制夏期施工的安全技术施工预案,认真做好各项准备工作。其中主要有以下几方面。

1) 编制夏期施工项目的施工方案

根据夏期施工的特点,对于安排在夏期施工的项目,应编制夏期施工方案及采取技术措施。如对于大体积混凝土,必须合理选择浇筑时间,做好测温和养护工作,以保证大体积混凝土的施工质量。

2) 现场防雷装置的准备

防雷装置设计应取得当地气象主管机构核发的《防雷装置设计核准意见书》。待安装的防雷装置应符合国家有关标准和国务院气象主管机构规定的使用要求,并具备出厂合格证等证明文件。从事防雷装置的施工单位和施工人员应具备相应的资质证或资格证书,并按照国家有关标准和国务院气象主管机构的规定进行施工作业。

3) 施工人员防暑降温的准备

施工单位在安排施工作业任务时,要根据当地的天气特点尽量调整作息时间,避开高温时段。施工单位要确保施工现场的饮用水供应,必须保证饮品的清洁卫生,保证施工人员有足量的饮用水供应。当进行密闭空间作业时,要避开高温时段进行,必须进行时要采取通风等降温措施。

夏期施工安全管理是施工单位安全生产管理中的重要组成部分,只有施工单位各级管理人员高度重视,参与施工的每一个作业人员都严格遵守各项安全管理制度和安全操作规程,各项管理措施逐一落实到位,才能保证夏季施工作业的顺利进行,才能保护施工人员的身体健康和生命安全。

4.3 施工准备工作计划的编制

在实施施工准备工作前,为了加强检查和监督,把施工准备工作落实到位,应根据各分部分项工程施工准备工作的内容、时间和人员,编制施工准备工作计划,通常以表格形式列出,见表4-7。

表4-7　施工准备工作计划

序　号	施工准备工作项目	简要内容	负责单位	负责人	起止时间		备　注
					月　日	月　日	

施工准备工作计划一般包括以下内容。

（1）施工准备工作的项目。

（2）施工准备工作的工作内容。

（3）对各项施工准备工作的要求。

（4）各项施工准备工作的负责单位及负责人。

（5）要求各项施工准备工作的完成时间。

（6）其他需要说明的地方。

为了加快施工准备工作的进度，必须加强建设单位、设计单位和施工单位之间的协调工作，密切配合，建立健全施工准备工作的责任制度和检查制度，使施工准备工作有领导、有组织、有计划、分期分批地进行。

◀ 项目小结 ▶

本项目主要阐述了施工准备工作的意义，对施工准备工作进行了分类，提出了施工准备工作的要求。施工准备工作的内容是学生应重点掌握的内容，主要包括原始资料的收集和整理、技术资料的准备、施工人员的准备、物资的准备、施工现场的准备和季节性施工的准备。学习完项目4，学生应掌握施工的准备工作计划的编制。

◀ 习　题 ▶

一、单选题

1. （　　）是施工准备的核心，指导着现场施工准备工作。

A. 施工人员的准备　　　　　　　B. 施工现场的准备

C. 季节性施工的准备　　　　　　D. 技术资料的准备

2. 施工图纸的会审一般由（　　）组织并主持会议。

A. 建设单位　　　　　　　　　　B. 施工单位

C. 设计单位　　　　　　　　　　D. 监理单位

3. 施工现场准备工作由两个方面组成，一是由（　　）应完成的施工现场准备工作，二是由施工单位应完成的施工现场准备工作。

A. 设计单位　　　　　　　　　　B. 建设单位

C. 监理单位　　　　　　　　　　D. 行政主管部门

4. 现场搭设的临时设施，应按照（　　）要求进行搭设。

A. 建筑施工图　　　　　　　　　B. 结构施工图

C. 施工总进度计划图　　　　　　D. 施工总平面布置图

5. 工程项目是否按目标完成，很大程度上取决于承担这一工程的（　　）。

A. 施工人员的身体　　　　　　　B. 施工人员的素质

C. 管理人员的学历　　　　　　　D. 管理人员的态度

6. 工程项目开工前，（　　）应向监理单位报送工程开工报告审表及开工报告、证明文件等，由总监理工程师签发，并报（　　）。

A. 建设单位，施工单位　　　　　B. 设计单位，施工单位

C. 施工单位，建设单位　　　　　D. 施工单位，设计单位

二、多选题

1. 施工准备工作按工程项目施工准备工作的范围不同分为（　　）。

A. 全场性施工准备　　　　　　　B. 单项（或单位）工程施工条件准备

C. 分部分项工程作业条件准备　　D. 开工前的施工准备

E. 各施工阶段前的施工准备

2. 施工准备工作的内容一般可以归纳为以下哪几个方面？（　　）

A. 原始资料的收集和整理　　　　B. 技术资料的准备

C. 施工现场的准备　　　　　　　D. "七通一平"

E. 物资的准备

3. 物资的准备主要包括（　　）。

A. 基本建筑材料的准备　　　　　B. 劳动力的准备

C. 建筑安装机具的准备　　　　　D. 模板和脚手架的准备

E. 拟建工程所需构（配）件、半成品的加工准备

4. 施工现场的准备工作包括（　　）。

A. 清除障碍物　　　　　　　　　B. 建立测量控制网

C. 做好"七通一平"　　　　　　D. 搭建临时设施

E. 劳动力准备

三、简答题

1. 简述施工准备工作的主要内容。

2. 施工准备工作的要求有哪些？

3. 施工技术资料的准备工作主要包括哪些内容？

4. 图纸会审应注意哪些方面？

5. 施工现场的准备工作包括哪些内容？

6. 如何做好冬期、雨期及夏季施工准备工作？

项目 5

单位工程施工组织设计

　　了解单位工程施工组织设计的编制程序；掌握施工组织设计的编制内容，特别是理解和掌握施工组织设计中施工方案的选择、施工进度计划的编制及施工平面图的绘制三大核心内容，为编制高质量的单位工程施工组织设计打下基础；掌握招投标的完整过程。

能力目标	知识要点	权重
了解单位工程施工组织设计的编制程序	单位工程施工组织设计的编制程序	10%
掌握施工组织设计的编制内容	(1) 施工方案的选择 (2) 施工进度计划的编制 (3) 施工平面图的绘制	60%
掌握招投标的完整过程	建设工程招投标的步骤	30%

引例

1. 工程概况

(1) 本工程位于我国某城市市区，是由三个单元组成的一字形住宅，建筑面积为 29700m²，全长 147.50m，宽 12.46m，檐高 41.00m，最高点（电梯井顶）43.58m。地下室为 2.7m 高的箱形结构设备层，上部主体结构共 14 层，层高 2.9m，每单元设两部电梯，其平面、剖面简图如图 5-1 所示。

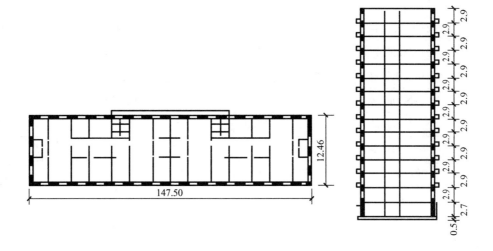

图 5-1 某住宅平面、剖面简图

(2) 本工程采用内浇外挂的大模板的结构形式，现浇钢筋混凝土地下室基础，基础下为无筋混凝土垫层。

(3) 装饰和防水。一般地面为水泥砂浆地面，室内墙面为混合砂浆打底、刮白罩面。天棚为混凝土板下混合砂浆打底、刮白罩面。外墙面装饰随壁板在预制厂做好。屋面防水为 SBS 改性沥青卷材防水。

(4) 水暖设施为一般排水设施和热水采暖系统。

(5) 电源由电缆从小区变配电站分两路接入楼内配电箱。

表 5-1 为主要工程量一览表。

2. 施工条件

(1) 施工期限。2018 年 5 月 10 日进场，开始施工准备工作，当年 12 月 15 日前竣工。

(2) 自然条件。工程施工期间各月的平均气温为：5 月 20℃、6 月 25℃、7 月 28℃、8 月 28℃、9 月 28℃、10 月 20℃、11 月 15℃、12 月 10℃。

土质为亚砂土，地下水位 -6.0m，主导风向偏西。

3. 技术经济条件

(1) 交通运输：工地北侧为市区街道，施工中所用的主要材料与构件均可经公路直接运进工地。

(2) 全部预制构件均在场外加工厂生产。现场所需的水泥、砖、石、砂、石灰等主要材料由公司材料供应部门按需要计划供应。钢门窗由金属结构厂供应。

表 5-1　主要工程量一览表

项次	工程名称	单位	工程量	项次	工程名称	单位	工程量
一	地下室工程			11	楼梯休息板吊装	块	354
1	挖土	m³	9000	12	阳台栏板吊装	块	2330
2	混凝土工程	m³	216	13	门头花饰吊装	块	672
3	楼板	块	483	三	装饰工程		
4	回填土	m³	1200	14	楼地面卵石混凝土垫层	m²	19800
二	大模板主体结构工程			15	棚板刮白	m²	21625
5	壁板吊装	块	1596	16	墙面刮白	m²	60290
6	内墙隔板混凝土	m³	1081	17	屋面找平	m²	60290
7	通风道吊装	块	495	18	铺防水卷材	m²	3668
8	圆孔板吊装	块	5329	19	木门窗	扇	2003
9	阳台板吊装	块	637	20	钢门窗	扇	1848
10	垃圾道吊装	块	84				

（3）施工中用水、用电均可从附近已有的水网、电路中引来。

（4）施工期间所需劳动力均能满足需要。由于本工程距施工单位的生活基地不远，在现场不需设置工人居住的临时房屋。

同学们思考一下，如果让你编制该工程的单位工程施工组织设计，需要编写哪些内容呢？

单位工程施工组织设计是用来规划和指导单位工程从施工准备到竣工验收全部施工活动的技术经济文件，对施工企业实现科学的生产管理，保证工程质量、节约资源及降低工程成本等，起着十分重要的作用。单位工程施工组织设计也是施工单位编制季、月、旬施工计划和编制劳动力、材料、机械设备计划的主要依据。

单位工程施工组织设计一般在施工图完成并进行会审后，由施工单位项目部的技术人员负责编制，报上级主管部门审批。对于单位工程施工组织设计的编制内容和编制程序在项目 1 中已进行了讲解，本项目具体来看一下单位工程施工组织设计中每一部分内容的编制。

5.1　工程概况

单位工程施工组织设计中的工程概况，是对拟建工程的工程特点、地点特征和施工条件等的一个简洁、明了、突出重点的文字介绍。

5.1.1　工程建设概况

工程建设概况主要说明拟建工程的建设单位、名称、规模、性质、用途、资金来源及投资额、开竣工的日期、设计单位、施工单位（包括施工总承包和分包单位）、施工图纸情况、施工合同、主管部门的有关文件或要求、组织施工的指导思想等。

5.1.2　工程设计概况

对工程全貌进行综合说明，主要介绍以下几方面的情况。

（1）建设设计特点：主要说明拟建工程的建筑面积、层数、高度、平面形状、平面组合情况及室内外装修情况，并附平面、立面、剖面简图。

（2）结构设计特点：主要说明基础的类型、构造特点和埋置深度，主体结构的类型，预制构件的类型及安装，抗震设防的烈度、抗震等级等。

（3）设备安装设计特点：主要说明建筑采暖卫生与煤气工程、建筑电气安装工程、通风空调工程、电梯安装工程的设计要求。

5.1.3　工程施工概况

（1）建设地点的特征：包括拟建工程的位置、地形，工程地质条件，冬期、雨期期限，冻土深度，地下水位、水质，气温，主导风向、风力，地震烈度等特征。

（2）施工条件：包括"三通一平"情况，现场周边的环境，施工场地的大小，地上、地下各种管线的位置，当地交通运输的条件，预制构件的生产及供应情况，预拌混凝土的供应情况，施工企业、机械、设备和劳动力的落实情况，劳动力的组织形式和内部承包方式等。

（3）工程施工特点：简要描述单位工程的施工特点和施工中的关键问题，以便在施工方案选择、资源供应、技术力量配备及施工组织上采取有效的措施，保证施工顺利进行。例如，砖混结构住宅建筑的施工特点是模板、钢筋和混凝土工作量大等。

5.2　施工方案和施工方法

施工方案是单位工程施工组织设计的核心内容，施工方案选择是否合理，将直接影响工程的施工质量、施工速度、工程造价及企业的经济效益，故必须引起足够的重视。

施工方案的选择包括施工顺序和施工流向的确定、施工方法和施工机械的选择、施工技术组织措施的拟定等。

在选择施工方案时，为了防止所选择的施工方案可能出现的片面性，应多考虑几个方案，从技术、经济的角度进行比较，最后择优选用。

5.2.1 施工顺序和施工流向的确定

1. 施工顺序的确定

施工顺序是指单位工程中各分部工程或各分项工程的先后顺序及其制约关系，它体现了施工步骤上的规律性。在组织施工时，应根据不同阶段和不同的工作内容，按其固有的、不可违背的先后次序展开。这对保证工程质量、保证工期、提高生产效率具有很大的作用。通常，工程特点、施工条件、使用要求等对施工顺序会产生较大的影响。

安排合理的施工顺序应考虑以下几点。

（1）遵循"先地下，后地上""先主体，后围护""先结构，后装饰""先土建，后设备"的原则（图 5-2）。

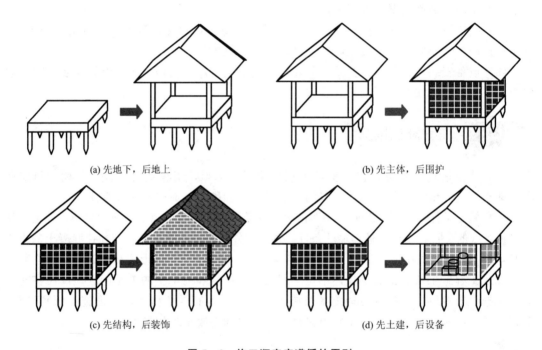

(a) 先地下，后地上   (b) 先主体，后围护

(c) 先结构，后装饰   (d) 先土建，后设备

图 5-2 施工顺序应遵循的原则

①"先地下，后地上"是指在地上工程开始之前，尽量完成地下管道、管线、地下土方及设施的工程，这样可以避免给地上部分施工带来干扰和不便。

②"先主体，后围护"是指先进行主体框架施工，然后进行围护工程施工。对于多高层框架结构而言，为加快施工速度，节约工期，主体工程和围护工程也可采用少搭接或部分搭接的方式进行施工。

③"先结构，后装饰"是指先进行主体结构施工，后进行装饰工程施工。

④"先土建，后设备"是指无论工业建筑还是民用建筑，水、暖、电等设备的施工一般都在土建施工之后进行。但对于工业建筑中的设备安装工程，则取决于工业建筑的种类，一般小设备是在土建之后继续进行；而大设备则是"先设备，后土建"，如发电机主厂房等，这一点在确定施工顺序时应特别注意。

由于影响工程施工的因素非常多，所以施工顺序也不是一成不变的。随着科学技术的发展，新的施工方法和施工技术也会出现，其施工顺序也将会发生一定的改变，这不仅可以保证工程质量，而且也能加快施工速度。例如，在进行高层建筑施工时，可使地下与地上部分同时施工。

（2）合理安排土建施工与设备安装的施工顺序。

随着建筑业的发展，土建施工与设备安装的顺序变得越来越复杂，特别是一些大型厂房的施工，除了要完成土建施工之外，同时还要完成较复杂的工艺设备、机械及各类工业管道的安装等。土建施工与设备安装的施工顺序，一般来讲有以下三种方式。

① "封闭式"施工顺序，指的是土建工程主体结构完工之后，再进行设备安装的施工顺序。这种施工顺序能保证设备及设备基础在室内进行施工，而不受气候影响，也可以利用已建好的设备为设备安装服务。但这种施工顺序可能会造成部分施工工作的重复进行，如部分柱基础土方的重复挖填和运输道路的重复铺设，也可能会由于场地受限制造成施工困难和不便，故这种施工顺序通常适用于设备基础较小、各类管道埋置较浅、设备基础施工不会影响柱基的情况。

② "敞开式"施工顺序，指的是先进行工艺设备及机械的安装，然后进行土建工程的施工。这种施工顺序通常适用于设备基础较大，且基础埋置较深，设备基础的施工将影响厂房柱基的情况，其优缺点正好与"封闭式"施工顺序相反。

③ 土建施工与设备安装同时进行，这样土建工程可为设备安装工程创设必要的条件，同时采取防止设备被砂浆、垃圾等污染的保护措施，可加快工程进度。例如，在建造水泥厂时，经济效果较好的施工顺序是土建施工与设备安装同时进行。

2. 施工流向的确定

施工流向指的是单位工程在平面上或空间上施工的开始部位及其展开的方向。对单层建筑物来讲，仅需要确定在平面上施工的起点和施工流向。对多层建筑物，则除了需要确定每层平面上施工的起点和流向外，还需要确定在竖向上施工的起点和流向。

确定单位工程的施工流向，应考虑如下因素。

1）考虑车间的生产工艺流程及使用要求

图 5-3 所示的是一个多跨单层装配式工业厂房的施工顺序，其施工顺序如图上的罗马数字所示。从施工的角度来看，从厂房的任何一端开始施工都是可行的，但是按照生产工艺顺序来进行施工，不但可以保证设备安装工程分期进行，有利于缩短工期，而且可提早投产，充分发挥国家基本建设的投资效果。

2）考虑单位工程的繁简程度和施工过程之间的关系

一般是技术复杂、施工进度慢、工期长的区段和部位先行施工。例如，高层现浇混凝土结构房屋，一般是主楼部位先施工，裙楼部分后施工。

3）考虑房屋高低层和高低跨

当房屋有高低层或高低跨时，应从高低层或高低跨并列处开始。例如，在高低跨并列的单层工业厂房结构安装中，应从高低跨并列处

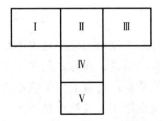

图 5-3 多跨单层装配式工业厂房的施工顺序

开始吊装；在高低层并列的多层建筑中，应从层数多的区段开始施工。

4）考虑施工方法的要求

施工流向应按所选的施工方法及所制订的施工组织要求进行安排。如一幢高层建筑物若采用顺作法施工地下两层结构，其施工流程为：测量放线→底板施工→拆第二道支撑→地下两层施工→拆第一道支撑→±0.000顶板施工→上部结构施工。若采用逆作法施工地下两层结构，其施工流程为：测量定位放线→进行地下连续墙施工→进行钻孔灌注桩施工→±0.000标高结构层施工→地下两层结构施工，同时进行地上一层结构施工→底板施工并做各层柱，完成地下施工→完成上部结构。又如在结构吊装工程中，采用分件吊装法时，其施工流向不同于综合吊装法的施工流向；同样，设计人员的要求不同，也使得其施工流向不同。

5）考虑工程现场的施工条件

施工场地的大小、道路的布置和施工方案中采用的施工机械也是确定施工流向的主要因素。如土方工程，在边开挖边进行余土外运时，其施工流向起点应确定在离道路远的部位，并应按由远及近的方向进行。

6）考虑分部分项工程的特点及相互关系

分部分项工程不同、相互关系不同，其施工流向也不相同。特别是在确定竖向与平面组合的施工流向时，显得尤其重要。例如，在多高层建筑室内装饰中，根据装饰工程的工期、质量、安全使用要求及施工条件，其施工起点流向一般有自上而下、自下而上及自中而下再自上而中三种。

（1）室内装饰工程自上而下的施工流向，是指在主体结构工程封顶，做好屋面防水层后，从顶层开始，逐层向下进行的施工流向，如图5-4所示，有水平向下和垂直向下两种情况，其中水平向下的施工流向采用较多。

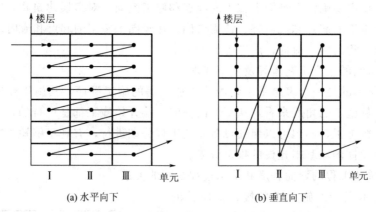

(a) 水平向下　　　　　　　　　　(b) 垂直向下

图 5-4　室内装饰工程自上而下的施工流向

这种施工流向的优点是主体结构完成后再进行装修，有一定的沉降时间，这样能保证装饰工程的质量；同时，做好屋面防水层后，可防止在雨期施工时，因雨水渗漏而影响装饰工程的质量；且自上而下流水施工，各工序之间交叉少，便于组织施工、清理垃圾，保证文明安全施工。其缺点是不能与主体结构工程施工进行搭接，工期长。

（2）室内装饰工程自下而上的施工流向，是指主体结构工程的墙砌到2～3层以上时，装饰工程可从一层开始,逐层向上进行的施工流向,如图 5－5 所示,有水平向上和垂直向上两种情况。

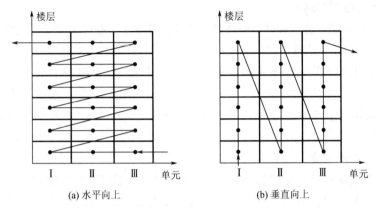

(a) 水平向上   (b) 垂直向上

图 5－5 室内装饰工程自下而上的施工流向

这种施工流向的优点是可以和主体结构砌墙工程进行交叉施工,工期短;其缺点是工序之间交叉多,施工组织复杂,工程的质量及生产的安全性不易保证。例如,当采用预制楼板时,由于板缝浇灌不严密,极易造成靠墙边漏水,严重影响装饰工程的质量。使用这种施工流向,应在相邻两层中加强施工组织与质量管理。

(3) 室内装饰工程自中而下再自上而中的施工流向,这种施工流向综合了上述两种施工流向的优缺点,适用于中高层建筑的室内装修工程,如图 5－6 所示。应当指出,在流水施工中,施工起点及流向决定了各施工段上的施工顺序。因此,在确定施工流向时,应划分好施工段。

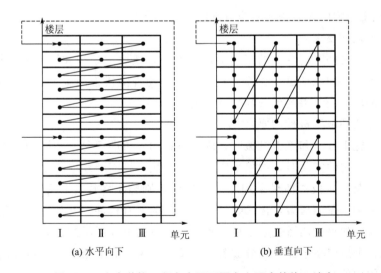

(a) 水平向下   (b) 垂直向下

图 5－6 室内装饰工程自中而下再自上而中的施工流向

3. 施工过程先后顺序的确定

施工过程的先后顺序指的是各施工过程之间的先后次序,也称各分项工程的施工顺序。它的确定既是为了按照客观的施工规律来组织施工,也是为了解决各工种在时间上的搭接问题，这样就可以在保证施工质量与施工安全的条件下，充分利用空间，争取时间，组织好施工。

1）确定施工过程的名称

任何一个建筑物的建造过程都是由许多工艺过程组成的，而每一个工艺过程只完成建筑物的某一部分或某一种结构构件。在编制施工组织设计时，则需对工艺过程进行安排。

对于劳动量大的工艺过程，可确定为一个施工过程；对于那些不重要的、量小的工艺过程，则可合并为一个施工过程。例如，钢筋混凝土圈梁，按工艺过程可分为支模板、绑扎钢筋、浇筑混凝土，考虑到这三个工艺过程工程量小，则可合并为一个钢筋混凝土圈梁的施工过程。

除此之外，在确定施工过程时应特别注意以下几点。

第一，施工过程项目划分的粗细程度要适宜，应根据进度计划的需要来决定。对于控制性施工进度计划，项目可划分得粗一些，通常划分成分部工程即可，如划分成施工前期准备工作、基础工程、主体工程、屋面工程及装饰工程等；对于指导性施工进度计划，项目可划分得尽可能细一些，特别是对主导施工过程和主要分部工程，则可要求更具体详细些，这样便于控制进度、指导施工，如主体现浇混凝土工程可划分为支模板、绑扎钢筋、浇筑混凝土等施工过程。

第二，施工过程的确定要结合具体施工方法来进行。如结构吊装时，如果采用分件吊装法，施工过程则应按构件类型进行划分，如吊柱、吊梁、吊板；如果采用综合吊装法，施工过程则应按单元或节间进行划分。

第三，凡是在同一时期内由同一工作队进行的施工过程可以合并在一起，否则应当分开列项。

2）确定施工过程的先后顺序时应考虑的因素

（1）施工工艺的要求。

各种施工过程之间客观存在的工艺顺序关系，是随房屋结构和构造的不同而不同的，在确定施工顺序时必须顺从这个关系。例如，建筑物现浇楼板的施工过程的先后顺序是：支模板→绑扎钢筋→浇筑混凝土→养护→拆模。

（2）施工方法和施工机械的要求。

选用不同的施工方法和施工机械时，施工过程的先后顺序是不相同的。例如，在进行装配式单层工业厂房的安装时，如果采用分件吊装法，施工顺序应该是先吊柱，再吊吊车梁，最后吊屋架及屋面板；如果采用综合吊装法，则施工顺序应该是吊装完一个节间的柱、吊车梁、屋架、屋面板后，再吊装另一个节间的所有构件。又如，在安装装配式多层多跨工业厂房时，如果采用塔式起重机，则可以自下向上逐层吊装；如果采用桅杆式起重机，则只能把整个房屋在平面上划分成若干个单元，由下而上吊完一个单元的构件后，再吊下一个单元的构件。

（3）施工组织的要求。

施工过程的先后顺序与施工组织要求有关。例如，地下室的混凝土地坪施工，可以安排在地下室的上层楼板施工之前完成，也可以安排在上层楼板施工之后进行。从施工组织的角度来看，前一个方案施工方便，比较合理。

（4）施工质量的要求。

施工过程的先后顺序是否合理，将影响施工质量。如水磨石地面，只能在上一层水磨石地面完成之后才能进行下一层的顶棚抹灰工程，否则会造成质量缺陷。

（5）当地的气候条件的要求。

气候的不同会影响施工过程的先后顺序。例如，在南方地区，应首先考虑到雨期施工的特点；而在北方地区，则应多考虑冬期施工的特点。土方、砌墙、屋面等工程应尽可能安排在雨期到来之前施工，而室内工程则可适当推后。

（6）安全技术的要求。

合理的施工过程的先后顺序，必须使各施工过程不引起安全事故。例如，不能在同一个施工段上一面进行楼板施工，一面又进行其他作业。

4. 常见的几种建筑施工顺序

1）多层砖混结构居住房屋的施工顺序

多层砖混结构居住房屋的施工，一般可以划分为基础工程、主体结构工程、屋面及装饰工程三个施工阶段。其施工顺序如图 5－7 所示。

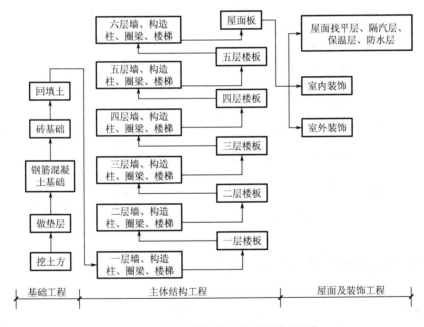

图 5－7　多层砖混结构居住房屋施工顺序

2）高层框架结构建筑的施工顺序

高层框架结构建筑的施工，一般可以划分为地基与基础工程、主体结构工程、屋面及装饰工程三个施工阶段。其施工顺序如图 5－8 所示。

3）单层装配式工业厂房的施工顺序

单层装配式工业厂房的施工，一般可以划分为基础工程、预制及养护工程、安装工程、围护工程、屋面及装饰工程五个施工阶段，其特点是：基础施工复杂、构件预制量大，施工时要求土建与设备的安装紧密配合。其施工顺序如图 5－9 所示。

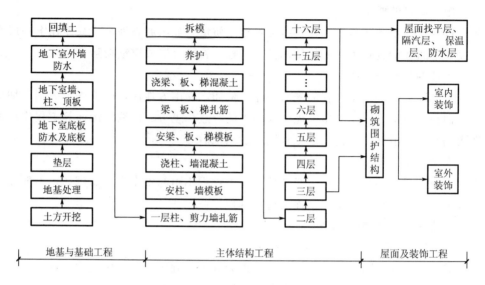

图 5－8　高层框架结构建筑施工顺序

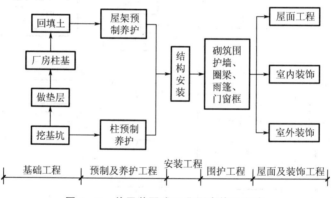

图 5－9　单层装配式工业厂房施工顺序

5.2.2　施工方法和施工机械的选择

正确选择施工方法和施工机械是制订施工方案的关键。施工方法和施工机械的选择是紧密联系的，单位工程各主要施工过程的施工，一般有几种不同的施工方法可供选择。这时，应根据建筑结构特点，平面形状、尺寸和高度，工程量大小及工期长短，劳动力及资源供应情况，气候及地质情况，现场及周围环境，施工单位技术、管理水平和施工习惯等，进行综合分析考虑，选择合理的、切实可行的施工方法。

1. 选择施工方法和施工机械的基本要求

（1）在满足总体施工部署的前提下，应着重考虑主导施工过程的施工方法和施工机械。主导施工过程一般是指工程量大、施工工期长，在施工中占据重要地位的施工过程（如砌体结构中的墙体砌筑、室内外抹灰工程和单层工业厂房中的结构吊装工程等）；施工技术复杂或采用新技术、新工艺、新结构、新材料的分部分项工程；对工程质量起关键作用的施工过程（如地下防水工程、预应力框架施工中的预应力张拉等）；对施工单位来说，某些结构特殊或操作上不够熟练、缺乏施工经验的施工过程（如大体积混凝土基础施工等）。

（2）施工方法和施工机械必须满足施工技术的要求。如预应力张拉方法和机械的选择应满足设计、施工的技术要求；吊装机械型号、数量的选择应满足构件吊装的技术和进度要求。

（3）施工方法应满足先进、合理、可行、经济的要求。在选择施工方法时，除要求先进、合理之外，还要考虑对施工单位来说是可行的，经济上是节约的。必要时要进行分析比较，从施工技术水平和实际情况考虑研究，做出选择。

（4）施工机械的选用应兼顾实用性和多用性要求，尽可能发挥施工机械的效率和利用率。

（5）应考虑施工单位的技术特点和施工习惯及现有机械的配套使用问题。

（6）应满足工期、质量、成本和安全的要求。

2. 施工方法的选择

在选择施工方法时，必须根据建筑结构的特点、抗震要求、工程量的大小、工期长短、资源供应情况、施工现场情况和周围环境等因素，制订出几个可行方案，在此基础上进行技术经济分析比较，以确定最优的施工方案。在制订切实可行的方案时，首先应选择影响整个单位工程施工的分部分项工程，施工技术复杂或采用新技术、新工艺的分部分项工程及对工程质量起关键性作用的分部分项工程；对于不熟悉的特殊结构工程或由专业施工单位施工的特殊专业工程，必要时应绘制出施工图，并制订出施工作业计划，提出质量要求及达到这些质量要求的技术措施，指出可能发生的问题，并制订预防措施和必要的安全措施。

通常，施工方法的选择内容如下。

（1）土石方工程。土石方工程量的计算与调配方案、土石方开挖方案及施工机械的选择、土方边坡坡度系数的确定、土壁支撑方法、地下水位降低等。

（2）基础工程。浅基础开挖及局部地基的处理、桩基础的施工及施工机械的选择、钢筋混凝土基础的施工及地下室工程施工的技术要求等。

（3）砌筑工程。脚手架的搭设及要求、垂直运输及水平运输设备的选择、砖墙砌筑的施工方法。

（4）钢筋混凝土工程。确定模板类型及支撑方法，选择钢筋的加工、绑扎及焊接的方式，选择混凝土供应、输送及浇的顺序和方法，确定混凝土振捣设备的类型，确定施工缝的留设位置，确定预应力钢筋混凝土的施工方法及控制应力等。

（5）结构安装。确定结构安装方法、起重机类型及开行路线、构件运输要求及堆放位置。

（6）屋面工程。确定屋面工程的施工方法及要求、确定屋面材料的运输方式等。

（7）装饰工程。选择装饰工程的施工方法及要求，确定施工工艺流程及流水施工安排。

（8）对新材料、新工艺、新技术、新结构项目施工方法的选择。

3. 施工机械的选择

选择施工机械时，首先应根据工程特点选择适宜的主导工程的施工机械（以下简称主导机械）。几种辅助机械或运输工具应与主导机械的生产能力协调配套，以充分发挥主导机械的效率（如土方工程施工中常用汽车运土，汽车的载重量应为挖土机斗容量的整数倍，汽车的数量应保证挖土机的连续工作）。在同一工地上，应力求建筑机械的种类和型号少一些，以利于机械管理。机械选择应考虑充分发挥施工单位现有机械的能力。目前，建筑工地常用的机械有土方机械、打桩机械、钢筋混凝土制作及运输机械等。

【国之砝码】

拓展讨论

先进的施工机械对施工方案的选择有很大影响，结合党的二十大报告，实施产业基础再造工程和重大技术装备攻关工程，支持专精特新企业发展，推动制造业高端化、智能化、绿色化发展。谈一谈推动制造业高端化、智能化、绿色化发展对建筑施工有什么影响。

5.2.3 施工技术组织措施的制订

施工技术组织措施是指在技术、组织方面对质量、安全、成本和文明施工等所采取的保证措施。施工企业应在严格执行施工质量验收规范、操作规程的前提下，针对工程施工的特点制订下述施工技术组织措施。

1. 质量保证措施

质量保证措施一般应考虑以下几个方面。

（1）确保定位放线、标高测量等准确无误的措施。

（2）确保地基与基础、地下结构工程施工质量的措施。

（3）确保主体结构工程中关键部位施工质量的措施。

（4）确保屋面、装修工程施工质量的措施。

（5）采用新材料、新工艺、新技术、新结构施工时，为保证工程质量，制定有针对性的技术质量保证措施。

（6）常见的、易发生的质量通病的改进方法及防范措施。

（7）各种材料或构件进场使用前的质量检查措施。

（8）保证质量的组织措施，如人员培训、编制工艺卡及质量检查验收制度等。

2. 安全保证措施

安全保证措施主要从以下几个方面考虑。

（1）土石方边坡稳定及深基坑支护安全措施。

（2）施工人员高空、临边、洞口、攀登、悬空、立体交叉作业安全措施及防高空坠物伤人措施。

（3）起重运输设备防倾覆措施。

（4）安全用电和电气设备的防短路、防触电措施。

（5）易燃、易爆、有毒作业场所的防火、防爆、防毒措施。

（6）预防自然灾害措施，如防洪、防雨、防雷电、防台风、防暑降温、防冻、防寒、防滑措施等。

（7）现场周围通行道路及居民区的保护隔离措施。

（8）保证安全施工的组织措施，如安全宣传教育及检查制度等。

3. 降低成本措施

应根据工程情况，按分部分项工程逐项提出相应的降低成本措施，计算有关技术经济指标，分别列出节约工料的数量与金额数字，以便衡量降低成本的效果。降低成本措施包括以下几个方面。

（1）均衡安排劳动力，搞好各工种之间的协作关系，避免不必要的返工。

（2）合理选用机械设备，提高使用效率，节约台班费用。

（3）加强现场材料管理，严格执行限额领料和退料制度以及材料节约奖励制度，对下脚料、废料及余料等及时回收。

（4）采用新技术、新工艺，以节约材料和人工费用。如拆模板技术，大模板、滑模、爬模等成套模板工艺，钢筋焊接、机械连接技术等。

（5）预制构件应集中加工制作，尽量就近布置，避免二次搬运；构件及半成品可采用地面拼装、整体安装的方法，以节省人工费和机械费。

4．现场文明施工措施

现场文明施工措施一般包括以下内容。

（1）设置施工现场的围栏与标牌，保证出入口的交通安全，现场整洁，道路畅通，安全与消防设施齐全。

（2）注意临时设施的规划与搭设，保证办公室、更衣室、食堂、厕所的清洁。

（3）各种材料、半成品、构件的堆放与管理有序。

（4）加强成品保护及施工机械保养。

（5）防止大气污染、水污染及噪声污染。如及时清运施工垃圾与生活垃圾，防止施工扬尘、现场道路扬尘及水泥等粉细散装材料的卸运扬尘污染，施工作业废水的沉淀处理，居民稠密区强噪声作业时间控制及降低噪声措施等。

拓展讨论

党的二十大报告提出，推动绿色发展，促进人与自然和谐共生。讨论一下施工中还可以采取哪些措施保护环境，促进人与自然和谐共生。

5.3 单位工程施工进度计划

单位工程施工进度计划指的是控制工程施工进度和工程竣工期限等各项施工活动的实施计划。它是在既定的施工方案的基础上，根据规定工期和各项资源的供应条件，按照合理的施工顺序及组织要求编制而成的，是单位工程施工组织设计的重要内容之一。

5.3.1 单位工程施工进度计划的编制依据

编制单位工程施工进度计划，主要依据下列资料。

（1）通过审批的建筑总平面图及单位工程全套施工图，地质图、地形图、工艺设计图、设备及其基础图，以及采用的各种标准图等图纸及技术资料。

（2）施工组织总设计对本单位工程的有关规定。

（3）施工工期要求及开、竣工日期。

（4）施工条件，劳动力、材料、构件及机械的供应条件，分包单位的情况。

（5）主要分部分项工程的施工方案，包括施工程序、施工段划分、施工流程、施工顺序、施工方法、技术组织措施等。

（6）施工定额。

（7）其他有关要求和资料，如工程合同。

5.3.2 单位工程施工进度计划的编制程序

单位工程施工进度计划的编制程序如图 5-10 所示。

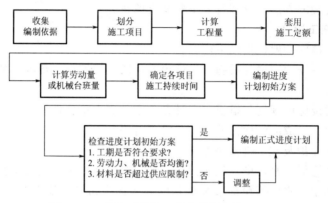

图 5-10 单位工程施工进度计划的编制程序

5.3.3 单位工程施工进度计划的编制

1. 熟悉并审查施工图纸，研究相关资料，调查施工条件

施工单位项目部技术负责人员在收到施工图及取得有关资料后，应组织工程技术人员及有关施工人员全面地熟悉和审查图纸，并组织建设、监理、施工等单位有关工程技术人员进行会审，由设计单位技术人员进行技术交底，在弄清设计意图的基础上，研究有关技术资料，同时进行施工现场的勘察，调查施工条件，为编制单位工程施工进度计划做好准备工作。

2. 划分施工项目

1）施工项目

施工项目是包括一定工作内容的施工过程，它是单位工程施工进度计划的基本组成单元。

编制单位工程施工进度计划时，首先应按照施工图和施工顺序将拟建单位工程的各施工过程列出，并结合施工方法、施工条件、劳动组织等因素，加以适当调整，使之成为编制单位工程施工进度计划所需要的施工项目。

2）划分施工项目的范围

单位工程施工进度计划的施工项目仅包括对工期有直接影响的施工过程，一般是指在建筑物上直接施工的施工过程，如砌筑、安装，而对于构件的制作和运输等施工过程，则不包括在内。但是对现场就地制作的钢筋混凝土构件，它不仅单独占用工期，并且对其他施工过程有影响；或构件的运输需要与其他施工过程密切配合时，如构件采用"随运随吊"时，仍需将这些制作和运输过程列入单位工程施工进度计划中。

3）划分施工项目应注意的几个问题

（1）施工项目划分的粗细程度，应根据单位工程施工进度计划的编制需要来决定。

对于控制性施工进度计划，项目可以划分得粗一些，通常只列出分部工程，如混合结构居住房屋的控制性施工进度计划，就只列出基础工程、主体工程、屋面工程和装饰工程四个分部施工过程；而对于实施性施工进度计划及计划中的主导施工项目，项目的划分应该细一些，应明确到分项工程或更具体，以满足指导施工作业的需要，如钢筋混凝土结构工程应列出柱绑筋、柱支模、柱混凝土，梁板绑筋、梁板支模、梁板混凝土等施工项目。

（2）施工过程的划分要结合所选择的施工方案。

例如结构安装工程，如果采用分件吊装法，则施工过程的名称、数量和内容及其吊装顺序按构件构架来确定，如柱子吊装、地基梁吊装、吊车梁吊装、连系梁吊装等；若采用综合吊装法，则应按吊装单元（节间或区段）来确定。

（3）适当简化施工进度计划的内容，避免施工项目划分得过细、重点不突出。

对于工程量较小或在同一时期内由同一施工队组完成的施工过程可以适当合并，如基础防潮层可以合并到基础砌筑项目中，门窗框安装可以合并到墙体砌筑项目中。

（4）有技术间歇要求的项目必须单列，不能合并。

如基础防潮层不能合并到一层墙体砌筑中；又如混凝土的养护虽然需要劳动量很少，但它控制构件拆模时间，所以也必须单列。

（5）对于一些次要的、零星的施工项目，如讲台砌筑、抹灰，室外花池、台阶施工等，可以合并为"其他工程"列入计划中，不计算具体时间，只根据实际情况确定其劳动量，占总劳动量的 $10\%\sim20\%$。

（6）水、暖、电、卫等工程。

在一般土建单位工程施工进度计划中只需列出专业项目名称及与土建施工的配合关系即可，对应的详细施工进度计划应该由相应的专业施工队组负责编制。

（7）所有施工项目应大致按施工顺序列成表格，编排序号，避免遗漏或重复，其名称也应参照现行的施工定额手册上的项目名称，以方便查表计算。

3. 计算工程量

计算工程量应注意以下几个问题。

（1）工程量计算单位应该与采用的施工定额中相应项目的单位一致，以便计算劳动量及材料需要量时可直接套用定额，不必进行换算。

（2）工程量计算应符合所选定的施工方法和安全技术要求，以使计算所得到的工程量与实际施工情况相符合。例如计算土方开挖量时，应考虑基础施工工作面、放坡及支撑要求，以及基础开挖方式是单独开挖还是条形开挖或是大开挖，这些都直接影响到工程量的计算结果。

（3）按照施工组织的要求，分区、分段、分层计算工程量，以便组织流水作业。若每层、每段的工程量相等或相差不大，可根据工作量总数分别除以层数、段数，以得到每层、每段上的工程量。

（4）应合理利用预算文件中的工程量，以避免重复计算。单位工程施工进度计划中的施工项目大多可以直接采用预算文件中的工程量，可以按施工过程的划分情况将预算文件中有关项目的工程量汇总得到。如"砌筑砖墙"一项的工程量，可以首先分析它包括哪些内容，然后按其所包含的内容从预算的工程量中抄出并汇总求得。施工进度计划中的有些施工项目与预算文件中的项目完全不同或局部有出入时（如计量单位、计算规则、采用定额不同时），则应根据施工中的实际情况加以修改、调整或重新计算。

4. 确定施工持续时间

1）套用施工定额

工程量计算完毕后，即可套用施工定额，以确定劳动量和机械台班量。

（1）施工定额的形式。

① 时间定额。时间定额是指某种专业、工种技术等级的工人小组或个人在合理的技术组织条件下到完成单位合格的建筑产品所必需的工作时间，一般用 H_i 表示，它的单位有工日/m³、工日/m²、工日/m、工日/t 等。因为时间定额是以劳动工日数为单位，便于综合计算，所以在劳动量统计中用得比较普遍。

② 产量定额。产量定额是指在合理的技术组织条件下，某种专业、某种技术等级的工人小组或个人在单位时间内所应该完成的合格的建筑产品的数量，一般用 S_i 表示，它的单位有 m³/工日、m²/工日、m/工日、t/工日等。因为产量定额是以建筑产品的数量来表示的，具有形象化的特点，故在分配施工任务时用得比较普遍。

时间定额和产量定额互为倒数关系，即

$$H_i = \frac{1}{S_i} \quad 或 \quad S_i = \frac{1}{H_i} \qquad (5-1)$$

（2）套用定额应注意的问题。

套用国家或地方颁发的定额，必须注意结合本单位工人的技术等级、实际施工操作水平、施工机械情况和施工现场条件等因素，确定完成定额的实际水平，使计算出来的劳动量、机械台班量符合实际需要，为准确编制单位工程施工进度计划打下基础。

有些采用新技术、新材料、新工艺或特殊施工方法的项目，施工定额尚未编入，这时可参考类似项目的定额和经验资料，或按实际情况确定。

2）确定劳动量和机械台班量

劳动量和机械台班量应根据各分部分项工程的工程量、施工方法和现行的施工定额，并结合具体情况确定。

（1）基本计算公式。

$$P = \frac{Q}{S} \qquad (5-2)$$

$$P = QH \qquad (5-3)$$

式中　P——完成某施工过程所需的劳动量（工日）或机械台班量（台班）；

　　　Q——某施工过程的工程量；

　　　S——某施工过程的产量定额；

　　　H——某施工过程的时间定额。

例如，已知某单层工业厂房的柱基坑土方量为 3240m³，采用人工挖土，每工产量定额为 3.9 m³/工日，则完成挖基坑所需要的劳动量为：

$$P = \frac{Q}{S} = \frac{3240}{3.9} \approx 830.769(工日)$$

若已知时间定额为 0.256 工日/ m³，则完成挖基坑所需要的劳动量为：

$$P = QH = 3240 \times 0.256 = 829.44(工日)$$

（2）特殊情况的处理。

① 当施工项目为合并项目时，各子项目的施工定额不同，可用其定额的加权平均值

来确定其劳动量或机械台班量。加权平均产量定额的计算公式为：

$$\overline{S_i} = \frac{\sum\limits_{i=1}^{n} Q_i}{\sum\limits_{i=1}^{n} P_i}$$

(5-4)

式中　　　　$\overline{S_i}$——某施工过程的加权平均产量定额；

$\sum\limits_{i=1}^{n} Q_i$——总工程量，$\sum\limits_{i=1}^{n} Q_i = Q_1 + Q_2 + Q_3 + \cdots + Q_n$；

$\sum\limits_{i=1}^{n} P_i$——总劳动量，$\sum\limits_{i=1}^{n} P_i = \dfrac{Q_1}{S_1} + \dfrac{Q_2}{S_2} + \dfrac{Q_3}{S_3} + \cdots + \dfrac{Q_n}{S_n}$；

Q_1，Q_2，Q_3，…，Q_n——由同一工种完成，但产量定额不同的子项目的工程量；

S_1，S_2，S_3，…，S_n——与上述子项目相对应的产量定额。

例如，某学校的教学楼，其外墙抹灰装饰分为干粘石、贴饰面砖、剁斧石三种施工做法，其工程量分别为 684.54m^2、428.7m^2、208.3m^2；所采用的产量定额分别为 $4.17 \text{m}^2/$工日、$2.53 \text{m}^2/$工日、$1.53 \text{m}^2/$工日。则其加权平均产量定额为：

$$\overline{S} = \frac{Q_1 + Q_2 + Q_3}{\dfrac{Q_1}{S_1} + \dfrac{Q_2}{S_2} + \dfrac{Q_3}{S_3}} = \frac{684.5 + 428.7 + 208.3}{\dfrac{684.5}{4.17} + \dfrac{428.7}{2.53} + \dfrac{208.3}{1.53}} \approx 2.81 (\text{m}^2/\text{工日})$$

② 对于有些采用新技术、新材料、新工艺和特殊施工方法的施工项目，其定额在施工定额手册中未列，可用参考类似项目，或采用实测的办法确定。

③ 对于"其他工程"项目所需劳动量，可根据其内容和数量，并结合施工现场的具体情况，以占总劳动量的百分比（一般为 10%～20%）计算。

④ 水、暖、电、卫设备安装工程项目，一般不计算劳动量和机械台班量，只安排与一般土建单位工程配合的进度。

（3）机械施工过程劳动量的计算。

对于机械完成的施工过程计算出台班量后，还应根据配合机械作业的人数计算出劳动量。

3）确定各项目的施工持续时间

项目的施工持续时间的计算方法一般有定额计算法、经验估计法和倒排计划法。

（1）定额计算法。

这种方法就是根据施工项目需要的劳动量和机械台班量，以及配备的施工人数和机械台数，确定其工作的持续时间。其计算公式为：

$$t = \frac{Q}{RSZ} = \frac{P}{RZ}$$

(5-5)

式中　t——施工过程施工持续时间，其单位可采用小时、天、周；

　　　Q——施工过程的工程量；

　　　R——该施工过程配备的施工人数或机械台数；

　　　S——产量定额；

　　　Z——每天工作班制；

　　　P——施工过程的劳动量。

例如，某工程砌筑砖墙，需要总劳动量 110 工日，一班制工作，每天出勤人数为 22 人（其中瓦工 10 人，普工 12 人），则其持续时间为：

$$t = \frac{P}{RZ} = \frac{110}{22 \times 1} = 5（天）$$

在安排每班工人数和机械台数时，应综合考虑各施工过程的工人班组中的每个技术工人和每台机械都应有足够的工作面（不能少于最小工作面），以发挥效率并保证施工安全；还应考虑各施工过程在进行正常施工时所必需的最低限度的工人班组人数及其合理组合（不能小于最小劳动组合），以达到最高的劳动生产率。

（2）经验估计法。

对于采用新工艺、新技术、新材料的施工过程，若没有合适的定额数据，则可根据过去的施工经验并按照实际的施工条件来估算施工过程的施工持续时间。为了提高估计的准确程度，往往采用"三时估计法"，即先估计出该项目的最长、最短和最可能的三种施工持续时间，然后据以求出期望的施工持续时间作为该施工过程的施工持续时间。其计算公式为：

$$t = \frac{A + 4C + B}{6} \tag{5-6}$$

式中　t——施工过程的施工持续时间；

　　A——最长的施工持续时间；

　　B——最短的施工持续时间；

　　C——最可能的施工持续时间。

（3）倒排计划法。

当工程总工期比较紧张时，可以采用倒排计划法。首先根据规定的总工期和施工经验，确定各分部分项工程的施工持续时间，然后再确定各分部分项工程需要的劳动量和机械台班量，确定每一分部分项工程每个工作班组所需要的施工人数和机械台数，此时可将式（5-5）变化为：

$$R = \frac{P}{tZ} \tag{5-7}$$

例如，某单位工程的土方工程采用机械化施工，需要 87 个台班，当工期为 11 天时，所需挖土机的台数：

$$R = \frac{P}{tZ} = \frac{87}{11 \times 1} \approx 8（台）$$

按上述方法计算出施工人数及施工机械台数后，还应验算是否满足最小工作面的要求，以及施工单位现有的人力、机械数量是否满足需要。

确定施工持续时间，通常先按一班制考虑，如果每天所需要的施工人数和机械台数已经超过了施工单位现有人力、物力和工作面的限制，则需要根据具体情况和条件从技术和施工组织上采取积极有效的措施，如增加工作班次、最大限度地组织立体交叉平行流水施工、加早强剂提高现浇混凝土的早期强度。

5. 编制单位工程施工进度计划的初始方案

流水施工是组织施工、编制单位工程施工进度计划的主要方式，在项目 3 中已做了详细介绍。在编制单位工程施工进度计划时，必须考虑各分部分项工程合理的施工顺序，尽可能组织流水施工，力求使主要工种的施工班组能连续施工，其具体方法如下。

1) 首先组织主要施工阶段（分部工程）流水施工

先安排主导施工过程的施工进度，使其尽可能连续施工，其他施工过程尽可能与主导施工过程紧密配合，组织穿插、搭接或流水施工。例如，砖混结构房屋中的主体结构分部工程，其主导施工过程是砖墙砌筑和钢筋混凝土楼盖施工；现浇钢筋混凝土框架结构房屋中的主体结构分部工程，其主导施工过程为支模板、绑钢筋和浇筑混凝土。

2) 安排其他施工阶段（分部工程）的施工进度

按照与主要施工阶段相配合的原则，安排其他施工阶段的进度计划，如尽量采用与主导施工阶段相同的流水参数，保证主要施工阶段流水施工的合理性。

3) 搭接各施工阶段的进度计划

按照工艺的合理性和施工过程间尽可能配合、穿插、搭接的原则，将各施工阶段（分部工程）的流水作业图表搭接起来，即得到了单位工程施工进度计划的初始方案。

6. 单位工程施工进度计划的检查与调整

检查与调整的目的在于使单位工程施工进度计划的初始方案满足规定的目标，一般从以下几方面进行检查与调整。

1) 正确性及合理性

各施工过程的施工顺序是否正确，流水施工的组织方法应用得是否正确，技术间歇是否合理。

2) 工期要求

初始方案的总工期是否满足合同工期的要求。

3) 劳动力使用状况

主要工种工人是否连续施工，劳动力消耗是否均匀。

劳动力消耗的均匀性是针对整个单位工程的各个工种而言的，应力求每天出勤的工人人数不发生过大的变化。

为了反映劳动力消耗的均匀性，通常采用劳动力消耗动态图来表示。单位工程的劳动力消耗动态图一般绘制在单位工程施工进度计划表格右边部分的下方。

劳动力消耗的均匀性指标可采用劳动力均衡系数（K）来评估。

$$K = \frac{高峰出工人数}{平均出工人数} \tag{5-8}$$

最理想的情况是劳动力均衡系数 K 接近于 1。劳动力均衡系数 K 在 2 以内较好，超过 2 则不正常。

4) 物资方面

主要机械、设备、材料的利用是否均衡，施工机械是否充分利用。

主要机械通常是指混凝土搅拌机、灰浆搅拌机、起重机和挖土机械，利用情况是通过机械的利用程度来反映的。

初始方案通过检查，对不符合要求的需要进行调整。调整方法一般有：增加或缩短某些生产过程的施工持续时间；在符合工艺关系的条件下，将某些生产过程的施工时间向前或向后移动；必要时，还可以改变施工方法。

应当指出，上述编制单位工程施工进度计划的步骤不是孤立的，而是相互依赖、相互联系的，有的可以同时进行。还应看到，由于建设施工是一个复杂的施工过程，受客观条件影响的因素多，在施工过程中，由于劳动力和机械、材料等物资的供应以及自然条件等因素的影响，使其经常不符合原计划的要求，因而在工程进展中应随时掌握施工动态，经常检查，不断调整计划，只有这样才能真正发挥计划的指导作用。

5.4 资源需要量计划

单位工程施工进度计划编制后，即可着手编制各项资源需要量计划。这些计划是单位工程施工组织设计的组成部分，是做好各种资源供应、调度、平衡、落实的依据，一般包括以下几个方面的需要量计划。

5.4.1 劳动力需要量计划

劳动力需要量计划是确定暂设工程规模和组织劳动力进场的依据，根据施工预算、施工定额和进度计划编制，主要反映工程施工所需各种技工、普工人数，用于控制劳动力平衡和调配。其编制方法是将单位工程施工进度计划表格上每天施工项目所需工人按工种分别统计，得出每天所需工种及其人数，再按时间进度要求汇总。其表格形式见表5-2。

表5-2 劳动力需要量计划表格形式

序号	分项工程名称	工种	需要量		需要时间						备注
			单位	数量	×月			×月			
					上旬	中旬	下旬	上旬	中旬	下旬	

5.4.2 主要材料需要量计划

主要材料需要量计划是用作施工备料、供料、确定仓库和堆场面积及做好运输组织工作的依据。其编制方法是根据单位工程施工进度计划、施工预算中的工料分析表及材料消耗定额、储备定额进行汇总。其表格形式见表5-3。

表 5-3　材料需要量计划表格形式

序　号	材料名称	规　格	需要量		供应时间	备　注
			单位	数量		

5.4.3　构件和半成品构件需要量计划

构件和半成品构件需要量计划主要用于落实加工订货单位，并按所需规格、数量和时间组织加工、运输及确定仓库和堆场。其编制方法是根据施工图和单位工程施工进度计划进行汇总。其表格形式见表 5-4。

表 5-4　构件和半成品构件需要量计划表格形式

序号	构件和半成品构件名称	规格	图号	型号	需要量		使用部位	加工单位	供应日期	备注
					单位	数量				

5.4.4　施工机械需要量计划

施工机械需要量计划主要是确定施工机械的类型、规格、数量及使用时间，并组织其进场，为施工的顺利进行提供有力保证。其编制方法是将单位工程施工进度计划中的每一个施工过程所用的机械类型、规格、数量，按施工日期进行汇总。在安排施工机械进场时间时，应考虑某些机械（如塔式起重机等）需要铺设轨道、拼装和架设的时间。其表格形式见表 5-5。

表 5-5　施工机械需要量计划表格形式

序号	机 械 名 称	类型型号	需要量		货源	使用起止日期	备　注
			单位	数量			

5.5 单位工程施工平面图的设计

单位工程施工平面图是对拟建工程的施工现场所作的平面布置图，是施工组织设计中的重要组成部分，合理的单位工程施工平面图不但可以使施工顺利地进行，同时也能起到合理地使用场地、减少临时设施费用、文明施工的目的。

5.5.1 单位工程施工平面图的设计依据

单位工程施工平面布置图设计是在工程项目部施工设计人员勘察现场，取得现场周围环境第一手资料的基础上，依据下列详细资料并按施工方案和单位工程施工进度计划的要求进行设计的。

（1）建筑、结构设计和单位工程施工组织设计时所依据的有关拟建工程的当地原始资料，主要包括自然条件调查资料和技术经济调查资料。

（2）建筑设计资料，主要包括建筑总平面图，一切已建和拟建的地下、地上管道位置，建筑区域的竖向设计和土方平衡图，以及拟建工程的有关施工图设计资料。

（3）施工资料，主要包括单位工程施工进度计划，从中可了解各个施工阶段的情况，以便分阶段布置施工现场和施工方案，据此可确定垂直运输机械和其他施工机械的位置、数量和规划场地，以及各种材料、构件、半成品等需要量计划，以便确定仓库和堆场的面积、形式和位置。

5.5.2 单位工程施工平面图的设计原则

（1）在保证施工顺利进行的前提下，现场布置应尽量紧凑、节约用地。

（2）合理布置施工现场的运输道路及各种材料堆场、加工厂、仓库、各种施工机械的位置；尽量使得运距最短，从而减少或避免二次搬运。

（3）力争减少临时设施的数量，降低临时设施费用。

（4）临时设施的布置应尽量便利于工人的生产和生活，使工人至施工区的距离最短，往返时间最少。

（5）符合环保、安全和防火要求。

5.5.3 单位工程施工平面图的设计内容

单位工程施工平面图（施工平面布置）是在拟建工程的建筑平面上（包括周围环境），布置为施工服务的各种临时建筑、临时设施及材料、施工机械等，是施工方案在现场的空间体现。它反映已有建筑与拟建工程间、临时建筑与临时设施间的相互空间关系。施工平面布置得恰当与否，执行得好不好，对现场的施工组织、文明施工，以及施工进度、工程成本、工程质量和安全都将产生直接的影响。单位工程施工平面图一般需分施工阶段来编制，如基础阶段施工平面图、主体结构阶段施工平面图、装修阶段施工平面图等。单位工程施工平面图按照规定的图例进行绘制，一般比例为 1：200 或 1：500。

单位工程施工平面图主要包括以下几个部分的内容，如图 5-11 所示。

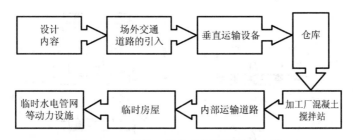

图 5-11 单位工程施工平面图设计内容

单位工程施工平面图具体包括以下内容。

（1）施工场地状况，包括施工入口、施工围挡、与场外道路的衔接；建筑总平面上已建和拟建的地上和地下的一切建（构）筑物及其他设施的位置、轮廓尺寸、层数等。

（2）生产性及生活性临时设施、材料和构件堆场的位置和面积。

（3）大型施工机械及垂直运输设施的位置，临时水电管网、排水排污设施和临时施工道路的布置等。

（4）施工现场的安全、消防、保卫和环境保护设施。

（5）相邻的地上、地下既有建（构）筑物及相关环境。

5.5.4 单位工程施工平面图的设计

单位工程施工平面图的设计程序如图 5-12 所示。

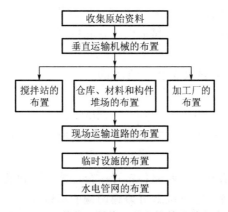

图 5-12 单位工程施工平面图的设计程序

1. 垂直运输机械的布置

垂直运输机械的布置直接影响仓库、堆场、砂浆和混凝土搅拌站的布置，首先应决定垂直运输机械的布置。由于不同的垂直运输机械的性能及使用要求不同，其平面布置的位置也不相同，下面主要介绍塔式起重机。

塔式起重机的布置，主要根据房屋形状、平面尺寸、现场环境条件、所选用的起重机性能及所吊装的构件质量等因素来确定。一般有单侧布置、双侧或环形布置、跨内单行布置和跨内环形布置几种布置方案，如图 5-13 所示。

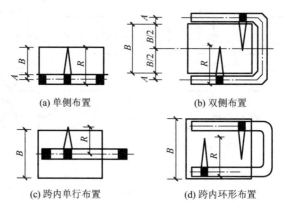

(a) 单侧布置　　　　　　　　(b) 双侧布置

(c) 跨内单行布置　　　　　　(d) 跨内环形布置

图 5-13　塔式起重机平面布置方案

1) 单侧布置

当房屋平面宽度较小，构件也较轻时，塔式起重机可单侧布置。一般应在场地较宽的一面沿建筑物长向布置。其优点是轨道长度较短，并有较为宽敞的场地堆放材料和构件。其起重半径应满足以下条件。

$$R \geqslant B + A$$

式中　R——塔式起重机吊装最大起重半径（m）；

　　　B——房屋宽度（m）；

　　　A——房屋外侧至塔式起重机轨道中心线的距离，A＝外脚手架的宽度＋1/2 轨距＋0.5m。

2) 双侧布置

当建筑物平面宽度较大或构件较大，单侧布置起重力矩满足不了构件的吊装要求时，起重机可双侧布置，每侧各布置一台起重机，其起重半径应满足以下条件。

$$R \geqslant B/2 + A$$

式中　R——塔式起重机吊装最大起重半径（m）；

　　　B——房屋宽度（m）；

　　　A——房屋外侧至塔式起重机轨道中心线的距离，A＝外脚手架的宽度＋1/2 轨距＋0.5m。

此种方案布置时，两台起重臂高度应错开，吊装时防止相撞。

3) 环形布置

如果工程量不大，工期不紧，两侧各布置一台塔式起重机将造成机械上的浪费，因此可环形布置，仅布置一台塔式起重机就可兼顾两侧的运输。

4) 跨内单行布置和跨内环形布置

当建筑物四周场地狭窄，起重机不能布置在建筑物外侧，或者由于构件较重、房屋较宽，起重机布置在外侧满足不了吊装所需要的力矩时，可将起重机布置在跨内，其布置方式有跨内单行布置和跨内环行布置两种。

2. 搅拌站、仓库、材料和构件堆场及加工厂的布置

搅拌站、仓库、材料和构件堆场及加工厂的位置应尽量靠近使用地点或在塔式起重机服务范围内，并考虑运输和装卸料的方便。

1）搅拌站的布置

（1）为了减少混凝土及砂浆运距，搅拌站应尽可能布置在垂直运输机械附近。当选择塔式起重机方案时，其出料斗应在塔式起重机服务半径以内，以直接挂钩起吊为最佳。

（2）搅拌机的布置位置应考虑运输方便，所以附近应布置道路，以便砂石进场及拌合物的运输。

（3）搅拌机的布置位置应考虑后台有上料的场地，搅拌站所用材料（水泥、砂、石）及水泥罐等都应布置在搅拌机后台附近。

（4）有特大体积混凝土施工时，搅拌机应尽可能靠近使用地点。

（5）混凝土搅拌机每台所需面积约 $25m^2$，冬期施工时，考虑保温与供热设施等每台所需面积约 $50m^2$；砂浆搅拌机每台所需面积约 $15m^2$，冬期施工时每台所需面积约 $30m^2$。

2）仓库、材料和构件堆场的布置

（1）仓库的布置。水泥仓库应选择地势较高、排水方便、靠近搅拌机的地方。各种易燃易爆物品或有毒物品的仓库，应与其他物品隔开存放，室内应有良好的通风条件，存储量不宜过多。

（2）材料和构件堆场的布置。各种材料和构件堆场的面积应根据其用量大小、使用时间长短、供应与运输情况等计算确定。材料和构件堆放应尽量靠近使用地点，减少或避免二次搬运，并考虑运输及卸料方便。如砂、石尽可能布置在搅拌机后台附近，不同粒径规格的砂、石应分别堆放。预制构件的堆放位置应根据吊装方案，考虑吊装顺序，先吊的放在上面，后吊的放在下面。

仓库或材料和构件堆场的面积可按下式计算。

$$F = q/pk$$

式中 　F——仓库或材料和构件堆场的面积；

　　　q——材料储备量，材料储备量＝（计划期材料需要量/需用该材料的施工天数）×储备天数；

　　　p——每平方米仓库或材料和构件堆场面积上可存放的材料数量；

　　　k——仓库或材料和构件堆场面积利用系数（考虑到人行道和车道所占面积）。

3）加工厂的布置

（1）木材、钢筋、水电卫安装等加工棚宜设置在建筑物四周稍远处，并有相应的材料及成品堆场，钢筋加工场地应尽可能设在起重机服务范围之内，避免二次搬运，而木材加工厂应根据其加工特点，选在远离火源的地方。

（2）石灰及淋灰池可根据情况布置在砂浆搅拌机附近。

（3）沥青灶应选择较空的场地，远离易燃易爆仓库和堆场，并布置在施工现场的下风向。

对于钢筋混凝土构件预制厂、锯木车间、模板、细木加工车间、钢筋加工棚等，其建筑面积可按下式计算。

$$F = \frac{KQ}{TS\alpha}$$

式中　F——所需建筑面积（m^2）；

　　　K——不均衡系数，取 $1.3 \sim 1.5$；

　　　Q——加工总量；

　　　T——加工总时间（月）；

　　　S——每平方米场地月平均加工量定额；

　　　α——场地或建筑面积利用系数，取 $0.6 \sim 0.7$。

3. 现场运输道路的布置

现场运输道路应尽量利用永久性道路，或先建好永久性道路的路基供施工期使用，在土建工程结束前铺好路面，节省费用。道路要保证车辆行驶通畅，最好能环绕建筑物布置成环形道路，路宽不小于3.5m，单车道转弯半径为9～12m，双车道转弯半径为7m。道路最小宽度见表5-6。

表 5-6　道路最小宽度表

序　号	车辆类型及要求	道路宽度/m
1	汽车单行道	$3.0 \sim 3.5$
2	汽车双行道	$5.5 \sim 6.0$
3	平板拖车单行道	$\geqslant 4.0$
4	平板拖车双行道	$\geqslant 8.0$

4. 临时设施的布置

临时设施分为生产性临时设施（钢筋加工棚、木工棚、水泵房等）和生活性临时设施（办公室、食堂、浴室等），布置时应以使用方便、有利施工、合并搭建、符合安全为原则。

（1）生产设施等的位置，宜布置在建筑物四周稍远位置，且应有一定的材料、成品的堆放场地。

（2）办公室应靠近施工现场，设在工地入口处。工人休息室应靠近工人作业区，宿舍应布置在安全的上风侧，收发室宜布置在入口处等。

建筑装饰施工工地人数确定后，就可按实际经验或面积指标计算出建筑面积。其计算公式如下。

$$S = NP$$

式中　S——建筑面积（m^2）；

　　　N——人数；

　　　P——建筑面积指标。

5. 水电管网的布置

1）施工水网的布置——主要就是确定用水量

用水量包括生产用水量（工程施工用水量和施工机械用水量）、生活用水量（施工现场生活用水量和生活区生活用水量）和消防用水量三部分。

① 工程施工用水量 q_1。

$$q_1 = K_1 \times \frac{\sum Q_1 N_1 K_2}{Tb \times 8 \times 3600}$$

式中　K_1——未预计的施工用水系数，取 1.05～1.15；

　　　Q_1——年（季、月）度工程量（以实物计量单位表示）；

　　　N_1——施工用水量参考定额（表 5-7）；

　　　T_1——年（季）度有效工作日（天）；

　　　K_2——用水不均衡系数，取 1.25～1.50；

　　　b——每天工作班数（班）。

表 5-7　施工用水量参考定额

序　号	用 水 对 象	单　位	耗水量	备　注
1	浇筑混凝土全部用水	L/m³	1700～2400	
2	搅拌普通混凝土	L/m³	250	实测数据
3	搅拌轻质混凝土	L/m³	300～350	
4	搅拌泡沫混凝土	L/m³	300～400	
5	搅拌热混凝土	L/m³	300～350	
6	混凝土养护（自然养护）	L/m³	200～400	
7	混凝土养护（蒸汽养护）	L/m³	500～700	
8	冲洗模板	L/m²	5	
9	搅拌机清洗	L/台班	600	实测数据
10	人工冲洗石子	L/m³	1000	
11	机械冲洗石子	L/m³	600	
12	洗砂	L/m³	1000	
13	砌砖工程全部用水	L/m³	150～250	
14	砌石工程全部用水	L/m³	50～80	
15	粉刷工程全部用水	L/m³	30	

② 施工机械用水量 q_2。

$$q_2 = K_1 \times \frac{\sum Q_2 N_2 K_3}{8 \times 3600}$$

式中　Q_2——同一种机械台数（台）；

　　　N_2——施工机械用水量参考定额（表 5-8）；

　　　K_3——施工机械用水不均衡系数，取 1.05～1.1。

③ 施工现场生活用水量 q_3。

$$q_3 = \frac{P_1 N_3 K_4}{8 \times 3600 b}$$

式中　P_1——工地施工高峰人数；

N_3——施工现场每人每日生活用水量参考定额（表5-9）；

K_4——施工现场用水不均衡系数，取1.3～1.5；

b——每天工作班数（班）。

表5-8 施工机械用水量参考定额

序号	用水对象	单位	耗水量	备注
1	内燃挖土机	L/（台班·m³）	200～300	以斗容量立方米计
2	内燃起重机	L/（台班·t）	15～18	以起重吨数计
3	蒸汽起重机	L/（台班·t）	300～400	以起重吨数计
4	蒸汽打桩机	L/（台班·t）	1000～1200	以锤重吨数计
5	蒸汽压路机	L/（台班·t）	100～150	以压路机吨数计
6	内燃压路机	L/（台班·t）	12～15	以压路机吨数计
7	拖拉机	L/（昼夜·台）	200～300	

④ 生活区生活用水量 q_4。

$$q_4 = \frac{P_2 N_4 K_5}{24 \times 3600}$$

式中 P_2——生活区居民人数；

N_4——生活区每人每日生活用水量定额（表5-9）；

K_5——生活区每日生活用水不均衡系数，取2.0～2.5。

表5-9 每人每日生活用水量参考定额

序号	用水对象	单位	耗水量	备注
1	工地全部生活用水	L/（人·日）	100～120	
2	生活用水（盥洗生活饮用）	L/（人·日）	25～30	
3	食堂	L/（人·日）	15～20	
4	浴室（淋浴）	L/（人·次）	50	
5	淋浴带大池	L/（人·次）	30～50	
6	洗衣	L/人	30～35	
7	理发室	L/（人·次）	15	
8	小学校	L/（人·日）	12～15	
9	幼儿园、托儿所	L/（人·日）	75～90	
10	医院病房	L/（病床·日）	100～150	

⑤ 消防用水量 q_5。

消防用水量参考定额见表5-10。

表5-10 消防用水量参考定额

用水名称		火灾同时发生次数	单位	耗水量
施工生活区消防用水	5000人以内	一次	L/s	10
	10000人以内	两次	L/s	10～15
	25000人以内	两次	L/s	15～20
施工现场消防用水	施工现场在25hm²以内	一次	L/s	10～15
	每增加25hm²递增	一次	L/s	5

⑥ 工地总用水量 Q。

当 $q_1+q_2+q_3+q_4 \leqslant q_5$ 时，则

$$Q=q_5+0.5(q_1+q_2+q_3+q_4)$$

当 $q_1+q_2+q_3+q_4 > q_5$ 时，则

$$Q=q_1+q_2+q_3+q_4$$

当工地面积小于 50000m^2，且 $q_1+q_2+q_3+q_4 \leqslant q_5$ 时，则

$$Q=q_5$$

最后计算出的总用水量，还应增加 10%，即 $Q_{实际}=1.1Q_{理论}$，用于补偿不可避免的水管渗漏损失。

2）施工电网的布置——主要就是用电量计算

施工用电主要包括施工及照明用电两个方面，工地供电设备总需要容量 $P(\text{kV}\cdot\text{A})$ 计算如下。

$$P=1.1\times\left(K_1\frac{\sum P_1}{\cos\varphi}+K_2\sum P_2+K_3\sum P_3+K_4\sum P_4\right)$$

式中　　　　P_1——电动机额定功率（kW）；

　　　　　　P_2——电焊机额定容量（kV·A）；

　　　　　　P_3——室内照明容量（kW）；

　　　　　　P_4——室外照明容量（kW）；

　　　　$\cos\varphi$——电动机的平均功率因数，一般取 $0.65\sim0.75$；

K_1、K_2、K_3、K_4——需要系数，见表 5-11。

表 5-11　需要系数

用电名称	数量	需要系数			
		K_1	K_2	K_3	K_4
电动机	3~10 台	0.7			
	11~30 台	0.6			
	30 台以上	0.5			
加工厂动力设备		0.5			
电焊机	3~10 台		0.6		
	10 台以上		0.5		
室内照明	备注：施工现场的照明用电量所占比重很小，在估算总电量的实际操作中可不考虑照明用电量，只需在动力用电量之外增加 10% 即可			0.8	
主要道路照明					1.0
警卫照明					1.0
场地照明					1.0

5.5.5 单位工程施工平面图示例

图 5-14 所示为某工程施工平面布置图，图 5-15 所示为某工程装饰施工平面图。

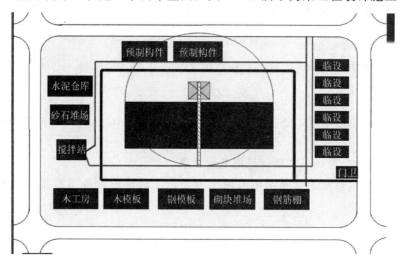

图 5-14 某工程施工平面布置图

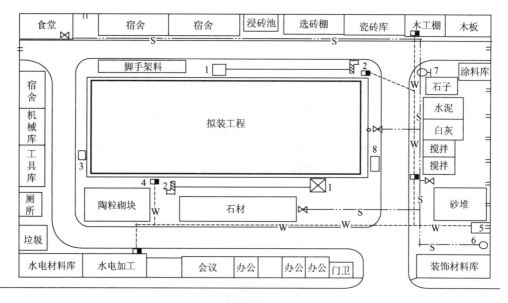

1—井架；2—卷扬机；3—临时垃圾道；4—分配电箱；
5—配电室；6—水源；7—消火栓；8—消防器材

图 5-15 某工程装饰施工平面图

【单位工程施工
平面图举例】

5.6 单位工程施工组织设计实例

1. 工程概况和特点

工程的具体概况和特点见本项目引例。

2. 确定施工方案

确定施工方案包括确定施工程序、施工起点流向和施工顺序,选择主要分部分项工程的施工方法和施工机械,制订施工技术组织措施等。

【某大厦工程施工组织设计】

1)主要分部工程施工方案的选择

(1)各分部工程的施工程序。

本工程的分部工程划分及施工程序为:基础(地下室)工程→主体工程→屋面及内外装饰工程→水卫电气管线敷设及安装工程。

(2)施工段的划分及施工流向(图 5 - 16)。

【施工组织设计范本:砖混结构住宅楼】

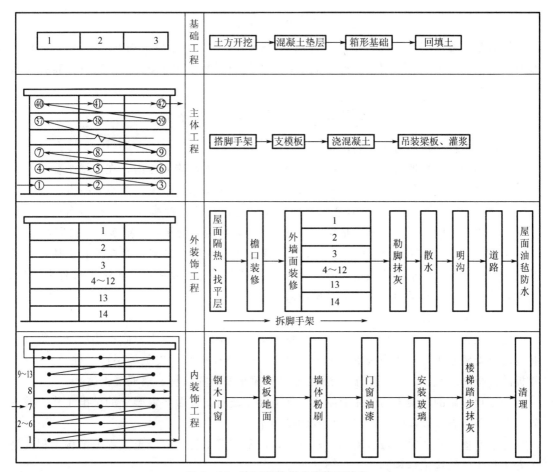

图 5 - 16 施工段的划分及施工流向

① 基础工程。以 3 个单元各自为一段，共分 3 段，由西向东组织流水施工。

② 地下室工程。地下室及地上部分均不分区段，一次性施工。

③ 主体工程。每层 3 个单元，14 层楼共 42 个施工段，自西向东、由下而上组织流水施工，保证连续施工。

④ 屋面工程。不分段，整体一次性施工，油毡防水层施工后期做。

⑤ 外装饰工程。自上而下，一层一段，以墙面分隔缝处为界，从西面开始，每层按顺时针方向进行抹灰。

⑥ 内装饰工程。每层楼分 3 段，共 42 段，由上而下、从西向东进行流水施工。

2）施工方法及机械的选择

（1）基础工程。

① 场地平整。采用一台 T3-100 型油压式推土机，预先将土推成堆，再用装载机将土装入汽车内运走。

② 挖基槽。土方开挖可采用机械或人工，为提高工效，避免边坡修整的困难，结合现场实际情况，选用轮胎式 W-1001 反铲挖土机作业（每台挖土机需技术人员 1 人、普工 2 人，另配备力工 3～4 人清底修坡）。

挖土机的数量 N_i 可根据土方量大小和工期要求按下式计算。

$$b = \frac{Q}{S} \times \frac{1}{TNK}$$

针对本工程的实际情况，土方工程量为 28000m³，产量定额采用 630m³/台，工作延续时间天数为 7 天，当采用单班挖土工作时，不均衡系数采用 1.2，由上式可算得挖土机数量为

$$N = \frac{28000 \times 1.2}{630} \times \frac{1}{6} \times \frac{1}{1} \approx 8.89(台)$$

取用 9 台挖土机即可满足要求。

挖出的土置于场地附近堆好，回填时使用。为防止雨水流入槽内，在基槽上做好小护堤，并在基地两侧挖集水井，必要时用水泵抽水，以确保基坑干燥，方便下一步的施工。

③ 混凝土垫层、地下室箱形基础及回填土。选用自落式混凝土搅拌机一台，配 4 辆手推车做水平运输，浇筑混凝土垫层（100mm 厚），然后进行箱形基础施工，再回填土。

④ 技术要求及措施。挖基槽后，及时清理，而后测底、验宽、检查槽底土质，校核其轴线尺寸，不合要求者应及时处理、修正；合格者，及时做垫层。各施工过程完成后，均应做技术检查和质量验收，做好基础隐蔽验收记录。

（2）地下室工程。

地下室箱形基础施工顺序：定位→护壁施工→桩基施工→挖土→底板垫层→底板→绑扎钢筋→安装止水片→浇底板混凝土→绑扎负一层墙柱钢筋→支负一层墙、柱及±0.000 楼板的模板→绑扎±0.000 钢筋→浇筑±0.000 梁板及负一层柱、墙混凝土。

本工程应用的混凝土为商品混凝土，在混凝土浇筑前要做好混凝土的试配工作，并提供水泥、砂、石，以及配合比与外加剂的检验报告。

地下室框架柱、梁、板、墙的支模方法，以及钢筋工程、混凝土工程等结构工程的施工方法与主体结构工程相同。

（3）主体工程。

① 脚手架。根据本工程的结构特点和钢管刚度好、强度高等优点，结合施工单位丰富的施工经验，本工程内外脚手架全部采用扣件式钢管脚手架；工程地下部分采用落地式双排扣件式钢管脚手架。脚手架可与围护结构连接，以保证其稳定性。

② 起重机具。本工程采用塔式起重机。

a. 确定起重量 Q。本工程最大起重量为一次吊装 3 块预制空心板，其质量约 1.5t，而索具质量通常可取 0.30t，故 $Q \geqslant 1.5t + 0.3t = 1.8t$。

b. 确定起重高度 H。该工程顶层屋面高度为 43.58m，安装空隙取 0.5m，绑扎点至吊装距离（即索具高度）取 1.5m，绑扎点至构件底面距离可取 2m，则 $H \geqslant 43.58m + 0.5m + 2m + 1.5m = 47.58m$。

c. 确定回转半径 R。由已确定的起重高度和起重量查起重机性能表或性能曲线，选择起重机型号及起重臂长度，并可查得此起重量和起重高度下相应的回转半径，即为起吊该构件时的回转半径，并可作为确定吊装该类构件时起重机开行路线及停机点的依据。在此，可选起重机的回转半径为 12.3m。采用中塔起重机 70t·m，起重臂长为 25m（需 3 台）。

③ 模板。采用定型组合钢模板，尺寸不合处用木板镶拼。预留管道洞口用木模；要设悬臂楼梯、踏步板的悬臂端，采用踏步木支架支承，高度及平面位置均应准确。

④ 技术要求及措施。为控制每层楼的竖向标高，墙拐角处应立皮数杆；所用的砖应在前一天淋水润湿、除去灰尘，以保证黏结牢固，禁止干砖砌墙；在门窗洞口处，按设计要求砌入木砖或带预埋件的混凝土块，确保门窗框的固定。钢筋混凝土构件，在吊装前应严格检查质量尺寸，凡底面有裂缝者，严禁使用。现浇雨篷、圈梁等，在钢筋绑扎后，必须检查，无误后方可浇灌混凝土。施工中，应加强劳动幅度，保证主体工程流水施工顺畅进行。

（4）屋面工程。

屋面工程包括混凝土预制板架空隔热层、水泥砂浆找平层、冷底子油与油毡防水层等内容。

① 施工方法。屋面板灌浆后，即做架空的预制板隔热层，然后在其上面做水泥砂浆找平层，最后再做油毡防水层。油毡防水层可在找平层做好后，接着进行；也可待找平层做完后，放到整个工程的尾声再做。

② 技术要求及措施。必须待找平层充分干燥后，再刷冷底子油及铺油毡防水层；绿豆砂应洗净、预热干燥后使用；严格控制沥青熬制时间与温度，沥青胶应满涂，油毡要贴实，油毡搭接应符合施工规范。

（5）内外装饰工程。

内外装饰工程包括地层地面水泥砂浆加 108 胶面层及铁栏杆安装，楼地面面层、内外墙抹灰、贴瓷砖、刷白、门窗扇安装、玻璃、油漆、勒脚、散水、明沟、道路、其他零星工程等。其中以抹灰为主导，在确保工程质量与施工工艺要求的条件下，组织好流水施工。

技术要求及措施：楼地面面层施工应做好提浆、抹平、收水后的压实、抹光；淋水养护 7 天左右，再开始室内其他施工；墙面抹灰应做到棱直面平；各种油漆涂料施工应严格操作程序，待墙面干后进行。

（6）水卫电气管线敷设及安装工程。

基础砌筑后，回填土之前，各种地下给排水管线均应一同配合施工，留出地面的管口要做好封口；室内抹灰前要安装好各种上下水管、煤气管、配电箱等，避免二次作业，打洞修补。

整个水卫电气管线敷设及安装工程均应在土建工程展开的过程中密切配合，穿插进行。

3. 施工进度

本工程根据施工条件、工期要求及施工方案等，将进度计划分为基础工程、主体结构工程及装饰工程等几个主要的施工阶段。

1）基础工程施工阶段

基础工程包括基槽开挖、浇混凝土垫层、箱形基础、回填土四道工序，箱形基础是主导工序。

2）主体结构工程施工阶段

主体结构工程阶段浇混凝土为主导工序，应连续施工。每层设 3 个施工段，共有 3×14＝42（个）施工段，标准层施工顺序：放线→绑柱筋、搭满堂支撑架子→铺设梁模板→绑梁钢筋→验筋→浇筑柱、梁混凝土。首先搭脚手架，然后由木工支模板，每天一班作业，从进度计划中知混凝土工程共需劳动量 1 工日，则混凝土工程施工 1 天，每段流水节拍为 1 天，再由钢筋工绑扎钢筋，最后瓦工浇筑混凝土。

3）装饰工程施工阶段

装饰工程包括浇筑室内地坪混凝土、安装门窗扇、外墙抹灰等 11 道工序。装饰工程阶段约有 3 个多月的工期，为避免交叉作业，安排在主体工程结束后，从上往下逐层进行装修。该阶段以内墙抹灰（包括顶棚）及 106 胶刷面为主导工序。在同一层上先做地面抹灰，再进行顶墙抹灰。在同层内外粉刷完成后，以此进行安装门窗扇、油漆、玻璃、贴瓷砖等工序。其他零星工程穿插平行作业，直到工程结束。

将上述 3 个施工阶段流水作业表拼接起来，即得该工程的单位工程施工进度。

4. 施工平面布置

首先绘制拟建工程及其周围环境图，如图 5－17 所示。

然后再确定起重运输机械的数量及其布置。由施工进度表可以看出安装各层楼板，同时浇筑上一层梁柱。安装楼板每个施工段流水节拍为 2 天，查进度计划，楼板安装总工程量为 1932 块，则每个施工段安装楼板工程量为 46 块（14 层，每层 3 个施工段）。

最后再依次布置起重机，各种堆场，加工场地，道路、水电及其他临时设施。根据现场条件，在拟建房屋北面 40m 宽的施工用地上先布置塔式起重机，塔轨内侧距建筑物边缘 3m；东侧堆放模板；西、南两侧堆砖。塔式起重机北面与场内道路之间分两层布置，依次有混凝土搅拌机、砂浆搅拌机、预制构件、石、水泥库等。场内公路北侧由西向东依次布置木工棚、钢筋棚、工具间、修理间、开水间、工人休息室、会议室、办公室等呈"一"字形布置。场地四周设围墙，门卫设在场地内道路入口处。厕所、石灰堆场及淋灰池设在场地的下风向，即场地的西边。

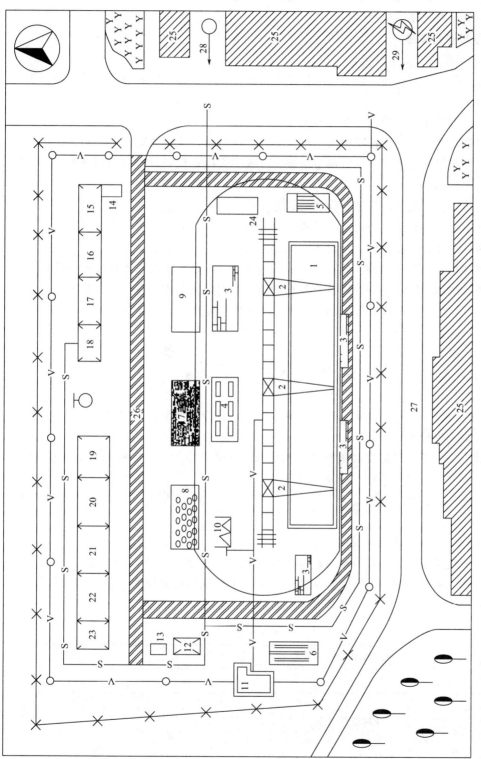

图 5-17 单位工程施工平面布置图

1—拟建工程；2—塔式起重机；3—砖堆；4—预制构件堆放场；5—模板堆放场；6—脚手架堆放场；7—砂堆场；8—石堆场；9—水泥库；10—砂浆搅拌机；11—配电室；12—钢筋堆放场；13—淋灰池；14—门房；15—办公室；16—会议室；17—工人休息室；18—开水房；19—修理间；20—工具间；21—钢筋加工棚；22—木工房；23—厕所；24—小件堆放间；25—原有房屋；26—临时道路；27—永久道路；28—水源；29—电源；

水源、电源均由场地东侧引入,配电房设在场地西南角。水、电管网沿场地四周呈环状布置,由支线引到使用地点。

5. 质量和安全措施

1) 保证工程施工质量措施

(1) 各分部分项工程施工前,应做好技术交底,明确措施,做好分部工程、隐蔽工程等的验收记录。

(2) 严格遵照施工及验收规范等有关规程。

(3) 严格按图纸规定的技术要求组织施工,并随时检查执行情况。

(4) 认真组织开展施工班组的质量自检、互检、交接班检查,做好质量评比,严格奖惩制度。

(5) 实行岗位责任制,贯彻全面质量管理。

(6) 严格执行各种原材料的质量检验;混凝土、砂浆、沥青胶的配合比要正确,在主体结构中做好取样、试验工作;回填土必须分层夯实。

(7) 各种钢筋混凝土构件、门窗等半成品的数量、规格、型号、质量要严格检查。

(8) 各种放线、测量等工作应认真复核检查,严格防止轴线偏移、尺寸错误等。

(9) 石灰在使用前两周,要进行"陈伏""淋化"处理,以防止过火石灰隆起引起开裂的危害及未淋化石灰颗粒混入拌合物中;油漆涂料要确保色泽均匀,质量合格;各项已完施工过程,要做好保护工作。

(10) 做好各项施工技术档案、资料的保管、整理和积累工作。

2) 保证安全措施

(1) 严格执行安全施工操作规程,经常进行安全宣传教育工作;配备专职安全检查人员,负责日常安全检查。

(2) 脚手架、平台等搭设必须符合安全要求;严禁高空抛物,二层以上设置安全网;屋面高空作业要搭设安全栏杆(或安全网)。

(3) 各种机具、电器设备要专人管理,并有防雨措施;塔式起重机路基要稳固可靠,架立后先试车再运行。

(4) 夜间施工要增加照明设施。

(5) 施工现场应设置围栏(或临时围墙),加强管理;做好防雷、防火工作。

表 5-12 为主要工程量一览表。表 5-13 为施工机械需要量计划。表 5-14 为劳动力需要量计划。

表 5-12 主要工程量一览表

项次	工 程 名 称	单 位	工 程 量
一、基础工程			
1	挖土	m³	28000
2	混凝土工程	m³	864
3	楼板	块	1932
4	回填土	m³	3600

续表

项次	工程名称	单位	工程量
二、主体结构工程			
5	壁板吊装	块	6384
6	内墙隔板混凝土	m³	4324
7	通风道吊装	块	1980
8	圆孔板吊装	块	21316
9	阳台板吊装	块	2548
10	垃圾道吊装	块	336
11	楼梯休息板吊装	块	1416
12	阳台栏板吊装	块	9320
13	门头花饰吊装	块	2688
三、装饰工程			
14	楼地面豆石混凝土垫层	m²	67200
15	棚板刮白	m²	74500
16	墙面刮白	m²	121160
17	屋面找平	m²	121160
18	铺防水卷材	m²	2672
19	金属铁门（进户门）	个	728
20	塑钢窗框	扇	2688
21	安装玻璃	m²	9408

表 5 - 13 施工机械需要量计划

序号	机具名称	规格	单位	需要数量	使用起止时间	进场日期
1	塔式起重机	TQ1 - 6	台	3	20110510—20111115	20110510
2	混凝土搅拌机		台		20110510—20111115	20110510
3	砂浆搅拌机	HJ - 200	台	1	20110515—20110901	20110510
4	蛙式打夯机	HW - 20A	台	1	20110515—20110901	20110515
5	平板式振动器	$PZ_2 - 4$	台	1	20110515—20110915	20110515
6	插入式振捣器	$HZ_6 X - 50$	台	2	20110522—20110920	20110522
7	钢筋切断机	$GJ_5 - 40$	台	1	20110515—20110920	20110515
8	钢筋点焊、对焊机	DN - 25	台	各1	20110515—20110920	20110515
9	装载机	ZL_{20}	台	1	20110510—20110610	20110510
10	反铲挖土机	WLY - 100	台	6	20110510—20110607	20110510

续表

序号	机具名称	规格	单位	需要数量	使用起止时间	进场日期
11	石灰淋灰机	FL-16	台	1	20110515—20110910	20110515
12	手推胶轮车		辆	32	20110510—20110607	20110510
13	推土机	T3-100	台	1	20110510—20110607	20110510
14	钢丝绳		m	2500	20110510—20111005	20110510
15	运灰浆车		辆	25	20110515—20110930	20110515
16	平台脚手		个	50	20110515—20110630	20110515

表 5-14 劳动力需要量计划

序号	工种	基础工程		主体结构工程		装饰工程	
		人数	班组	人数	班组	人数	班组
1	木工	8	1	8	1		
2	钢筋工	24	1	24	1		
3	混凝土工	15	3	15	3		
4	抹灰工	12	1	14	1	25	1
5	架子工	20	1	14	1		
6	机械工	12	3	18	3		
7	土建电工	12	3	20	1	18	3
8	其他工种	12	1	14	1	12	1
9	小计	115	14	127	12	55	5

◖ 项目小结 ◗

　　本项目从单位工程施工组织设计文件的构成出发，分节介绍了工程概况、施工方案、单位工程施工进度计划、资源需要量计划、施工平面布置图的具体编制，试图让学生能够独立编制一份完整的单位工程施工组织设计文件。

◖ 习　题 ◗

一、选择题

1. 选择施工机械时，首先应该选择（　　）的机械。

A. 租赁　　　　　　B. 大型　　　　　　C. 主导工程　　　　　　D. 进口

2. 确定施工流向应考虑以下哪些因素?(   )

A. 生产使用的先后 　　　　　　B. 主导工程

C. 运输方向 　　　　　　　　　D. 施工区段划分

E. 工期短的部位应先施工

3. 背景资料:某拟建住宅小区工程,位于市区中心位置,总建筑面积为156688m²,钢筋混凝土框架结构。建筑公司按照有关资料组织完成施工组织总设计及施工总平面图设计,科学规划实施了施工现场的各项管理工作。根据施工组织设计及施工平面图的有关规定,回答以下问题。

(1) 建筑公司设计的施工平面图应遵循(   )原则。

A. 在满足施工需求的前提下布置紧凑,尽可能减少施工占用场地

B. 充分考虑劳动保护、环境保护、技术安全、防火等要求

C. 临时设施布置应有利于生产和生活,减少工人往返时间

D. 最大限度缩短场内运输距离,尽可能避免二次搬运

E. 尽量不利用永久工程设施

(2) 单位工程施工平面图设计的第一步是(   )。

A. 布置运输道路

B. 确定搅拌站、仓库、材料和构件堆场、加工厂的位置

C. 确定起重机的位置

D. 布置水电管线

(3) 施工组织设计内容的三要素是(   )。

A. 工程概况、进度计划、技术经济

B. 施工方案、进度计划、技术经济

C. 进度计划、施工平面图、技术经济指标

D. 施工方案、进度计划、施工平面图

(4) 施工组织设计中应遵循的分部分项施工顺序原则是(   )。

A. 先地上、后地下 　　　　　　B. 先生活、后生产

C. 先结构、后装饰 　　　　　　D. 先主体、后围护

E. 先临建、后基础

(5) 施工组织总设计由(   )负责编制。

A. 建设总承包单位 　　　　　　B. 施工单位

C. 监理单位 　　　　　　　　　D. 上级领导机关

4. 背景资料:某检测中心办公楼工程,地下1层,地上4层,局部5层,地下1层为库房,层高为3.0m,1~5层每层层高为3.6m,建筑高度为19.6m,建筑面积为6400m²。外墙饰面为面砖、涂料、花岗石板,采用外保温。内墙、顶棚装饰采用耐擦洗涂料饰面,地面贴砖。内墙部分墙体为加气混凝土砌块砌筑。由于工期比较紧,装修分包队伍交叉作业较多,施工单位在装修前拟定了各分项工程的施工顺序,确定了相应的施工方案,绘制了施工平面图。在施工平面图中标注了:材料存放区;施工区及半成品加工区;场区内交通道路、安全走廊;总配电箱放置区、开关箱放置区;现场施工办公室、门卫、围墙;各类施工机具放置区。

（1）施工平面图设计原则包括（   ）。

A. 在满足施工需要的前提下，尽可能减少施工场地占用

B. 在保证施工顺利进行的情况下，尽可能减少临时设施费用

C. 最大限度地减少场内运输，特别是减少场内的二次搬运，各种材料尽可能一次进场，材料堆放位置尽量靠近使用地点

D. 临时设施的布置应便于施工管理，适应于生产生活的需要

E. 要符合劳动保护、安全、防火等要求

（2）根据该装饰工程特点，该施工平面布置图（   ）存在缺陷。

A. 易燃、易爆材料存放区　　　　B. 建筑垃圾存放点

C. 消防器材存放区域　　　　　　D. 施工区及半成品加工区

E. 场区内交通道路

二、简答题

1. 单位工程施工组织设计包括哪些基本内容？

2. 什么叫施工顺序？确定施工顺序时，应考虑哪些影响因素？并举例说明。

3. 如何确定各施工过程的先后顺序？并举例说明。

4. 选择施工机械设备时应着重考虑哪些问题？

5. 如何选择塔式起重机？

6. 试论述编制单位工程施工进度计划的步骤、内容及方法。

7. 什么叫单位工程施工平面图？施工平面设计应考虑哪些内容？施工平面图在施工中起到什么作用？

三、实训题

请各小组分别收集一份施工现场的单位工程施工组织设计。

项目 **6** 施工组织总设计

 学习目标

　　了解施工组织总设计的作用；掌握施工组织总设计的编制依据；熟悉施工组织总设计的编制程序；熟悉施工组织总设计编制的基本原则；掌握施工组织总设计的编制内容。

学习要求

能力目标	知识要点	权重
了解施工组织总设计的作用	施工组织总设计的作用	5%
掌握施工组织总设计的编制依据	施工组织总设计的编制依据	5%
熟悉施工组织总设计的编制程序	施工组织总设计的编制程序	10%
熟悉施工组织总设计编制的基本原则	施工组织总设计编制的基本原则	10%
掌握施工组织总设计的编制内容	(1) 工程概况 (2) 施工部署 (3) 施工总进度计划 (4) 资源需要量计划 (5) 施工平面图 (6) 主要技术经济指标	70%

引例

某变电站工程概况如下，请同学们思考应如何编制该工程的施工组织总设计？ 施工组织总设计的编制内容包括哪些？

1. 工程概况及特点

新建的××110kV 变电站位于××市××区××工业园区东南方向，规划道路××路西南侧属于××工业园区南部规划汽车整改加工及零部件园区，近邻××铁路——××火车货运站及国家级深水良港××码头。

××工业园区还在规划建设阶段，目前园区正在构筑拟选站东面的规划路——××路，通过该规划道路直接与××路衔接，经××镇可与××市区公路网相连，交通非常方便。

建地区域属湿润性亚热带季风气候，四季分明，雨量充沛，冬暖夏热，春早秋短，冬季有雾，日照较少。年平均气温 18.2℃，极端最高气温 44.3℃，最冷月平均气温 7.2℃，极端最低气温 2.3℃。年平均降水量 1034.7mm，年平均气压 98.390kPa，年平均相对湿度 82%，年平均日照时数 1273.6h，年平均风速 1.3m/s，全年主导风为东北风。

2. 工程性质及特点

110kV 户外 GIS 配电装置位于站区西侧；生产综合楼位于东侧；主变压器位于站区中部；变电站大门位于站区东侧，进站公路从站区东侧引接。

配电综合楼位于站区东侧，是变电站的主体建筑，为二层框架结构，长 36.4m，宽 9m，建筑高度 9.6m，长度方向呈南北布置，生产综合楼包括 10kV 配电装置室、警卫室、工器具室、消防小间、卫生间、35kV 配电装置室。二次设备间位于站区东南角，为单层砌体结构，长 13.5m，宽 11.3m，建筑高度 4.2m。站内设有 4m 宽的通道，转弯半径为 9m。站区围墙自南向北长为 96m，自东向西长为 53m，占地面积 5088m²，约 8.53 亩（1 亩＝666.67m²）。进站路总长约 33m，宽 4 m，属于郊区型道路。

屋外配电装置构架柱、设备支架及支柱柱体均采用钢筋混凝土环形杆，110kV 室外构架横梁为钢筋混凝土环形杆，架高 12.5～15.5m，带构架避雷针 3 根，针尖为不锈钢。110kV 主变压器进线架高 15.5m，采用钢筋混凝土环形杆梁柱。

1) 交叉作业多

由于业主要求的工期比较紧，为此，在施工组织上必须考虑以基础、主体、装饰施工为关键工序，站内外公路、开关场及预制构件的加工制作分别穿插于关键工序之中，因此，形成多专业多工种立体交叉作业，加大了组织协调难度。

2) 安全文明施工要求高

项目部将安全文明施工工作置于重点位置，按××公司的要求，建立健全施工现场的各种标示，并且妥善处理施工现场与周围居民的协调工作，以保障工程按期保质完成施工任务。

3. 工程规模

本工程建设规模如下。

主变规模：远期为 3×50MV·A，本期为 2×50MV·A，有载调压变压器，电压等级为 110/35/10kV。

110kV 出线：最终 6 回，本期 2 回（至××变电站）。

35kV 出线：最终 9 回，本期 2 回，预留 7 回。

10kV 出线：最终 36 回，本期 24 回，预留 12 回。

10kV 无功补偿：最终 3×（4800＋3600）kvar，本期 2×（4800＋3600）kvar。

4．工期要求

开工日期：2012 年 4 月 20 日。

土建部分竣工日期：2012 年 7 月 30 日。

5．工程涉及的主要单位（略）

6．施工依据及内容

1）施工依据（略）

2）施工内容

（1）××110kV 输变电工程设计全部内容施工（土建、照明、消防、暖通、水工、防雷接地、防盗装置、绿化、消防验收等）。

（2）永久性给排水、施工水源及电源、场地平整、地基处理、站区道路、围墙及大门、护坡、挡土墙等。

6.1 施工组织总设计概述

施工组织总设计是以整个建设项目或群体工程为编制对象，规划其施工全过程各项施工活动的技术经济性文件，带有全局性和控制性，其目的是对整个建设项目或群体工程的施工活动进行通盘考虑，全面规划，总体控制。

6.1.1 施工组织总设计的作用

施工组织总设计一般在初步设计或扩大初步设计被批准后，由总承包单位的总工程师主持编制。施工组织总设计的主要作用如下。

（1）确定设计方案的施工可行性和经济合理性。

（2）为建设项目或建筑群的施工做出全局性的战略部署。

（3）为做好施工准备工作、保证资源供应提供依据。

（4）为建设单位编制工程建设计划提供依据。

（5）为施工单位编制施工计划和单位工程施工组织设计提供依据。

（6）为组织项目施工活动提供合理的方案和实施步骤。

6.1.2 施工组织总设计的编制依据

施工组织总设计的编制依据主要有以下几种。

1．计划文件及有关合同

计划文件主要包括：建设项目可行性研究报告、国家批准的固定资产投资计划、工程项目一览表、分期分批施工项目和投资计划、工程所需材料和设备的订货计划、地区主管部门的批件、要求交付使用的期限、施工单位上级主管部门下达的施工任务等。

有关合同主要包括：工程招投标文件及签订的工程承包合同、工程材料和设备的订货指标或供货合同等。

2. 设计文件

设计文件主要包括：建设项目的初步设计、扩大初步设计或技术设计的有关图样、设计说明书、建筑区域平面图、建筑总平面图、建筑竖向设计、总概算或修正概算等。

3. 建设地区的工程勘察和调查资料

这些资料主要包括：为建设项目服务的建筑安装企业及预制加工企业的人力、设备、技术和管理水平；工程材料的来源和供应情况；交通运输情况；水、电供应情况；有关建设地区的地形、地貌、工程地质、水文、气象、地理环境等。

4. 现行定额、规范、建设政策与法规、类似工程的经验资料等

这些资料主要包括：国家现行的施工及验收规范、操作规程、概（预）算及施工定额、技术规定和有关经济技术指标等，对推广应用新结构、新材料、新技术、新工艺的要求及有关的技术经济指标。

以上编制依据应在确定施工部署之前获得。

6.1.3　施工组织总设计的编制程序

施工组织总设计的编制程序如图 6-1 所示。

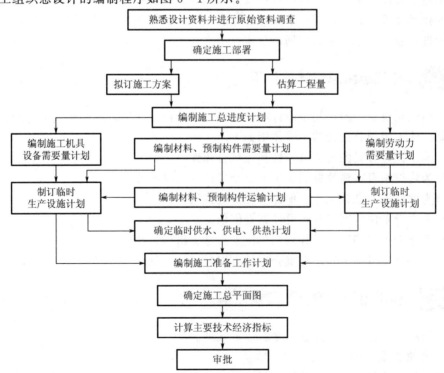

图 6-1　施工组织总设计的编制程序

施工组织总设计编制的基本原则

(1) 保证重点、统筹安排，信守合同工期。
(2) 科学、合理地安排施工程序，尽量多地采用新工艺、新技术。
(3) 组织流水施工，合理地使用人力、物力、财力。
(4) 恰当安排施工项目，增加有效的施工作业日数，以保证施工的连续和均衡。
(5) 提高施工技术方案的工业化、标准化水平。
(6) 扩大机械化施工范围，提高机械化程度。
(7) 采用先进的施工技术和施工管理方法。
(8) 减少施工临时设施的投入，合理布置施工总平面图，节约施工用地和费用。

6.1.5 施工组织总设计的编制内容

施工组织总设计的内容视工程性质、规模、建筑结构的特点、施工的复杂程度、工期要求、施工条件、施工部署、施工方案、施工总进度计划、全场性施工准备工作计划等各项的不同而有所不同，通常包括以下内容：工程概况、施工部署、主要工程、单项工程的施工方案、全场性施工准备工作计划、施工总进度计划、各项资源需要量计划、施工总平面图和主要技术经济指标等部分。

6.2 工程概况

工程概况是对整个建设项目的总说明和总分析，是对拟建建设项目或建筑群所做的一个简明扼要、重点突出的文字性介绍，一般包括下列内容。

6.2.1 工程建设概况

工程建设概况是对拟施工工程的主要特征的描述，以使人们了解工程的全貌，也是编制施工组织总设计其他内容的前提，因此应写明以下内容：建设地点、工程性质、建设总规模、总期限、总投资额、分期分批投入使用的规模和期限；总占地面积、总建筑面积；管线和道路长度；设备安装台数或吨数；建筑安装工作量、厂区和生活区的工作量；生产流程及工艺特点；建筑结构类型特征、新技术的复杂程度；建筑总平面图（包括竖向设计、房屋坐标、标高）和各单项、单位工程设计交图日期及已定的设计方案；主要工种工程量等。

在工程建设概况中一般应列出工程项目一览表（表 6-1）、工程主要建（构）筑物一览表（表 6-2）和工程主要项目工程量汇总表（表 6-3）。

表 6-1 工程项目一览表

单项工程或单位工程名称	工程编号	工程内容	概算额/万元						备注
			合计	建筑工程费	安装工程费	设备费	工器具购置费	工程建设其他费用	

表 6-2 工程主要建（构）筑物一览表

序号	工程名称	建筑结构特征（或其示意图）	建筑面积/m²	占地面积/m²	建筑体积/m³	备注

表 6-3 工程主要项目工程量汇总表

项　　目			单　位	数　量	备　注
场地平整			m²		
土方工程	开挖土方		m²		
	回填土方		m²		
防水工程	地下		m²		
	屋面		m²		
	卫生间		m²		
混凝土工程	地上	防水混凝土	m³		
		普通混凝土			
	地下	高强混凝土	m³		
		普通混凝土			
⋮					
模板工程	地上		m³		
	地下				
钢筋工程	地上		m³		
	地下				
砌体工程	地上		m³		
	地下				
装修工程	内檐		m³		
	外檐				
⋮					

6.2.2　工程施工概况

工程施工概况包括以下内容。
（1）气象、地形、地质和水文情况，场地周围环境情况。
（2）劳动力和生活设施情况：劳务分包企业情况，需在工地居住的人数，可作为临时设施用的宿舍、食堂、办公、生产用房的现有建筑物数量，水、电、暖、卫情况及其位置，现有建筑物的适宜用途，邻近医疗单位至工地的距离及能否为施工服务，周围有无有害气体和污染企业，地方疾病情况，少数民族地区的风俗习惯等。
（3）地方建筑生产企业情况。
（4）地方资源情况。
（5）交通运输条件。
（6）水、电和其他动力条件。

6.2.3　施工条件及特点分析

施工条件及特点分析主要说明以下几点。
（1）主要设备供应情况。
（2）主要材料和特殊物资供应情况。
（3）参加施工的各单位生产能力及技术与管理水平情况。

6.3　施工部署

施工部署即对整个建筑项目施工做战略性部署及对主要工程项目做出分期分批施工的战略性安排。它包括施工任务的划分，总、分包单位的职责和分工，施工力量的集结、安排，总进度、总平面的规划；主要建（构）筑物的施工方案（包括土建、安装、机械化施工等）内容、施工顺序、流水施工组织、机械选择、新技术、新施工方法、构件生产方式、吊装及主要施工过程方案，并对此做必要的附图说明。

6.3.1　工程开展程序

为了对整个施工项目进行科学的规划和控制，应对施工任务从总体上进行区分，并对施工任务的开展做出科学合理的程序安排。
施工任务区分主要是明确项目经理部组织机构，形成统一的工程指挥系统；明确工程总的目标（包括质量、工期、安全、成本和文明施工等目标）；明确工程总包范围和总包范围内的分包工程；确定综合的或专业的施工组织；划分各施工单位的任务项目和施工区段；明确主攻项目和穿插施工的项目及其建设期限。

对施工任务开展程序安排时主要是从总体上把握各项目的施工顺序，并应注意如下几点。

（1）在保证工程工期的前提下，实行分期分批建设，既可使各具体项目迅速建成，尽早投入使用发挥效益，又可以在全局上实现施工的连续性和均衡性，减少暂设工程的数量，降低工程造价。

（2）统筹安排各类项目施工，保证重点，兼顾其他，确保工程项目按期投产。按照工程项目的重要程度，应该优先安排的项目如下。

① 按生产工艺要求须先投产或起主导作用的项目。

② 工程量大、施工难度大、工期长的项目。

③ 运输系统、动力系统，如厂区道路、铁路和变电站等。

④ 生产上需先期使用的项目。

⑤ 供施工使用的工程项目。

对于建设项目中工程量小、施工难度不大、周期较短而又不急于使用的辅助项目，可以考虑与主体工程相配合，作为平衡项目穿插在主体工程的施工中进行。

（3）所有工程项目均应按照"先地下后地上""先深后浅""先干线后支线"的原则进行安排。

（4）在安排施工程序时还应注意使已完工程的生产或使用与在建工程的施工互不妨碍，使生产、施工两方便。

（5）施工程序应当与各类物资、技术条件供应之间的平衡及这些资源的合理利用相协调，促进均衡施工。

（6）施工程序必须注意季节的影响，应把不利于某季节施工的工程，提前到该季节来临之前或推迟到该季节终了之后施工，但要注意这样安排以后应保证质量，不拖延进度，不延长工期。大规模土方工程和深基础土方施工，一般要避开雨季；寒冷地区的房屋施工尽量在入冬前完毕，使冬季可进行室内作业和设备安装。

6.3.2 主要项目的原则性施工方案

主要项目是指对施工全局有重大影响的项目，包括施工准备工作项目、重点单位工程和重点分部工程。

施工总方案应对主要项目的组织与技术方面的基本问题提出原则性的解决方案，如为全场服务的垂直运输机械采用何种形式的起重机、各负责哪些单位工程、其周转时间及下一个目标；混凝土搅拌供应方式是采用集中、分散还是商品混凝土供应；大宗、成件材料的运输供应方式；对新工艺、新材料有什么要求等。

6.3.3 主要工种工程的施工方法

主要工种工程是指工程量大、占用工期长、对工程质量起关键作用的工程，如土石方、基础、砌体、架子、模板、混凝土、结构安装、防水、装饰工程，以及管道安装、设备安装、垂直运输等。在确定主要工种工程的施工方法时，应结合建设项目的特点和当地的施工习惯，尽可能采用先进合理可行的工业化、机械化施工方法。

1. 工业化施工

按照工厂预制和现场预制相结合的方针和逐步提高建筑工业化程度的原则，妥善安排钢筋混凝土构件生产、木制品加工、混凝土搅拌、金属构件加工、机械修理和砂石生产。其安排要点如下。

（1）充分利用本地区的永久性预制加工厂生产大批量的标准构件，如屋面板、楼板、砌块、墙板、中小型梁、门窗、金属构件和铁件等。

（2）当本地区缺少永久性预制加工厂或其生产能力不能满足需要时，可考虑设置现场临时性预制加工场，并定出其规模和位置。

（3）对大型构件（如柱、屋架）及就近没有预制加工厂生产的中型构件（如梁等），一般宜现场预制。

总之，要因地制宜，采用工厂预制和现场预制相结合的方针，经分析比较后选定预制方法，并编制预制构件加工计划。

2. 机械化施工

要充分利用现有机械设备，努力扩大机械化施工的范围，制定配套和改造更新的规划，增添新型的高效能机械，以提高机械化施工的生产效率。在安排和选用机械时，应注意以下各点。

（1）主要施工机械的型号和性能要既能满足施工的需要，又能发挥其生产效率。

（2）辅助配套施工机械的性能和生产效率要与主要施工机械相适应。

（3）尽量使机械在几个项目上进行流水施工，以减少机械装、拆、运的时间。

（4）工程量大而集中时，应选用大型固定的机械；施工面大而分散时，则应选用移动灵活的机械。

（5）注意贯彻中外结合、大中小型机械结合的原则。

6.3.4 编制施工准备工作计划

根据施工开展的程序和施工方案，编制好全场性的施工准备工作计划，见表 6 - 4。

表 6 - 4 施工准备工作计划

序号	准备工作名称	准备工作内容	主办单位	协办单位	完成日期	负责人

（1）安排好场内外运输、施工用的主干道、水电气来源及其引入方案。

（2）安排好场地平整和全场性排水、防洪。

（3）安排好生产和生活基地建设。

（4）安排好建筑材料、成品、半成品的货源和运输、储存方式。

（5）安排好施工现场区域内的测量放线工作。

（6）安排好新技术、新材料、新工艺、新结构的试验、测试与技术培训工作。

（7）做好冬雨期施工的特殊准备工作。

6.4 施工总进度计划

施工总进度计划是施工现场各施工活动在时间上开展状况的体现。编制施工总进度计划就是根据施工部署中的施工方案和工程项目的开展程序，对全工地的所有工程项目做出时间上的安排。编制施工总进度计划的要求是保证拟建工程按期完工，迅速产生经济效益，并保证项目施工的连续性与均衡性，节约投资费用。其作用在于确定各个施工项目及其主要工种工程、准备工作和全工地工程的施工期限及其开竣工日期，从而确定建筑施工现场劳动力、材料、成品、半成品、施工机械的需要数量和调配情况，以及现场临时设施的数量、水电供应数量和能源、交通的需要数量等。

6.4.1 施工总进度计划的编制原则

（1）合理安排施工顺序，保证在劳动力、物资及资金消耗量最少的情况下，按规定工期完成拟建工程施工任务。

（2）采用合理的施工方法，使建设项目的施工连续、均衡进行。

（3）节约施工费用。

6.4.2 施工总进度计划的作用

（1）确定施工总进度目标。实现策划工期或合同约定的竣工日期是施工总进度计划的目标。

（2）进行施工总进度目标分解，确定里程碑事件的施工进度目标。可以将施工总进度目标依次分解为单项工程施工进度目标、单位工程施工进度目标、分部工程施工进度目标。它们的开始或者完成日期就是里程碑事件的施工进度目标。

（3）作为编制单位工程施工进度计划的依据。

（4）作为编制各种支持性计划的依据。这些计划包括人力资源计划、物资供应计划、施工机械设备需用计划、预制加工品计划、资金供应计划等。

6.4.3 施工总进度计划的内容

施工总进度计划的内容包括：编制说明，主要项目的工程量，各单位工程开竣工日期和相互搭接关系，施工总进度计划表（图）、资源需要量及供应平衡表等。

施工总进度计划表（图）是施工总进度计划中最主要的内容，它用来安排各单项工程和单位工程的计划开竣工日期、工期、搭接关系及其实施步骤。资源需要量及供应平衡表是根据施工总进度计划表（图）编制的保证计划，可包括劳动力、材料、预制构件和施工机械等资源需要量计划。

编制说明的内容包括编制依据、假设条件、指标说明、实施重点和难点、风险估计及应对措施等。

6.4.4 施工总进度计划的编制步骤

施工总进度计划的编制可按以下步骤进行。

（1）列出工程项目一览表（表6-5）并计算工程量。先根据建设项目的特点划分项目。由于施工总进度计划主要起控制性作用，因此项目划分不宜过细，可按确定的主要工程项目的开展顺序排列，一些附属项目、辅助工程及临时设施可以合并列出。

表6-5 工程项目一览表

单项工程或单位工程名称	工程编号	工程内容	概算额/万元						备注
			合计	建筑工程费	安装工程费	设备费	工器具购置费	工程建设其他费用	

在工程项目一览表的基础上，估算各主要项目的实物工程量。估算工程量可按初步设计（或扩大初步设计）图纸，并根据各种定额手册进行。估算的工程量应填入工程主要项目工程量汇总表（表6-6）。

表6-6 工程主要项目工程量汇总表

项 目			单 位	数 量	备 注
场地平整			m^2		
土方工程	开挖土方		m^2		
	回填土方		m^2		
防水工程	地下		m^2		
	屋面		m^2		
	卫生间		m^2		
混凝土工程	地上	防水混凝土	m^3		
		普通混凝土			
	地下	高强混凝土	m^3		
		普通混凝土			
⋮					

续表

项　目		单　位	数　量	备　注
模板工程	地上	m³		
	地下			
钢筋工程	地上	m³		
	地下			
砌体工程	地上	m³		
	地下			
装修工程	内檐	m³		
	外檐			
⋮				

（2）确定各单位工程的施工期限。单位工程的施工期限应根据施工单位的具体条件（如技术力量、管理水平、机械化施工程度等）及施工项目的建筑结构类型、工程规模、施工条件及施工现场环境等因素加以确定。此外，还应参考有关的工期定额来确定各单位工程的施工期限，但总工期应控制在合同工期以内。

（3）确定各单位工程开竣工日期和相互搭接关系。根据施工部署及单位工程施工期限，就可以安排各单位工程的开竣工日期和相互搭接关系。安排时，通常应考虑下列因素。

① 保证重点，兼顾一般。在安排进度时，要分清主次、抓住重点，同一时期施工的项目不宜过多，以免人力、物力分散。

② 满足连续、均衡施工的要求，尽量使劳动力、材料和机械设备的消耗在全工地内均衡。

③ 合理安排各期建筑物的施工顺序，缩短建设周期，尽早发挥效益。

④ 考虑季节影响，合理安排施工项目。

⑤ 使施工场地布置合理。

⑥ 对于工程规模较大、施工难度较大、施工工期较长及需先配套使用的单位工程，应尽量安排先施工。

⑦ 全面考虑各种条件的限制。在确定各建筑物施工顺序时，还应考虑各种客观条件的限制，如施工企业的施工力量，原材料、机械设备的供应情况，设计单位出图的时间，投资数量等对工程施工的影响。

（4）编制施工总进度计划。施工总进度计划是根据施工部署和施工方案，合理确定各单项工程的控制工期及它们之间的施工顺序和搭接关系的计划，应形成施工总（综合）进度计划（表6-7）和主要分部分项工程流水施工进度计划（表6-8）。

表 6-7　施工总（综合）进度计划

序号	工程名称	建筑指标		设备安装指标/t	造价/万元			总劳动量/工日	进度计划				
		单位	数量		合计	建筑工程	设备安装		第一年				第二年
									Ⅰ	Ⅱ	Ⅲ	Ⅳ	

注：1. 工程名称应按生产车间、辅助车间、动力车间、生活福利设施和管网等次序填列。

　　2. 进度线应按土建工程、设备安装工程和试运转以不同线条表示。

表 6-8　主要分部分项工程流水施工进度计划

序号	单位工程和分部分项工程名称	工程量		机械			劳动力			施工持续天数/天	施工进度计划 年　月												
		单位	数量	机械名称	台班数量	机械数量	专业工种名称	总工日数	平均人数		1	2	3	4	5	6	7	8	9	10	11	12

注：单位工程按主要项目填列，较小项目分类合并。分部分项工程只填列主要的，如土方包括竖向布置，并区分开挖与回填；砌筑包括砌砖与砌石；现浇混凝土与基础混凝土包括基础、框架、地面垫层混凝土；吊装包括装配式板材、梁、柱、屋架、砌块和钢结构；抹灰包括室内外装饰、地面、屋面、水、电、暖、卫和设备安装。

6.5　资源需要量计划

施工总进度计划编制以后，就可以编制各种资源需要量计划和施工准备工作计划了。各种资源需要量计划是做好劳动力及物资的供应、平衡、调度、落实的依据，其内容一般包括以下几个方面。

6.5.1　劳动力需要量计划

按照施工准备工作计划、施工总进度计划和主要分部分项工程流水施工计划，套用概算定额或经验资料，便可计算出各个建筑物主要工种的劳动量，再根据总进度计划中各单位工程各工种的持续时间，即可求得某单位工程在某段时间里的平均劳动力数。按同样的方法可计算出各个建筑物各主要工种在各个时期的平均工人数。将施工总进度计划表纵坐标方向上各单位工程同工种的人数叠加在一起并连成一条曲线，即成为某工种的劳动力动态曲线。根据劳动力动态曲线，可列出主要工种劳动力需要量计划（表 6 - 9）。

表 6 - 9　主要工种劳动力需要量计划

序号	工程名称	施工高峰需要人数	年				年				现有人数	多余（十）或不足（一）
			一季度	二季度	三季度	四季度	一季度	二季度	三季度	四季度		

注：1. 工种名称除生产工人外，还应包括附属辅助用工（如机修、运输、构件加工、材料保管等）及服务用工。

　　2. 表下应附分季度的劳动力动态曲线（纵轴表示人数，横轴表示时间）。

6.5.2　主要材料和预制加工品需要量计划

根据拟建的不同结构类型的工程项目和工程量总表，参照概算定额或已建类似工程资料，便可计算出各种建筑材料和预制加工品需要量、有关大型临时设施施工和拟采用的各种技术措施用料数量，然后编制主要材料和预制加工品需要量计划（表 6 - 10），以便于组织运输和筹建仓库。主要材料和预制加工品运输量计划见表 6 - 11。

表 6 - 10　主要材料和预制加工品需要量计划

工程名称	主要材料名称							
	型钢/t	钢板/t	钢筋/t	木材/m³	水泥/t	砖/千块	砂/m³	…

注：1. 主要材料可按型钢、钢板、钢筋、木材、水泥、砖、砂、石、油毡、油漆等填列。

　　2. 木材按成材计算。

表 6 - 11　主要材料和预制加工品运输量计划

序号	主要材料或预制加工品名称	单位	数量	折合吨数/t	运距/km			分类运输量/(t·km)				备注
					装货点	卸货点	距离	公路	铁路	航运	合计	

注：主要材料和预制加工品所需运输总量应另加入 8%～10% 的不可预见系数，生活日用品运输量按每人每年 1.2～1.5t 计算。

6.5.3　主要材料和预制加工品需要量进度计划

根据主要材料需要量计划和预制加工规划，参照施工总进度计划和主要分部分项工程流水施工进度计划，便可编制主要材料和预制加工品需要量进度计划（表 6 - 12）。

表 6-12 主要材料和预制加工品需要量进度计划

序号	主要材料或预制加工品名称	规格	单位	需要量				进 度				
				合计	正式工程	大型临时设施	施工措施	年				…
								一季度	二季度	三季度	四季度	

注：主要材料名称应与表 6-10 一致。

6.5.4 主要施工机械、设备需要量计划

主要施工机械、设备如挖土机、起重机等的需要量计划，应根据施工部署、施工方案、施工总进度计划、主要工种工程量及机械化施工参考资料进行编制。主要施工机械、设备需要量计划除用于组织机械、设备供应外，还可作为施工用电容量计算和确定停放场地面积的依据。主要施工机械、设备需要量计划见表 6-13。

表 6-13 主要施工机械、设备需要量计划

序号	主要施工机械、设备名称	规格型号	电动机功率/kW	数 量				购置价值/万元	使用时间	备注
				单位	需要量	现有	不足			

注：主要施工机械、设备名称可按土方、钢筋混凝土、起重、金属加工、运输、木加工、动力、测试、脚手架等分类填列。

6.5.5 大型临时设施计划

大型临时设施计划应本着尽量利用已有或拟建工程的原则，按照施工部署、施工方案、各种需要量计划，再参照业务量和临时设施计算结果进行编制。大型临时设施计划见表 6-14。

表 6-14 大型临时设施计划

序号	项目	名称	需要量		利用已有建筑	利用拟建永久工程	新建	单价/(元·m⁻²)	造价/万元	占地/m²	修建时间
			单位	数量							

注：项目名称包括一切属于大型临时设施的生产、生活用房，临时道路，临时用水、用电和供热系统。

6.6 施工总平面图

施工总平面图是拟建项目施工场地的总布置图。它是按照施工部署、施工方案和施工总进度计划的要求绘制的。它对施工现场的交通道路、材料仓库、附属生产或加工企业、临时建筑、临时水电管线等进行合理规划和布置，并用图纸的形式表达出来，从而正确处理全工地施工期间所需的各项设施与永久建筑、拟建工程之间的空间关系，以指导现场进行有组织、有计划的文明施工。

6.6.1 施工总平面图的设计原则

【施工现场平面布置】

（1）在满足施工的前提下，紧凑布置，尽量将占地范围减少到最小，不占或少占农田，不挤占道路。

（2）合理布置各种仓库、机械、加工场位置，缩短场内运输距离，尽可能避免二次搬运，减少运输费用，并保证运输方便、畅通。

（3）施工区域的划分和场地确定应符合施工流程要求，尽量减少各专业工种和各工程之间的干扰。

（4）充分利用已有的建（构）筑物和各种管线，凡拟建永久性工程能提前完工为施工服务的，应尽量提前完工，并在施工中代替临时设施。

（5）临时设施应方便生产和生活，办公区、生活区和生产区宜分开设置。

（6）符合节能、环保、安全和消防等要求。

（7）遵守当地主管部门和建设单位关于施工现场安全文明施工的相关规定。

6.6.2 施工总平面图的设计依据

（1）各种设计资料，包括建筑总平面图、地形地貌图、区域规划图、建筑项目范围内有关的一切已有的和拟建的各种设施的位置。

（2）建设地区的自然条件和技术经济条件。

（3）建设项目的建筑概况、施工方案、施工进度计划，以便了解各施工阶段的情况，合理规划施工场地。

（4）各种建筑材料、构件、加工品、施工机械和运输工具需要量一览表，以便规划工地内部的储放场地和运输线路。

（5）各构件加工场规模、仓库及其他临时设施的数量和外廓尺寸。

（6）根据项目总体施工部署，绘制现场不同施工阶段（期）的总平面布置图。

（7）施工总平面布置图的绘制应符合国家相关标准要求，并附必要的说明。

6.6.3 施工总平面图的设计内容

（1）项目施工用地范围内的地形状况。

（2）全部拟建的建（构）筑物和其他基础设施的位置。

（3）一切为全工地施工服务的临时设施的位置，包括以下内容。

【首钢苹果园四区11#楼
施工平面图】

① 施工用地范围的加工设施、运输设施的位置。

② 加工场、制备站及有关机械的位置。

③ 各种建筑材料、半成品、构件仓库的位置，生产工艺设备堆场的位置，取弃土方的位置。

④ 行政管理房、宿舍、文化生活福利设施等的位置。

【水清木华园施工平面图】

⑤ 施工用地范围的供电设施、供水供热设施、排水排污设施等，以及水源、电源、变压器等的位置。

⑥ 机械站、车库的位置。

（4）施工现场必备的安全、消防、保卫和环境保护等设施。

（5）相邻的地上、地下既有建（构）筑物及相关环境。

（6）永久性测量放线标桩的位置。

施工总平面图应该随着工程的进展，不断地进行修正和调整，以适应不同时期的需要。

6.6.4 施工总平面图的设计步骤

1. 场外交通道路的引入

场外交通道路的引入是指将地区或市政交通路线引入至施工场区入口处。设计全工地性施工总平面图时，首先应考虑大宗材料、成品、半成品、设备等进入工地的运输方式。

（1）铁路运输。当大量物资由铁路运入时，应首先解决铁路由何处引入及如何布置的问题。一般大型工业企业厂区内都设有永久性铁路专用线，通常可将其提前修建，以便为工程施工服务。但由于铁路的引入将严重影响场内施工的运输和安全，因此，引入点应靠近工地的一侧或两侧。仅当大型工地分为若干个独立的工区进行施工时，铁路才可引入工地中央。此时，铁路应位于每个工区的旁侧。

（2）水路运输。当大量物资由水路运入时，应首先考虑原有码头的利用和是否增设专用码头。要充分利用原有码头的吞吐能力。当需要增设专用码头时，卸货码头不应少于两个，且宽度应大于 2.5m，一般用石结构或钢筋混凝土结构建造。

（3）公路运输。当大量物资由公路运入时，一般先将仓库、加工场等生产性临时设施布置在最经济、合理的地方，然后再布置通向场外的公路线。

2. 仓库的布置

仓库一般应接近使用地点，其纵向宜与交通线路平行，装卸时间长的仓库应远离路边。

（1）当有铁路时，宜沿铁路布置周转库和中心库。

（2）一般材料仓库应邻近公路和施工区，并应有适当的堆场。

（3）水泥库和砂石堆场应布置在搅拌站附近。砖、石和预制构件应布置在垂直运输设备工作范围内，靠近用料地点。基础用块石堆场，应离坑沿一定距离，以免压塌边坡。钢筋、木材应布置在加工场附近。

（4）工具库应布置在加工区与施工区之间交通方便处，零星、小件、专用工具库可分设于各施工区段。

（5）车库、机械站应布置在现场入口处。

（6）油料、氧气、电石库应布置在边沿、人少的安全处；易燃材料库要布置在拟建工程的下风向。

3. 加工场和混凝土搅拌站的布置

加工场和混凝土搅拌站布置总的指导思想是应使材料和构件的货运量小，有关联的加工场适当集中。一般应将加工场集中布置在同一个地区，且多处于工地边沿。各种加工场应与相应的仓库或材料堆场布置在同一地区。

（1）如果有足够的混凝土输送设备，混凝土搅拌站宜集中布置，或现场不设搅拌站而使用商品混凝土；混凝土输送设备可分散布置在使用地点附近或起重机旁。

（2）临时混凝土构件预制厂尽量利用建设单位的空地。

（3）钢筋加工场宜设在混凝土预制构件场及主要施工对象附近；木材加工场的原木、锯材堆场应靠铁路、公路或水路沿线；锯材、成材、粗细木工加工间和成品堆场要按工艺流程布置，应设在施工区的下风向边缘。

（4）金属结构、锻工、电焊和机修车间等宜布置在一起。

（5）沥青熬制、生石灰熟化、石棉加工场等，由于会产生有毒有害气体污染空气，应从场外运来；必须在场内设置时，应设于下风向，且不危害当地居民；必须遵守城市政府在这方面的规定。

4. 场内运输道路的布置

场内运输道路的布置应根据各加工场、仓库及各施工对象的位置来确定，并研究货物周转运行图，以明确各段道路上的运输负担，区别主要道路和次要道路。规划这些道路时，要特别注意满足运输车辆的安全行驶，在任何情况下，不致形成交通阻塞。在规划临时道路时，还应考虑充分利用拟建的永久性道路系统，提前修建路基及简单路面，作为施工所需的临时道路。道路应有足够的宽度和转弯半径，场内道路干线应采用环形布置，主要道路宜采用双车道，其宽度不得小于 3.5m。临时道路的路面结构，应根据运输情况、运输工具和使用条件来确定。

5. 全场性垂直运输机械的布置

全场性垂直运输机械的布置应根据施工部署和施工方案所确定的内容而定。一般来说，小型垂直运输机械可由单位工程施工组织设计或分部工程作业计划做出具体安排，施工组织总设计一般根据工程特点和规模，仅考虑为全场服务的大型垂直运输机械的布置。

6. 行政与生活临时建筑的布置

行政与生活临时建筑可分为以下几种。

（1）行政管理和辅助生产用房，包括办公室、警卫室、消防站、汽车库及修理车间等。

（2）居住用房，包括职工宿舍、招待所等。

（3）生活福利用房，包括俱乐部、学校、托儿所、图书馆、浴室、理发室、开水房、商店、食堂、邮亭、医务所等。

对于各种行政管理与生活用房，应尽量利用建设单位的生活基地或现场附近的其他永久性建筑，不足部分另行修建临时建筑物。临时建筑物的设计应遵循经济、适用、装拆方便的原则，并根据当地的气候条件、工期长短确定其建筑与结构形式。

7. 临时水、电管网及其他动力设施的布置

（1）临时总变电站应设在高压线进入工地处，避免高压线穿过工地。临时自备发电设备应设置在现场中心或靠近主要用电区域。

（2）临时水池、水塔应设在用水中心和地势较高处。管网一般沿道路布置，供电线路应避免与其他管道设在同一侧，主要供水、供电管线采用环状管网，孤立点可设枝状管网。

（3）管线穿路处均要套以铁管，并埋入地下 0.6m 处。

（4）过冬的临时水管，须埋在冰冻线以下或采取保温措施。

（5）排水沟沿道路布置，纵坡不小于 0.2%，过路处须设涵管，在山地建设时应有防洪设施。

（6）室外消火栓应在在建工程、临时用房、可燃材料堆场及其加工场附近均匀布置，消火栓离在建工程、临时用房、可燃材料堆场及其加工场的外边线不小于 5m，消火栓间距不大于 120m，最大保护半径不大于 150m。

（7）各种管道布置的最小净距应符合有关规定。

6.6.5 施工总平面图的绘制

（1）确定图幅大小和绘图比例。图幅大小和绘图比例应根据建设工程项目的规模、工地大小及布置内容多少来确定。图幅一般可选用 1～2 号图纸，常用比例为 1：1000 或 1：2000。

（2）合理规划和设计图面。施工总平面图除了要反映施工现场的布置内容外，还要反映周围环境。因此，在绘图时，应合理规划和设计图面，并应留出一定的空余图面绘制指北针、图例及文字说明等。

（3）绘制建筑总平面图的有关内容。将现场测量的方格网、现场内外已建的建（构）筑物、道路和拟建工程等，按正确的内容绘制在图面上。

（4）绘制工地需要的临时设施。根据布置要求及计算面积，将道路、仓库、材料加工场和水电管网等临时设施绘制到图面上。对复杂的工程必要时可采用模型布置。

（5）形成施工总平面图。在进行各项布置后，经分析比较、调整修改，形成施工总平面图，并做必要的文字说明，标上图例、比例、指北针。

【施工现场平面图
绘制软件简介】

完成的施工总平面图其比例要正确，图例要规范，线条要粗细分明，字迹要端正，图面要整洁美观。

6.7 技术经济指标

施工组织总设计编制完成后，还需要对其进行技术经济分析和评价，以便进行方案改进或多方案优选。施工组织总设计的技术经济指标应反映出设计方案的技术水平和经济性，一般常用的指标如下。

（1）施工占地系数：

$$施工占地系数＝用地面积/建筑面积$$

（2）工期指标：总工期、各单位工程工期。

（3）劳动生产率：单位用工（工日/平方米竣工面积），劳动力不均衡系数。

$$劳动力不均衡系数＝施工期高峰人数/施工期平均人数$$

（4）质量指标：优良、合格等奖项。

（5）降低成本指标：

$$降低成本额＝预算成本额－计划成本额$$
$$降低成本率＝降低成本额/预算成本额$$

（6）安全指标：以工伤事故频率控制数表示。

（7）节约三材百分率：节约钢材百分率、节约木材百分率和节约水泥百分率。

$$节约三材百分率＝（预算用量－计划用量）/预算用量$$

6.8 施工组织总设计实例

6.8.1 编制依据

（略）

6.8.2 工程概况

1. 基本概况

××住宅小区东五区1＃、2＃、3＃、4＃楼，位于××居住区的东南部，总建筑面积约34279.39m²。本工程建设概况见表6-15。

表 6 - 15 本工程建设概况

序 号	项 目	内 容
1	工程名称	××住宅小区东五区 1♯、2♯、3♯、4♯楼
2	工程地址	××市
3	建设单位	××市城市改建综合开发公司
4	设计单位	××建筑设计有限公司
5	监督单位	××质量监督站
6	监理单位	××建设工程咨询有限公司
7	施工单位	××公司第五项目经理部
8	建筑面积	总建筑面积 34279.39m²，地上面积 33079.11m²，地下面积 1200.28m²，其中 1♯楼 4510.83m²，2♯楼 4313.34m²，3♯楼 12693.68m²，4♯楼 12761.54m²
9	建筑功能	民用住宅
10	结构类型	剪力墙结构
11	合同工期	351 天
12	质量目标	合格工程
13	安全目标	区级安全文明工地
14	资金来源	自有、自筹
15	结算方式	中标价＋增减概算

2. 建筑设计概况

××住宅小区东五区 1♯、2♯、3♯、4♯楼，1♯、2♯楼地上 6 层，首层局部为物业用房，其他为住宅，地下 1 层，为自行车库；3♯、4♯楼地上 6 层，首层局部为物业用房，其他为住宅。本工程建筑设计概况见表 6 - 16。

表 6 - 16 本工程建筑设计概况

序号	项 目	内 容			
1	建筑面积	建筑总面积	34279.39m²	地上面积	33079.11m²
				地下面积	1200.28m²
		1♯建筑面积	4510.83m²	地上面积	3889.3m²
				地下面积	621.53m²
		2♯建筑面积	4313.34m²	地上面积	3734.59m²
				地下面积	578.75m²
		3♯建筑面积	12693.68m²		
		4♯建筑面积	12761.54m²		

续表

序号	项 目		内 容			
2	建筑层数	地下	1 层（1#、2#楼）		地上	6 层
3	建筑层高	地下	3.3m（1#、2#楼）		地上	2.7m
4	檐高	17.7m		建筑最高点标高		20.09m
5	建筑	±0.000 标高		绝对标高 37.200m		
6	标高	室内外高差		0.9m		
7	结构类型	全现浇剪力墙结构				
8	耐火等级	一级				
9	保温	墙体	外墙内保温（粘贴粉刷石膏聚苯板）			
		屋面	100mm 厚加气混凝土块和 30mm 厚聚苯板			
10	墙体	钢筋混凝土墙、陶粒隔墙板				
11	外装修	外墙装修	凹凸外墙涂料			
		屋面	不上人屋面、彩砖上人屋面、坡屋面			
		门窗	中空玻璃塑钢门窗			
12	内装修	楼、地面	水泥地面			
		踢脚	水泥踢脚			
		内墙	白色耐擦洗涂料			
		顶棚	白色耐擦洗涂料			
13	防水工程	屋面	单层 4mm 厚 SBS 改性沥青防水卷材			
		卫生间地面	1.5mm 厚聚氨酯防水涂料			
		地下	2 层 3mm 厚 SBS 改性沥青防水卷材（外防水）			
		屋面防水等级	Ⅱ级			
		防水构造	地下室以外回填宽度大于 800mm 的 2∶8 灰土			

3. 结构设计概况

本工程结构设计概况见表 6 - 17。

表 6 - 17 本工程结构设计概况

序号	项 目		内 容
1	地质概况	直接持力层土质情况	②层为黏质粉土、粉质黏土
		地基承载力标准值	160kPa
		地下最高水位	3.2m
2	建筑场地类别		Ⅲ类
3	地基土的冰冻深度		800mm

续表

序号	项　目	内　容			
4	地基基础的设计等级	乙级			
5	建筑结构的安全等级	二级			
6	混凝土结构的环境类别	地下	二类 b	地上	一类
7	建筑抗震设防类别	丙类			
8	建筑抗震设防烈度	8 度			
9	建筑结构抗震等级	2 级			
10	基础形式	筏板基础（1♯、2♯楼）、带形基础（3♯、4♯楼）		基础底板厚度为 400mm	
11	基础底标高	－3.735m（1♯、2♯楼）及－3.1m（3♯、4♯楼）			
12	混凝土强度等级	C15	基础垫层		
		C30	基础底板（抗渗等级 S8）、主体梁、板、墙		
		C20	其他构件		
13	钢筋类别	HPB300 有 φ6、φ8、φ10，HRB335 有 ⌀12、⌀14、⌀16、⌀18、⌀20、⌀22			
14	钢筋的接头形式	绑扎搭接和滚轧直螺纹机械连接			
15	结构断面尺寸	基础底板	400mm		
		墙体截面厚度	地下外墙 250mm，内墙 160mm（1♯、2♯楼），地上 160mm		
		顶板截面厚度	地下	180mm	
			地上	160mm	

4．给排水、暖通设计概况

本工程给排水、暖通设计概况见表 6-18。

表 6-18　本工程给排水、暖通设计概况

序号	项　目		设计要求	系统做法	管线类别
1	给排水工程	给水系统	市政管网 DN200 直接供水，水压环状布置	丝扣连接、热熔连接	热镀锌钢管、PP-R 管
		排水系统	伸顶通气立管二层至顶层为一排水系统	卡箍连接、焊接	机制铸铁排水管、焊接钢管
2	暖通工程	采暖系统	集中供暖设分户计量，系统为下供下回的双管系统，户内系统采用双管异程式，入户采暖管由地沟敷设	焊接连接、热熔连接、法兰连接	热镀锌钢管、PB 管

5. 电气设计概况

本工程电气设计概况见表 6 - 19。

表 6 - 19　本工程电气设计概况

序号	项　目	内　容
1	配电系统	由小区变电站引来交流 220/380V 三相四线制低压电源。各路低压电缆分别至首层或地下室，再分别至各低压配电箱。住宅设一户一磁卡，设计供电各户 6kW，电表集中在电表箱内，动力配电均采用放射或树干式配电方式。照明公用部位以白炽灯为主，楼梯间、走道采用声控延时开关，住宅内仅预留照明灯头，灯具由住户自理，钢管管线暗敷于墙内、楼板内，穿塑铜线
2	防雷接地系统	屋面设避雷网，进入建筑物的线路及金属管道等电位连接，利用柱内钢筋作为引下线至基础接地体，接地电阻不大于 0.5Ω，接地形式采用 TN - C - S 系统
3	电信系统	电信只敷设支路入户管线，用户点采用信息插座及电话插孔
4	有线电视系统	由市网引来，由专业公司穿线，预埋管线于墙内、楼板内，穿带线
5	可视对讲系统	线路穿 SC 管暗敷设，导线及设备由供应商提供

6.8.3　施工部署

1. 施工组织

1）施工组织系统

为确保本工程质量和安全既定目标的实现，建立完善的质量环境管理体系，本工程实施全过程、全员的全面质量管理。××住宅小区东五区 1#、2#、3#、4# 楼组织机构如图 6 - 2 所示。

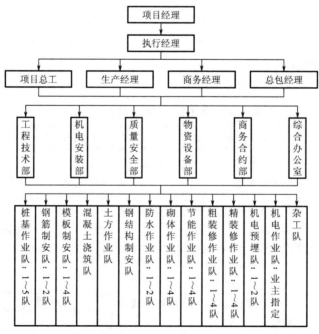

图 6 - 2　××住宅小区东五区 1#、2#、3#、4# 楼组织机构

2）项目组织机构职能分配

为确保全面履行对甲方的承诺，各级管理人员均具有全现浇结构住宅工程施工管理经验，并由项目经理对各岗位人员进行上岗考核，实现对工程全方位的组织管理，以确保工程顺利进行。具体组织机构职能分配见表 6 - 20。

表 6 - 20 具体组织机构职能分配

序号	职　务	岗　位　职　责
1	项目经理	负责工程施工全面工作，负责协调甲方、监理以及分包单位与工程建设的配合，执行公司的质量方针，确保本工程实现结构优质和"朝阳杯"的目标，以及实现"北京市文明安全工地"达标
2	项目主任	执行项目部的质量、环境目标分解工作，负责工程施工中日常生产、质量、安全管理的全面工作，组织召开生产调度会
3	工程组	负责施工生产过程的全面控制工作，主持召开生产调度会议，负责施工设备的使用情况检查，对重点工程进行过程记录等
4	技术组	积极配合项目主任的工作，熟悉工程图纸，解决相关技术问题，编制主要工序的施工方案及各工序的技术交底，对新工艺和新技术的采用与推广、质量控制的分析、通病的预防等制定相关措施
5	材料组	按照质量管理体系要求对材料管理负责，负责进场材料的验收、标识、记录，严格履行物资复试、发放的程序，合理调配，减少材料的积压和浪费
6	质检组	严格按规范、验评标准进行检查与验收，建立健全质量管理台账，及时反馈工程施工过程中的质量情况，如果发现工程有质量问题，及时反映给项目主任和技术负责人
7	质管组	负责质量、环境记录的收集及归档工作，做好宣传工作，在项目经理的领导下建立质量、环保体系，贯彻执行程序文件，并留有记录
8	试验组	按工程资料管理规程要求，对相关材料进场及时试验、复试，及时反馈材料试验结果信息
9	经营组	负责工程的预算和结算工作，负责做好项目的合同评审工作
10	安全组	积极配合贯彻和执行上级的各项安全管理制度，监督安全保证体系正常运转，并监督检查执行情况
11	电气组	负责工程中电气、管线的安装，对有关电气的施工技术及质量负责
12	水暖组	负责工程中水暖设备、管线的安装，对有关水暖的施工技术及质量负责

2. 施工任务划分

（1）总包单位与甲方的施工任务划分，具体见表 6 - 21。

表 6-21　施工任务划分

负 责 单 位	任 务 范 围
总包单位	土建工程、给排水工程、采暖工程、电气工程等施工图纸全部内容
甲方	电视、通信、室外工程

（2）项目经理部作为总承包单位，负责所有发包分包结算工作，并监督其施工全过程，对工程中专业性很强的工程项目确定分包单位，根据分包单位资质、施工能力等，取得甲方及监理单位的同意再进行分包，使本工程在总体的施工部署之下有条不紊地进行，用科学管理的方法，充分利用有限资源，高质快速地完成施工任务。

（3）总包单位与分包单位的关系：总包方对分包单位负有管理、监督、协调的责任，并保证所有施工项目的工期、质量符合合同及规范的要求。

3. 施工部署原则及计划

1）施工部署原则、总施工顺序

（1）××住宅小区东五区 1#、2#、3#、4#楼施工总体部署原则是：以全面实现施工合同确定的各项目标为前提，以先进适用、高效安全、经济环保为原则，充分发挥公司施工的管理经验和优势，在甲方和监理单位的指导配合下，合理地调度和优化人力、物力等资源，科学地制定施工方案和技术措施，在分部和分项施工中，做到严密部署、精心组织、狠抓落实、加强监督，认真全面地把各项技术措施落实到位，按计划完成各项施工任务。

（2）结合本工程的结构特点、工期要求和施工现场的条件，其总体开工顺序是先地下后地上，按照基础、结构、装修、水电设备等交叉作业的顺序安排，同时适时地安排主体结构的中间验收，力争尽早进行二次结构和样板间的装修施工，为装修工程争取更充分的时间，为全面按期完工创造条件。

（3）由于有 4 栋楼，项目经理部准备采用 3 个劳务队，采用平行流水、立体交叉作业，1#、2#楼按照 2 段进行流水，3#、4#楼按照 7 段进行流水，与此同时，穿插暖卫、电气、设备安装，做到相互制约、相互促进、协调施工。

（4）考虑到有关环境污染方面的控制，现场在结构施工阶段不设置搅拌设施，全部采用经考察合格的预拌混凝土搅拌站提供的预拌混凝土。

（5）本工程结构施工时在 1#、2#楼之间设置 1 台自升固定塔式起重机（C5015），在 3#、4#楼之间设置 2 台自升固定塔式起重机（C5015）；装修阶段采用双排架施工，且在 1#、2#楼各设 1 个龙门架，3#、4#楼各设 2 个龙门架；水平运输用翻斗车和手推车。

（6）本工程结构施工时，地下墙体采用 6015 模板拼装，地上墙体采用定型大钢模板，楼板采用竹胶板拼装。钢筋在施工现场进行加工，由塔式起重机运输至楼面安装。

（7）在结构进行到五层时，及时办理好二层以下结构的验收手续，进行二次结构施工，水暖、电气等安装与二次结构配合穿插进行。选定二层样板间，样板间经甲方、监理、现场项目部各方验收合格后，方可进行其他各层的装修施工。外墙装修在结构全部封顶并通过验收后，与屋面工程同时施工。专业管线施工在主体结构验收之后逐层进行施工。

2）主要施工项目的施工进度计划

1#、2#楼施工进度计划见表6-22，3#、4#施工进度计划见表6-23。

表6-22 1#、2#楼施工进度计划

序　　号	施工项目		起始日期	终止日期
1	土方开挖、打钎		2012.11.5	2012.11.17
2	基础工程		2012.11.18	2012.12.28
3	主体工程	1～2层	2012.12.29	2013.1.28
		3～6层	2013.3.1	2013.5.1
4	装修工程		2013.5.2	2013.7.27
5	竣工清理及验收		2013.7.28	2013.7.30

表6-23 3#、4#楼施工进度计划

序　　号	施工项目		起始日期	终止日期
1	土方开挖、打钎		2012.11.5	2012.11.17
2	基础工程		2012.11.18	2012.12.24
3	主体工程	1～2层	2012.12.25	2013.1.25
		3～6层	2013.3.1	2013.5.1
4	装修工程		2013.5.2	2013.7.27
5	竣工清理及验收		2013.7.28	2013.7.30

说明：如遇特殊情况做相应调整。

3）主要项目工程量计划

主要项目工程量计划见表6-24。

表6-24 主要项目工程量计划

主要项目	单　　位	工　程　量
挖土量	m^3	18000
回填土量	m^3	8000
C15混凝土	m^3	885.00
C20混凝土	m^3	1514
C30混凝土	m^3	11727.00
SBS改性沥青防水卷材	m^2	8300
聚氨酯防水涂料	m^2	17802
二次结构砌块	m^3	627
塑钢门窗	m^2	8597.00
外墙涂料	m^2	1366
白色耐擦洗涂料	m^2	96162.00
外墙内保温板	m^2	25089.00

4）主要劳动力计划

本工程劳动力实行专业化组织，按不同工种、不同施工部位来划分作业班组，使各专业班组从事性质相同的工作，提高操作的熟练程度和劳动生产率，以确保工程施工质量和施工进度。现按直接用工约 5 工日/m² 计算，由于 4 栋楼同时平行施工，4 栋楼的总体劳动力计划见表 6-25。

表 6-25 4 栋楼的总体劳动力计划 　　　　　　　　　　　　　　　　单位：人

工 种	时 间								
	11 月	12 月	1 月	2 月	3 月	4 月	5 月	6 月	7 月
混凝土工	70	80	80	10	80	80	60	60	50
木工	100	100	100	10	100	100	80	80	60
钢筋工	100	100	100	10	100	100	80	80	80
架子工	30	40	40	10	60	60	80	80	60
水暖工	30	40	40	20	60	60	90	90	90
电工	30	40	40	20	60	60	90	90	90
电焊工	30	30	30	5	30	30	40	40	30
瓦工	30	50	50	10	80	80	90	90	80
油工	10	10	10	20	40	40	100	100	100
壮工	50	70	70	30	90	90	80	80	60
总人数	480	560	560	145	700	700	790	790	700

5）主要材料、半成品、成品加工计划

主要材料、半成品、成品加工计划见表 6-26。

表 6-26 主要材料、半成品、成品加工计划

序号	主要材料名称		数 量	单 位	进 场 日 期
1	水泥		2022	t	2012.10.28
2	钢材		1815	t	2012.11.5
3	木材		10	m³	2012.11.5
4	钢制大模板		3800	m²	2012.12.8
5	防水材料	止水带	370	m	2012.11.5
		SBS 改性沥青防水卷材	8300	m²	2012.11.5
		聚氨酯防水涂料	17802	m²	2013.4.20
6	涂料	耐擦洗涂料	13800	m²	2013.5.10
7	门窗	塑钢门窗	8597	m²	2013.5.5
		三防门	428	樘	2013.6.5
		防火门	216	樘	2013.5.10

序号		主要材料名称	数 量	单 位	进场日期
8	隔墙	160mm 厚加气陶粒砌块	833	m³	2013.4.20
9	保温	15mm 厚胶粉聚苯颗粒	2700	m²	2013.6.10
		40mm 厚聚苯板及辅助材料	7600	m²	2013.6.10
		屋面保温板	5500	m²	2013.5.10
10		通风道	380	m²	2013.6.10
11		钢管	20000	m	2012.11.11
12		电缆、电线	50000	m	2013.6.10
13		灯具、开关	3800	个	2013.7.30
14		PB-R 管	9000	m	2013.6.10
15		PB 管	12000	m	2012.6.10
16		铸铁管	1500	m	2013.3.15

6）总包与甲方、监理单位和设计单位的配合关系

（1）总包与甲方的配合。

开工前，我项目经理部将与甲方代表取得联系，充分了解甲方关于质量、工期、选材等各方面的要求，我们将以甲方的要求为首要的考虑方向，来指导我们的各项措施和管理。

在施工管理过程中，我们将以"顾客至上"为原则，坚决执行甲方的各项指令，并通过定期的会议和其他途径将甲方的要求传达给工程的所有参建单位。

我项目经理部将定期制作工程简报，向甲方和有关单位反映、通报工程进展情况和急需解决的问题，使其了解工程的进展情况并及时解决施工中出现的问题。

根据工程进展情况，我项目经理部还将不定期地召开各种协调会，协调甲方与相关各业务部门的关系，以确保工程进度。

如果工程中有中间验收，我项目经理部将提前 3 天书面申报甲方，以确保甲方提前组织安排。如果是竣工验收，我项目经理部将提前 15 天书面申报甲方，以确保甲方提前组织安排。

（2）总包与监理单位的配合。

在施工全过程中，我项目经理部将严格按照经甲方及监理工程师批准的施工组织总设计或施工专项方案对工程供方的质量进行管理。在工程供方自检和我项目经理部专检的基础上，我项目经理部接受监理工程师的验收和检查，并按照监理工程师的要求，及时予以整改。

要求进场的工程供方必须贯彻我项目经理部建立的质量控制、检查、管理制度，我项目经理部将据此对工程供方进行质量预控，确保产品达到预定的质量目标。我项目经理部是总包单位，对工程供方的质量，我方先进行预验收，合格后报监理单位验收，坚决杜绝工程供方不服从监理工作的现象发生。

所有进入现场的成品、半成品、设备、材料、器具均主动向监理工程师提前报验，并向监理工程师提交各种物资报验资料，此外还主动请监理工程师到现场检查验收，使所使用的材料、设备合格有效。

对每一个分项工程，我项目经理部将及时报验，在自检合格的基础上，报请监理工程师验收，严格执行"上道工序不合格，下道工序不准施工"的原则，使监理工程师的工作顺利进行。现场一旦发生意见不统一，我项目经理部将严格服从监理工程师的原则，以保证工程质量和工程进度。

如果施工中有中间验收，在竣工验收前，我项目经理部和监理工程师将根据验收日期，在验收之前提前进行预验收，如果预验收合格再进行正式验收，否则将立即整改，合格后方可正式验收。

（3）总包与设计单位的配合。

开工前，我项目经理部将认真熟悉图纸，领会设计意图，对不清楚、不明白的问题整理成图纸会审记录，在设计交底中及时询问设计单位并加以解决。

在施工过程中，我项目经理部对一些工程的难点、重点将根据设计图纸编制详细的二次设计及放样方案，并及时请设计师审核签字后再开始施工。

在施工过程中，我项目经理部除要按照设计师、监理工程师的要求及时处理图纸问题外，还要对设计中出现的失误及不符合国家强制性条文的问题，及时与设计师沟通，协商解决。

在施工过程中，如果有中间结构验收等，我项目经理部将提前3天通知甲方和设计单位，以确保甲方和设计单位安排好工作。

6.8.4　施工准备

1. 技术准备

1）一般技术性准备

由项目经理组织所有专业人员，在工程开工前，进行图纸会审，对所有有关疑问进行汇总，为设计交底做好准备。同时，由项目经理组织相关人员，根据设计施工图纸编制施工组织总设计。

在工程开工前，由建设单位组织设计单位、监理单位、施工单位进行设计交底工作。

由项目经理组织各组人员深入学习贯彻 ISO 9001 汇总标准的内容和集团公司质量环境程序文件，领会质量、环境保证措施，为保证工程质量做好充分的技术准备。

根据设计施工图纸，核实工程所需的图集、规范，购买必备的作业指导书。

与监理单位共同商定有见证取样资格的试验单位，并办好一切手续。

由甲方与政府监督部门商定本工程有关监督检查验收的部位、时间等事项。

工程中标后，我项目经理部便认真编制本单位工程施工组织设计，经各方审批后，由项目经理组织进行施工组织总设计交底，然后根据施工组织总设计，编制各种施工技术方案及方案交底。

根据施工组织总设计和方案，由专业工长制定分项工程的技术交底，并在现场由专业工长向各操作层进行书面和口头交底，以保证工程质量一次合格。

2）测量装置的准备计划

测量装置的准备计划见表 6-27。

表 6-27　测量装置的准备计划

序　号	仪器名称	规格型号	单　位	数　量	检验状态
1	经纬仪	TDJ2E	台	3	合格
2	水准仪	DS3	台	3	合格
3	回弹仪	HT225A	台	2	合格
4	声级计	AW5633A	个	1	合格
5	铝合金塔尺	5m	把	3	合格
6	钢卷尺	50m	把	3	合格
7	天平、砝码	100～500g	套	2	合格
8	游标卡尺	150×0.2	把	2	合格
9	水平尺	550mm	把	4	合格
10	垂直检测尺	JZC-2	把	4	合格
11	环刀	10cm 圆	个	4	合格
12	坍落度桶	30cm 高	只	4	合格
13	混凝土试模	100×100×100	组	40	合格
14	抗渗试模	175×185×150	组	5	合格
15	温度计	-30～100℃	个	50	合格
16	高低温度计	/	个	2	合格
17	塞尺	JZC-2	把	4	合格
18	对讲机	/	个	4	合格

3）技术工作计划

施工方案编制计划见表 6-28。

表 6-28　施工方案编制计划

序　号	名　称	编制部门	编制人	完成时间
1	施工测量方案	技术组	××	2012.10.8
2	土方工程方案	技术组	××	2012.10.25
3	模板工程施工方案	技术组	××	2012.10.28
4	钢筋工程施工方案	技术组	××	2012.10.30
5	混凝土工程施工方案	技术组	××	2012.10.30
6	屋面工程施工方案	技术组	××	2013.5.1
7	雨期施工方案	技术组	××	2013.6.20
8	冬期施工方案	技术组	××	2012.10.15

序 号	名 称	编制部门	编 制 人	完 成 时 间
9	样板间施工方案	技术组	××	2013.4.20
10	装修工程施工方案	技术组	××	2013.4.20
11	水暖工程施工方案	技术组	××	2012.10.25
12	电气工程施工方案	技术组	××	2012.10.25
13	脚手架施工方案	技术组	××	2012.10.25
14	塔式起重机施工方案	技术组	××	2012.10.25

根据工程量由技术负责人在工程开工前确定试验工作计划，确定见证取样的数量和部位，以保证其均匀性、完整性、准确性，报监理工程师审批，并提前组织试验员进行培训、交底。

4）人员培训计划（略）

5）工程的定位及高程引测

根据测绘院给出的红线桩成果、施工平面图，由放线员引测轴线控制桩及标高引测点，经验线员验收合格后，报监理复测。

红线桩的校测和施工测量控制网的测设：依据测绘院提供的红线桩及坐标数据，对红线及水准点进行校核，然后测设施工测量控制网，定控制桩。对控制桩的保护措施：采用混凝土浇筑。

水准点的校测及测设：对测绘院提供的两个水准点实测高差，并与提供的高程数据的差值进行对比校核。依据水准点高程，采用全测法布置施工水准点，满足精度要求后，将水准点加以保护。

6）新技术、新工艺推广计划（略）

2. 生产准备

1）临时水计算

由于工程混凝土全部采用预拌混凝土，所以施工中仅考虑混凝土养护、卫生清洁及消防用水量。

（1）混凝土养护用水量。

混凝土养护用水量按 150L/m³ 计，每班养护按 300m³ 计算，则

$$q_1 = K_1 \sum Q_1 N_1 K_2 / (T_1 b \times 8 \times 3600) = 1.05 \times 300 \times 1.5 \times 14126 / (180 \times 8 \times 3600)$$
$$= 1.28(\text{L/s})$$

式中　q_1——混凝土养护用水量；

$\quad$ K_1——未预计的施工用水系数，取 1.05～1.15；

$\quad$ Q_1——年（季）度计划完成工程量；

$\quad$ N_1——施工用水定额；

$\quad$ K_2——现场施工用水不均衡系数；

$\quad$ T_1——年（季）度有效作业日；

$\quad$ b——每天工作班数。

（2）卫生清洁用水量。

$$q_2 = 1200 \times 40 \times 1.4/(2 \times 8 \times 3600) = 1.16(\text{L/s})$$

（3）消防用水量。

$$q_3 = 10\text{L/s}$$

因此，1.28 + 1.16 = 2.45(L/s) < 10L/s，故按消防用水量计算其管径。

（4）临时水管管径计算。

$$D = [4Q/(\pi V \times 1000)]^{0.5} = [4 \times 10/(3.14 \times 1.6 \times 1000)]^{0.5} = 90(\text{mm})$$

式中　D——配水管直径（m）；

　　　Q——总用水量（L/s）；

　　　V——管网水流速 m/s（取经济流速 1.6m/s）。

根据以上计算及施工现场的施工条件及水源，在施工场地四侧布置 $DN100$ 的环形管网，供施工现场使用，管线埋地铺设。室外设消火栓，分别由总管中接出 $DN80$ 的管径。

施工现场道路一侧设排水沟，雨水经沉淀后排至市政管网，大门出入口处设洗车池，以保证市政的清洁，具体位置见施工总平面图。

2）施工用电量计算

照明用电、施工现场及办公室内外照明，按施工用电量的 10% 计算。

施工现场动力用电量，即机械设备额定功率总和为 716kW，焊接机械额定功率为 120kV·A。

$$P = 1.05 \times [K_1 \times (\sum P_1/\cos\varphi) + K_2 \times \sum P_2]$$

式中　P——供电设备需要容量（kV·A）；

　　　P_1——机械设备额定功率（kW）；

　　　P_2——电焊机额定功率（kV·A）。

其中 K_1 取 0.5，K_2 取 0.5，$\cos\varphi$ 取 0.75，则

$$P = 1.05 \times [0.5 \times (716/0.75) + 0.5 \times 120] \approx 564(\text{kV·A})$$

供电设备需要容量为 564kV·A，照明用电量为 56.4kV·A，施工用电量共计 620.4kV·A。

根据以上计算，准备用 2 台 315kV·A 的变压器，可以满足施工要求，线路走向及配电设施详见平面布置图。主要机械设备需求计划及用量见表 6-29。

表 6-29　主要机械设备需求计划及用量

序号	机 械 名 称	型　号	单位	数量	功率 /kW	总功率 /kW	使 用 时 间	
1	塔式起重机	C5015	台	3	65	195	基础、结构	2012.11.15
2	混凝土输送泵	HBT60C	台	3	90	270	基础、结构	2012.11.20
3	龙门架	/	台	6	2	12	装修	2013.5.1
4	电刨	MMB-350	台	6	3	18	全过程	2012.11.15
5	电锯	MJL2-105	台	6	1.5	9	全过程	2012.11.15
6	电焊机	BX-630	台	8	15	120kV·A	全过程	2012.11.11

序号	机械名称	型号	单位	数量	功率/kW	总功率/kW	使用时间	
7	切断机	GQ40	台	4	4	16	基础、结构	2012.11.11
8	弯曲机	QW40	台	4	3	12	基础、结构	2012.11.11
9	砂轮切割机	JG－400	台	4	5	20	基础、结构	2012.11.11
10	振动器	ZN－50	台	40	1.5	60	基础、结构	2012.11.15
11	搅拌机	JS－250	台	6	15	90	装修	2013.5.1
12	蛙式打夯机	HW－32	台	8	1	8	结构	2012.11.15
13	木工砂轮	/	台	8	0.75	6	结构	2012.11.15
总功率						716kW 120kV·A		

3）临时道路及围墙

本工程准备在南北方向设主干路，主干道采用150mm厚混凝土路面，道路宽6m，辅路宽3.5m，路侧设砌砖排水沟。现场不能弃土，土方全部外运。为便于施工现场物资及安全管理，现场砌围墙与外界分隔开来，围墙基础采用页岩砖砌筑，围墙挡板尺寸为900mm×2000mm，由我公司下属的专业金属加工车间统一加工、安装。

3. 生产、生活临时设施布置（略）

6.8.5　主要施工方法及技术措施

1. 流水段的划分

根据合同要求，结合工程特点，基础、主体结构工程均采用合理划分流水段的方法进行施工。

1♯楼分成两个流水段：1段，1～15轴；2段，15～30轴。

2♯楼分成两个流水段：1段，1～15轴；2段，15～31轴。

3♯楼分成七个流水段：1段，1－1轴～1－15轴；2段，2－1轴～2－17轴；3段，2－17轴～2－33轴；4段，3－1轴～3－17轴；5段，3－17轴～3－33轴；6段，4－1轴～4－17轴；7段，4－17轴～4－33轴。

4♯楼分成七个流水段：1段，1－1轴～1－15轴；2段，2－1轴～2－17轴；3段，2－17轴～2－33轴；4段，3－1轴～3－17轴；5段，3－17轴～3－33轴；6段，4－1轴～4－17轴；7段，4－17轴～4－33轴。

2. 大型施工机械设备的选择

根据本工程的特点，按照技术方案的要求，本着保证施工进度、提高效率、节约成本的原则，合理地选择各个施工阶段的施工机械。

基础土方施工采用大型机械配合挖运，机械数量按进度、数量需要进行组织安排，机械采用分包方式。基础和主体结构工程施工模板、钢筋采用塔式起重机垂直运输。模板和钢筋采用常用的加工机械进行加工，装修材料的垂直运输采用龙门架（6台）配合双排脚手架施工。

对大型机械的安装和拆卸要编制合理的方案，按照工程进度和方案的要求及时组织机械设备进场安装，并经检验合格后方可使用。

本工程配有专人对施工机械、设备进行日常维修和定期保养，保证各类机械、设备的正常运转，保证完好率达到95％以上。

材料组要严格按公司质量文件的有关规定，对各类机具的使用、维修、保养工作进行监督检查。

3. 主要分部施工顺序、主要施工方法及技术措施

1）主要分部工程施工顺序（略）

2）施工测量工程（略）

3）土方工程

施工前，先向甲方了解施工现场是否有各种地下管线及其他建筑；提前做好开槽线，经监理工程师验收合格；提前编制好土方施工方案；提前与城建、市容、环卫、交通及渣土单位办好相应手续，确保土方开挖顺利进行。本工程土方准备采用机械与人工挖土相结合的方式。准备使用2台挖土机同时开工，从东、西两个方向同时后退施工。

土方开挖时根据护坡需求分层进行挖土，工作操作面为1000mm。机械开挖时，水准仪控制标高，严禁超挖，并预留300mm土层，采用人工开挖。

回填土之前，将基层清理干净。回填土使用前过筛，其粒径不大于50mm，并提前由试验员取土样送试验室进行土工击实试验，根据土工击实试验报告，然后再进行土方回填，每一层虚铺厚度为250mm，要求打夯时一夯压半夯，夯夯相连、行行相连。夯实后，由现场试验员取土样进行土壤干密度测试，如未达到干密度要求，再进行夯实并取土样测试，直至土压实系数达到要求为止。在此土层上再虚铺200～250mm的土。以此类推，直至回填到室外地坪。

4）模板工程

为了使混凝土达到清水混凝土的效果，保证工程质量，我项目部准备在地下部分采用6015模板拼装，在地上部分均采用钢制大模板，顶板模板采用10mm厚的竹胶板，支撑采用TLC碗口脚手管体系，楼梯采用我项目部自制的定型模板。

根据定位桩线放出垫层模板边线，然后用10mm×10mm木方（内侧刨光，刷好脱模剂）进行支设，采用内外侧钉钢筋桩的方法进行加固。

基础底板外侧采用6015模板拼装：支设时，按线安放阴阳角模，由两端向中间摆放6015钢模，如中间出现缝隙，则用三面刨光的木方填充，两侧用ϕ12螺栓与钢模连接。

地下室墙体采用6015钢模拼装，用ϕ12螺栓与钢模连接。要求外墙模板穿墙螺栓必须采用止水环型穿墙螺栓，止水环的宽度为80mm。

剪力墙等模板设计：在模板使用前，由专业厂家进行模板设计，确定模板施工方案。

墙模板选用LD-86系列主龙骨模板，整体性强、刚度大、拼缝少，墙体表面效果好，具体结构和面板采用6mm厚钢板，边框采用8#槽钢，竖向龙骨采用8#冷弯槽钢，加强背楞采用10#槽钢，相邻模板间使用专用的模板连接器进行拉结。

标准层内墙模板板高为 2.7m；浇筑模板混凝土时，浇至板底以上 20mm 处；浇筑顶板时，将高出的 20mm 的松散混凝土及浮浆清理干净，以使顶板混凝土和墙体混凝土达到吻合状态；穿墙螺杆竖向共设三道拉杆。

为了确保外墙模板层间无凹缝，一般采取直接连接的方法；墙模板高度设计为 2.7m（层高）＋0.05m＝2.75m；安装时，外墙模板下口标高为下一层顶板标高减 0.05m，以确保顶板连接缝处不漏浆。

阴角模板采用搭接式角模，尺寸为 350mm；阴角模板与大模板之间只留 2mm 缝隙，以便于拆模；为了防止阴角模板向墙内倾斜，特设计阴角模板拉接器进行 45°拉结。

阳角处设计成阳角模板，把两块模板焊接成整体使之成为一个刚性角，阳角的边长一般为墙厚加上阴角模板边长，这样能保证墙体结构棱角分明、不漏浆。

顶板模板的支设采用竹胶板拼装，满堂红钢管架，立管间距 800mm，底部垫通长脚手板，横管步距 1.2m。满堂红钢管架立柱按布置图进行设置，保证上下层立柱在同一位置。板与板之间的缝采用硬拼，顶板阴角拼缝采用竹胶板底加钉 50mm×100mm 刨光木方与墙体接缝，缝间贴海绵条。

楼梯踏步板侧板均采用 50mm 厚木模配制外贴 12mm 厚竹胶板，踏步挡板三角木用 50mm 厚木跳板配制，并且刨光。底板采用 10mm 厚竹胶板配制，底楞用 50mm×100mm 木方，纵向间距 200mm，横向用 100mm×100mm 木方用 U 形托卡卡住。

施工时，根据给出的标高线和轴线先立平台梁、平台板的模板以及梯基的侧板，在平台梁和梯基上钉托木，将搁栅支于托木上，搁栅的间距为 400～500mm，断面为 50mm×100mm，然后在搁栅上铺梯段底板。在底板上划梯段宽度线，依线立两侧外帮板，梯段中间按尺寸加设三角木，三角木的两端与平台梁和梯基的侧板钉牢，然后在三角木与外帮板之间逐块钉踏步侧板。踏步侧板一头钉在外帮板的木档上，另一头钉在三角木的侧面上。休息平台与梯段下支承采用钢管支承体系。

模板安装前先熟悉模板和模板平面布置图纸。安装模板前，检查楼层的墙身控制线、门口线及标高线。在吊装模板前，为了防止大模板下口漏浆，先在模板下口粘贴海绵条，以减少漏浆。模板吊装前，先涂刷油性脱模剂。

先吊入角模（将角模吊钩与墙立筋用 8♯铅丝连接，靠在钢筋上），再吊入一侧墙模、就位、调垂直，穿拉杆、放 PVC 套管，就位另一侧墙模，穿对拉螺栓、调整垂直度，处理节点（安装阴角连接器、模板连接器等）。

垂直结构、柱、墙板的拆除要保证混凝土边角的完整及混凝土强度达到 1.2MPa 方可松动螺栓。冬季施工时根据混凝土强度推算达到 4MPa，并根据同条件养护试块试压合格，由技术负责人下达拆模通知书方可拆模。梁、板、悬臂构件底模拆除要求见表 6-30。

表 6-30 梁、板、悬臂构件底模拆除要求

结 构 类 型	结构跨度/m	按设计的混凝土强度标准值的百分率/%
板	2<L≤8	≥75
梁	≤8	≥75
悬臂构件	—	≥100

5）钢筋工程

熟悉施工图纸，及时发现施工图纸中的疑点及错误的地方，提前与设计协商办理相应洽商。

对重要部位和特殊部位施工前绘制施工大样图，便于有效地指导施工。

本工程准备基础底板上部钢筋和下部钢筋（20mm）均采用直螺纹套筒连接的方法，在同一截面钢筋接头根数不超过钢筋总根数的 50%。

剪力墙（包括暗柱）中直径小于 16mm 的纵向钢筋采用绑扎连接；剪力墙中水平钢筋采用绑扎连接。

顶板钢筋中下部钢筋均在墙体支座中锚固 $10d$ 且不小于 120mm，上部钢筋锚固 $15d$。

基础底板钢筋的绑扎顺序：先绑扎平行于 1 轴的下层下部钢筋，然后绑扎垂直于 1 轴的下层上部钢筋，再绑扎暗梁，接着绑扎垂直于 1 轴的上层下部钢筋，最后绑扎平行于 1 轴的上层上部钢筋。

暗梁锚固长度、基础底板钢筋锚固长度及剪力墙纵向受力钢筋锚固长度，严格按照 G101 图集要求确定。

基础底板下部钢筋保护层采用 40mm 厚的卵石混凝土垫块，其他墙体、框架柱、梁、顶板保护层均使用塑料垫块。钢筋保护层厚度见表 6-31。

表 6-31 钢筋保护层厚度

构　件	基础底板及条形基础	地下外墙	地上墙体	现浇楼板	梁	柱
保护层厚度/mm	下部 40 上部 25	外侧 30 内侧 15	15	15	25	30

6）混凝土工程

混凝土工程施工工艺流程：施工准备→混凝土运输→混凝土浇筑→混凝土振捣→墙柱、板拆模→混凝土养护→验收。

为了确保工程质量及工期安排，结构工程用混凝土全部采用预拌混凝土。每次浇筑预拌混凝土前，必须向商品搅拌站提出技术要求，其具体技术要求详见混凝土工程施工方案。

采用插入式振动器快插慢拔，插点要均匀排列，逐点移动，顺序进行，不得遗漏，做到均匀振实，移动间距为 500mm，振捣上一层必须插入下一层 50mm，以消除两层之间的接缝，上层振捣后随时用木杠刮平并用木抹子搓实，并及时将水赶走，抹平。常温下采用浇水湿润，养护时间为 14 天。

地下室外墙水平施工缝留在底板上 300mm，均加设钢板止水带；顶板施工缝必须留在板跨的 1/3 处。墙体竖向施工缝留在门窗口处；墙体水平施工缝留在板下及板上。楼梯施工缝位置：留置在楼梯梁的一半处及休息平台的 1/3 处。

7）外墙陶粒混凝土砌块工程

外墙陶粒混凝土砌块工程施工工艺流程：墙体放线→基层处理→（底部砌 200mm 高灰砂砖）→制备砂浆→砌块排列→砌陶粒混凝土块。

砌体施工前，按设计图纸放出门洞口线、墙边线。拌制砌筑砂浆：现场采用砂浆搅拌机拌制混合砂浆，按配合比要求配制，砂浆配合比采用质量比，计量精度水泥为±2%，砂及白灰膏为±5%。搅拌机的投料顺序为砂→水泥→白灰膏→水，拌和时间不得少于1.5min，砂浆随拌随用，必须在拌成后3h内使用完。

将砌筑陶粒混凝土墙根部位的混凝土表面清扫干净。墙根200mm高部位采用蒸压灰砂砖砌块砌筑。

按砌块排列图在砌体线范围内分块定尺、划线。排列砌块的方法和要求如下：上下皮错缝搭砌搭砌长度为砌体的1/2，不得小于砌体长度的1/3，也不得小于150mm，竖向灰缝宽20mm，水平灰缝宽15mm，转角处相互咬砌搭接。

陶粒混凝土结构墙、柱连接处设计2φ6钢筋通长布置，拉结筋理直后水平铺在水平灰缝内，竖向间距不大于600mm。

外墙在窗台下口处或窗台下一皮处设厚度为60mm的混凝土带（内配纵向钢筋3φ6），往上每1.5m处增设一道混凝土带。

隔墙长度超过6m的增设200mm×墙厚的构造柱，构造柱配筋为4φ12/φ6@250。

砌块与门窗口连接：提前10天预制混凝土砌块，靠门口一侧放防腐处理的梯形木块，木门口要求洞口大于2.1m的放置四块混凝土砖，上下各放一块，中间均分。铝合金门窗洞口要求隔皮放置。

超过500mm的洞口必须加过梁，配筋为4φ10/φ6@250，高度为150mm，两端超出洞口大于200mm。

8）外装修工程

外墙装修做法为喷涂涂料。

外装修工程施工工艺流程：基层处理、抹灰→刷底漆→分格、弹线、粘胶带→拌制涂饰用料→面层喷涂→起分格条→勾缝。

清理混凝土表面流浆、尘土，将凹凸不平超过1cm的混凝土表面用水湿润，先用1∶3水泥砂浆修整，凹凸不超过1cm的混凝土表面用水泥腻子找平。用弹性腻子进行大面找平，弹线，用塑料胶条将大角、阴角及分格条进行粘贴，用刷子涂刷一层防潮底漆，直到完全无渗色为止。第一遍基层变色后即可喷射第二遍，第二遍喷至盖底、浆不流淌为止，第三遍喷至面层出浆、表面呈波状、灰浆饱满、不流坠、颜色一致、总厚度为3~4mm。待其干燥后，再加喷一道花点。起塑料胶条，将分格条处用黑色涂料勾缝。

9）防水工程

基础底板、地下室外墙及屋面防水均采用SBS改性沥青防水卷材。

防水工程施工工艺流程：基层清理→涂刷基层处理剂→附加层施工→粘贴防水卷材→接头处理→卷材末端收头→蓄水试验→做保护层。

施工前将验收合格的找平层清理干净。用长把滚刷将基层处理剂均匀涂布于基层，注意不漏刷、不透底，小面或细部要认真对待。在女儿墙、水落口、管道根、檐口、阴阳角等部位，首先用聚氨酯防水涂料涂刷两遍后，再用热熔法做好附加层，附加层宽度和高度分别不小于250mm，必须贴实粘牢。根据屋面尺寸、卷材的有效宽度弹好铺贴控制线。根据铺贴控制线打开卷材，确定铺设的具体位置，在铺设的位置及搭接长度符合要求后，采用喷灯热熔法将卷材末端粘贴在基层上，再将卷材重新卷起。铺贴从标高最低处开始往上铺,喷枪距加热基层与卷材交界处 30cm 左右,往返均匀加热,与平面夹角约为 30°。当防水卷材表面被喷灯熔融至光亮的黑色时立即滚铺卷材,并用力挤压,以便把沥青挤压出来,排除卷材下面的空气,使之平展,不得皱折,并辊压黏结牢固。

各层卷材的短边搭接宽度为 80mm,长边搭接宽度为 100mm,搭接沿长边方向。卷材搭接缝处以溢出热熔的改性沥青为宜,并随即刮封接口,末端收头可用密封膏嵌填严密。铺贴在立墙上的卷材高度不小于 250mm,收头及压口一律用 20mm×0.55mm 镀锌钢板压条和水泥钉(中距 300mm)钉牢,最后用密封膏封严。防水层铺贴完毕做 24 小时闭水试验,闭水高度为高于地面最高点 2cm,经检查合格,确认无渗漏时再做下道工序。卫生间等防水部位的地面采用聚氨酯防水涂料在基层表面上用滚刷均匀地涂刷一道,涂刷量为 0.2kg/m² 左右,涂刷后干燥 4h 以上,手感不粘时才能进行下道工序施工。在地漏、管根、阴阳角、出水口和卫生洁具根部等容易漏水的部位先用聚氨酯防水涂料,中间夹一层玻璃丝布作为附加层,两侧各压 200mm。

10)塑钢门窗安装工程

根据设计图纸中门窗的安装位置、尺寸和标高,依据门窗中线向两边量出门窗边线,以顶层门窗边线为准,用经纬仪将门窗边线下引,并在各层门窗口处画线标记,对个别不直的口边剔凿处理。

门窗的水平位置楼层室内 +50mm 的水平线为准向上反量出窗下皮标高,弹线找直。每一层必须保持窗下皮标高一致。

按图纸尺寸要求将塑钢门窗框(先做防腐)用膨胀螺栓固定在两边混凝土墙上,且要保证其位置正确、安装牢固。

根据画好的门窗定位线,用膨胀螺栓将塑钢门窗框安装在墙体上,并及时调整好门窗框的水平、垂直及对角线长度等符合质量标准。

塑钢门窗框与墙体之间的缝用发泡胶填塞缝隙。

平开窗在框与扇格架组装上墙、安装固定好后再安装玻璃,即先调整好框与扇的缝隙,再将玻璃安装入扇并调整好位置,最后镶嵌密封条及密封胶。

五金配件与门窗连接用镀锌螺钉。安装的五金配件应结实牢固,使用灵活。

11)外墙外保温和内保温工程

外墙外保温和内保温工程施工工艺流程:基层处理→粘贴聚苯板→抹粉刷石膏砂浆→绷玻纤布→刮耐水腻子。

在 600mm×900mm 聚苯板周边一圈 50mm 宽范围内满抹专用黏结石膏,板中间抹梅花点黏结石膏,将聚苯板粘贴在墙上,聚苯板之间不留缝。抹 8mm 厚粉刷石膏砂浆。粉刷石膏初凝前紧贴表面横向绷平压入一层玻纤布,待粉刷石膏基本干燥后,在其表面用建筑胶再粘贴一层玻纤布,待胶凝结硬化后满刮 3mm 厚耐水腻子。

12)室内顶棚及墙面耐擦洗涂料

室内顶棚及墙面耐擦洗涂料施工工艺流程:基层处理→刮耐水腻子→砂纸打磨→涂料涂刷→成品保护。

施工前,将基层清扫干净,除去灰尘、污物;用 1∶3 水泥砂浆打底,用 1∶2.5 水泥砂浆抹面,最后再进行墙面水泥腻子找平、找方;然后刮耐水腻子,每道腻子之后用砂纸打磨,确保墙面的平整度;顶棚用水泥腻子找平,修补后,刮耐水腻子;然后开始涂刷涂料，先涂刷顶棚再涂刷墙面，同一饰面先竖向刷再横向刷，操作要均匀，保证不漏刷。要求保证阴阳角和三线角顺直、方正。

13）水泥砂浆地面工程

水泥砂浆地面工程施工工艺流程：基层处理→洒水湿润→刷素水泥浆→找标高冲筋、贴灰饼→铺水泥砂浆、找平、压第一遍→第二遍压光→第三遍压光→养护。

将基层表面的杂物、砂浆块等清理干净，暖气管线路铺设完毕并验收合格。浇灌混凝土的前一天对楼板基层表面进行洒水湿润。根据 500mm 标高水平线，用 1：2 水泥干硬性水泥砂浆在基层上做灰饼，大小约 50mm，纵横间距约 1.5m。面层水泥砂浆配合比为 1：2，稠度不大于 35mm，拌和均匀、颜色一致。在基层上均匀扫素水泥浆，随扫随铺砂浆，随铺随找平，同时把利用过的灰饼敲掉，用砂浆填平，水泥砂浆面层厚度为 20mm。铺抹砂浆后，用木杠按灰饼高度将砂浆找平，用木抹子搓揉压实，用靠尺检查平整度，抹时用力均匀，后退操作，待砂浆收水后，随即用铁抹子进行第一遍抹平压实，至起浆为止。在压平第一遍后，水泥砂浆地面凝结至人踩上去有脚印但不下陷时铁抹子边抹边压。在水泥砂浆终凝前进行第三遍压光。阳台与室内地面有高差时不留分格条，高差台甩在与阳台相交一侧。地面交活 24h 后及时洒水养护，以后每天洒水两次，至少连续养护 7 天后，方能上人。

14）脚手架工程

结构施工采用外挂式脚手架，装修施工采用双排立柱式钢管脚手架和龙门架，外挂密目隔离网。阳台处全部采用 φ48 脚手管搭设定型挑架，在阳台上面预埋 2φ10 钢筋环，间距不大于 1500mm，防护高度与挂架相同。

15）电气工程（略）

16）水暖工程（略）

6.8.6 主要施工管理措施

1. 工期管理措施

开工前做好各种施工准备工作，以项目经理为核心，集中统一领导、加强统筹部署，由项目经理负责技术、质量管理，以确保施工的质量和进度要求。

制订详细合理的施工进度计划，实施流水施工，安排足够的劳动力、物力，投入足够的周转材料。

保证施工进度计划的严肃性，计划一经批准就必须认真严格地落实实施，在生产中实行网络计划控制，确保关键线路工期。

采用总施工进度计划、基础工程施工进度计划、主体工程施工进度计划、装修工程施工进度计划及月（周）计划对进度进行分级控制。

由项目经理根据工程总施工进度计划制订每月施工进度计划。

每月 25 日由项目经理向施工班组下发施工任务书，规定当月的施工任务指标，并对实际情况进行检查。每月的施工进度计划同拨付工程款挂钩。阶段工作安排要有预见性，避免因技术、材料及不可预见因素而导致生产停滞。

合理划分流水段，土建、暖卫、电气、设备安装采用平面流水、立体交叉作业，签订工期保证协议，明确目标和奖罚条件，做到相互制约、相互促进、协调施工。

最大限度地采用新技术、新工艺、新方法，充分提高机械设备使用效率，积极为生产创造条件。

暖卫、电气、设备安装施工与二次结构施工配合穿插进行，在 3 层主体施工完成后提前插入装修。

2. 质量、技术管理措施

1）工程质量目标

（1）结构工程质量目标：优良。

（2）竣工工程质量目标：合格。

（3）分部工程质量目标：合格。

2）质量控制措施

（1）质量控制和保证原则。

建立完整的质量保证体系，强化"项目管理，以人为本"的指导思想，为质量控制和保证提供坚实的素质基础。发挥自身优势，对管理人员进行业务培训及思想教育，提高全员的质量意识，为过程精品的实现提供有力的保证。根据上述质量目标，将质量目标层层分解，制定严格的质量管理奖罚制度，坚决做到"凡事有章可循，凡事有人负责，凡事有人监督，凡事有据可查"，制定切实可行的施工方案，在施工技术和施工方案上加强质量控制，使质量目标的实现得到有效的保证。严格执行"样板制""三检制"程序以及过程质量检查程序，确保分部分项工程的合格率及优良率，确保质量目标的实现。

利用计算机技术等先进的管理手段，进行项目管理和质量管理的控制，强化质量检测和验收手段，加强质量管理的基础性工作。料具组对主要原材料统一签订订货合同，把好原材料、成品、半成品以及设备的出厂质量和进场质量关，并确保检验、试验和验收与工程进度同步，工程资料与工程进度同步，竣工资料与工程竣工同步，用户手册与工程竣工同步。

（2）过程管理程序。

针对上述质量目标，我项目经理部将"运用严格的管理方法，严谨的工作作风，为用户提供优质的工程，以优质的服务实现对顾客的承诺"，实现我们的工程质量目标。

由项目经理对所有施工人员进行定期的质量教育，提高全员的质量意识，树立"质量第一、预防为主"的质量意识，即要做到质量责任重于泰山，抓质量的人永远能看到问题，搞质量的人永远不能说满意，对质量的追求永无止境，本着对人民、对历史负责的精神干好本职工作。

在施工过程中我们要做好"四检"工作，即遵循施工队自检、项目部专检、现场指挥部复检、监理验收的四级检查制度，加强工序管理，认真做好隐蔽工程的检测记录，使工程中的每一道工序都在质量保证体系的监督控制下进行。

3）质量记录的控制管理

由资料员收集土建、水暖、电气等专业的质量记录，进行统一管理。对质量记录进行标识、填写、收集、归档、储存、保管，按规定进行严格控制，以保证产品达到规定的要求。要求质量记录随着工程进度及时填写，确保准确性、齐全性。

4) 主要分项工程技术管理措施（略）

3. 成品保护管理措施

1) 钢筋工程

钢筋绑扎过程中，严禁碰动预埋件及洞口模板，钢筋绑扎好后，严禁踩踏；在模板上涂刷隔离剂时不得污染钢筋；水电安装不得任意切断和移动钢筋。

2) 模板工程

模板运输轻起轻放，不准碰撞，防止变形；拆模不得用大锤砸、撬棍撬，以免损坏混凝土表面和棱角；拆下的大模板要及时清理、刷油、码放，以待重复使用；角模、顶板模、门窗洞口胎模拆下后应及时检查、修补。

3) 混凝土工程

浇筑完后及时覆盖养护，不达到一定强度，严禁上人施工。

4) 防水工程

施工时不得穿带钉子的鞋踩踏防水层，已做好的防水层要派专人看护，防止人为破坏。

5) 装饰工程

由于装修期间各工种交叉作业频繁，成品、半成品通常容易出现二次污染、损坏和丢失，因此应组织一个成品保护小组，分层、分工序落实到人，负责成品保护工作。

6) 安装工程

各种预留管线、洞口要做好相应保护，防止堵塞。

对已完成的房间及楼层要及时封闭，专人看管，对出入人员进行登记，严防成品丢失和损坏。

4. 安全文明施工管理措施

1) 目标：区级安全文明工地

本工程的安全文明管理，将按照 GB/T 19002 和 GB/T 14001 标准，实行标准化、科学化管理，并结合工程实际特点，制订标准化管理措施，达到"以标准规范人、以标准规范物"的目标，消除施工现场的不安全行为和不安全状态，创建美观整洁的施工环境，控制环境污染，争获区级安全文明工地。

2) 安全组织机构

本工程实行项目经理承包负责制，组成齐抓共管与分级负责的安全生产保证体系。

(1) 项目经理是安全的第一责任人，全面负责文明安全管理。

(2) 技术负责人是安全技术的第一责任人，负责安全技术措施的审核批准与监督实施。

(3) 下设安全组、工程组、质检组、技术组、料具组，是对现场文明安全全过程进行监督管理的监督保证层。

3) 安全文明管理实施方案

为保证安全生产、文明施工，争获区级安全文明工地，我们将采取下列管理措施。

(1) 安全防护措施。

① 土方工程：采用机械开挖，人工清底，四周搭设 1.5m 高的护栏，立挂安全网。距

坑边 1m 以内不得堆土、堆料、放置机具，人员上下采用钢管制作的爬梯，加设护栏。

② 脚手架工程：基础、主体施工采用双排立柱式脚手架和龙门架。

③ 预留洞口：对于 15cm×15cm 以上洞口采用统一制作的木制盖板遮盖，编号由专人负责，用砂浆固定。

④ 楼梯侧边：在每施工层楼梯口采用安全网遮盖，四周设移动钢管式防护栏，设 1.2m 高护身栏两道，同结构固定。

⑤ 结构施工层或屋面周边：设 1.2m 高护身栏两道，立挂安全网。

⑥ 阳台边：设 1.5m 高护身栏两道，立挂安全网。

⑦ 通道：搭设长 3m，宽于通道两边各 1m 的防护棚。

⑧ 出入口：搭设钢管式防护棚，棚长为距架子外侧 6m，棚宽 4m，顶铺双层 5cm 厚木板，两侧用密目网封闭。

⑨ 电梯井口：安装金属可开启式防护门，高度为 1.5m。电梯井内首层及每隔四层设水平安全网。

（2）安全防护管理控制。

① 临时用电技术措施（略）。

② 临时用电管理控制（略）。

③ 机械安全技术措施（略）。

④ 机械安全管理控制（略）。

⑤ 消防保卫管理措施（略）。

⑥ 消防保卫管理控制（略）。

⑦ 施工现场管理措施（略）。

⑧ 施工现场管理控制（略）。

⑨ 环境保护管理措施（略）。

⑩ 环境保护管理控制（略）。

5. 雨期和冬期施工管理措施

1）雨期施工措施

每年的 6 月 15 日至 9 月 15 日进入雨期施工，根据本工程施工进度安排，本工程雨期主要进行结构施工。

成立防汛领导小组，同时制订防汛计划和紧急预防措施。各专业夜间均设专职的值班人员，保证昼夜有人值班并做好值班记录。同时要设置天气预报员，负责收听和发布天气情况。做好施工人员的雨期施工培训工作，组织相关人员进行一次全面检查，施工现场的准备工作包括临时设施、临电、机械设备等项工作。检查施工现场及生产、生活基地的排水设施，疏通各种排水渠，清理雨水排水口，保证雨天排水通畅。现场道路两旁设排水沟，保证不滑、不陷、不积水。清理现场障碍物，保持现场道路畅通。道路两旁一定范围内不要堆放物品，且高度不宜超过 1.5m，以保证视野开阔，道路畅通。施工现场、工棚、仓库、食堂等暂设工程各分管单位应在雨期前进行全面检查和整修，以保证基础、道路不塌陷，房间不漏雨，场区不积水。雨期所需材料、设备和其他用品，如水泵、抽水软管、草袋、塑料布、苫布等由材料科负责提前准备，及时组织进行。水泵等设备应提前检修。

水泥全部存入仓库，没有仓库的应搭设专门的棚子，保证不漏、不潮，下面应架空通风，四周设排水沟，避免积水。

2）冬期施工

当室外日平均气温连续 5 天稳定低于 5℃即进入冬期施工，当室外日平均气温连续 5 天稳定高于 5℃即解除冬期施工。本工程进入冬期施工时正在进行基础结构和 1～2 层主体结构施工。

成立冬期施工组织系统，并将各种材料提前进场。冬期空气干燥，要高度重视防火，现场消防器材备齐，消火栓标志明显，道路畅通。施工人员宿舍内不准乱拉接电线，拉接电线要用电工。施工用明火要有专人看管，不准用易燃油点火，用火完后要认真熄灭，使用明火要开明火证。每日下班后或逢大风雪天气，现场除留下必要的照明装置外，其他用电机具应及时拉闸断电，风雪天气过后，电工应对供电线和电气组件进行检查，待确认无误后方可送电。

施工人员进入现场必须戴安全帽，不准在现场打闹，防止发生磕碰，造成事故。

6. 竣工保修、回访管理措施

1）保修期限

施工工程项目申请核定前，施工方与建设方签订《工程保修合同》《住宅工程保修服务卡》（含房屋设备使用说明）。保修期限为自工程竣工验收合格之日起算。

（1）土建工程地面、墙面、顶棚、门窗等为 2 年，其中屋面、卫生间防水及有防水要求的房间及外墙为 5 年。

（2）建筑物的电气管线安装、电梯设备安装、上下水管线安装工程为 2 年。

（3）建筑物的供热及供冷为 2 个采暖期及供冷期。

2）工程回访

在进行例行保修工作的同时，应根据自身情况，制订年度回访计划，一般在一年内应做好两次回访工作（雨季及冬季），并认真做好书面记录落实实施。

本着"谁施工、谁负责回访保修"的原则，本工程竣工后，组建回访保修小组，发现问题及时返修并做好书面记录。

住宅工程竣工后要 100％向用户发放《住宅工程保修服务卡》，做好优质服务。凡住户提出的问题要认真记录，及时返修，并将返修记录请甲方（物业）、业主签字确认。在回访保修工作中必须做到"优质服务、用户第一、服务第一、礼貌第一"。

3）保修责任

工程组负责回访保修工作，对用户提出的质量投诉认真对待并及时合理答复。

回访保修工作本着"谁施工、谁负责"的原则，如发生未能及时回访保修造成的用户投诉，工程组将采取必要的措施，包括赔偿、修复。

凡不属于工程保修责任范围内的质量问题，原则上由顾客负责，如需我项目经理部协助修理时，我们会尽力相助，并由经营组签订维修合同，其费用由顾客承担。

7. 降低成本管理措施

严格控制人工费支出，开工前编制设计预算和施工预算，通过两算对比，量入为出。严格执行限额领料制度，并建立仓库管理制度，贯彻"节约有奖，浪费罚款"的规章制度。钢筋集中在加工场配料，采用对焊等措施，降低钢材消耗。进行模板配料设计，尽量采用标准规格模板，减少非标准模板，节约木模。认真清理模板，并刷脱模剂，提高模板周转使用次数。电梯井采用筒子模，装拆快速、方便，提高功效，节约人工费用。门窗口模板采用竹胶板及塑料板制作，减少模板投入量，加快周转使用，提高功效。混凝土施工采用泵送及塔式起重机入模，加快施工进度，减轻劳动强度，节约人工费。材料进场用塔式起重机一次运至作业面，减少人工二次搬运，提高功效，节约人工费用。合理安排工序交叉和连接，避免工序停歇，加快施工进度，提高工时利用率。推行现代化管理，应用计算机技术提高工作效率，缩短施工工期，节约开支和管理费。墙体采用定型钢制大模，楼梯采用上下紧固、整体定型钢模，一次浇筑成型混凝土楼梯做法。

8. 控制扬尘及现阶段施工安全措施

1) 控制扬尘措施（略）

2) 临时施工安全措施（略）

3) 临时用电技术措施

电源采用三相五线制，由各项目部分别安装总配电箱。现场采用三级配电制，即总配电箱—分电箱—开关箱，动力照明电箱分别设置。

实行两级保护，在分电箱及开关箱内，根据机械型号、电流量分别安装漏电保护器，其中开关箱内漏电保护器动作电流为 30mA，其动作时间小于 0.1s，在使用电夯时，漏电保护器使用 15mA 的防溅型漏电保护器。开关箱内实行一机一闸一漏一箱，距固定的机械设备 5m 以内。

工程内照明，采用 36V 低压灯具，每个门、每个层次设置电盒，安装电源插座，供照明使用。

所有电力机械做接零保护，保护零线在端子板处压接牢固。塔式起重机做防雷接地保护，采用镀锌杆，每 20m 一组，每组 3 根，保护接地值小于 4Ω。

6.8.7 主要经济指标

本工程的主要经济指标见表 6-32。

表 6-32 本工程的主要经济指标

序号	竣工目标	目标内容
1	工程质量目标	合格工程
2	工程安全目标	杜绝重大安全事故，创区级安全文明工地
3	工程工期目标	合同工期：2012 年 10 月 30 日开工，2013 年 10 月 16 日竣工，总工期为 351 天。实际工期：2012 年 11 月 5 日开工，2013 年 7 月 30 日竣工，总工期为 267 天。提前 84 天竣工
4	工程环保目标	无尘土飞扬、蚊蝇乱飞现象，无噪声污染及扰民现象
5	降低成本目标	力争成本节约率达到 2‰
6	回访目标	竣工后保证回访率 100%

6.8.8 施工平面布置

1. 现场平面的总体布置原则

根据本工程施工现场范围大的情况，以"利于施工、方便管理、保证安全文明工地达标"为前提，以"安全实用、节约环保"为原则，对施工现场的各项施工设施的平面布置进行统一、科学、合理的规划。

2. 具体布置

本工程施工区和生活区分开布置，准备在1♯、2♯楼东侧未开工的托幼中心处加盖施工人员宿舍区。施工区、生活区的围挡均采用我公司金属结构厂生产的夹心彩板。

根据施工现场的实际情况，准备设南大门，大门内按照文明施工要求设置"一图七板"。与大门对应的是6m宽的混凝土主路，与主路相连在各楼区之间的是3.5m宽的混凝土辅路，在没有硬化的场地种花种草。

【建筑施工组织设计规范】

甲方提供的变压器供现场及生活用电，具体位置和线路详见施工平面布置图。根据建设单位提供的水源分别埋设生活区、施工现场的水管，具体位置和线路详见施工平面布置图。

◖ 项目小结 ◗

本项目介绍了施工组织总设计的内容及编制方法，包括工程概况、施工部署、施工总进度计划、资源需要量计划、施工总平面布置、主要技术经济指标，并附有一份较为详细的施工组织总设计实例。通过本项目的学习，学生应能掌握施工组织总设计的编制程序及编制方法，并能独立完成施工组织总设计的编制。

◖ 习 题 ◗

一、单选题

1. 施工组织总设计是由（ ）负责编制的。

A. 监理公司的总工程师   B. 建设单位的总工程师

C. 项目经理部的总工程师   D. 项目经理部的技术员

2. 施工总平面图中仓库与材料堆场的布置应（ ）。

A. 考虑不同的材料和运输方法而定   B. 布置在施工现场

C. 另外设置一个独立的仓库   D. 布置在现场外

3. 为保证场内运输畅通，主要道路的宽度不应小于（ ）。

A. 5m   B. 5.5m   C. 6m   D. 6.5m

4. 施工总平面中砂浆搅拌站的布置宜（ ）。

A. 集中   B. 分散

C. 分散与集中相结合　　　　　　　D. 根据需要而定

5. 施工组织总设计的编制依据不正确的是（　　　）。

A. 计划批准文件及有关合同的规定　　B. 设计文件及有关规定

C. 建设地区的工程勘察资料　　　　　D. 施工组织单项设计

6. 主要施工部署不包括（　　　）。

A. 施工总目标　　　　　　　　　　　B. 施工管理组织

C. 施工总体安排　　　　　　　　　　D. 制定管理程序

7. 确定工程开展程序应保证（　　　）。

A. 工期　　　　　　　　　　　　　　B. 投入

C. 先地上、后地下　　　　　　　　　D. 先支线、后干线

8. 资源需要量计划不包括（　　　）。

A. 劳动力需要量计划　　　　　　　　B. 资金需要量计划

C. 各种物资需要量计划　　　　　　　D. 施工机械需要量计划

9. 选择水源应考虑的因素不包括（　　　）。

A. 水量　　　　　B. 水质　　　　　C. 安全可靠　　　　D. 距离

二、简答题

1. 简述施工组织总设计的编制依据。

2. 简述施工组织总设计编制的基本原则。

3. 施工组织总设计的编制内容有哪些？

4. 简述施工总平面图的设计步骤。

5. 施工组织总设计中主要技术经济指标有哪些？

项目 7 施工进度控制

了解施工进度控制的基本概念及其影响因素；了解施工进度控制的内容、措施及其原理；熟悉施工进度计划的实施与检查；掌握施工进度控制的主要方法和措施，横道图比较法，S形曲线比较法，香蕉形曲线比较法，前锋线比较法，列表比较法；能利用施工进度控制比较方法分析进度偏差及其产生原因，并分析预测对后续工作及总工期的影响，做出合理调整。

能力目标	知识要点	权重
能叙述施工进度控制的概念、影响因素、内容、措施和原理	(1) 施工进度控制的基本概念及其影响因素 (2) 施工进度控制的内容和措施 (3) 施工进度控制原理	20%
能实施施工进度计划并进行检查	(1) 施工进度计划的实施 (2) 施工进度计划的检查	15%
能运用施工进度控制比较方法分析进度偏差及其产生的原因和产生的影响	(1) 横道图比较法 (2) S形曲线比较法 (3) 香蕉形曲线比较法 (4) 前锋线比较法 (5) 列表比较法	40%
掌握施工进度计划的调整内容和方法	(1) 施工进度计划的调整内容 (2) 施工进度计划的调整方法	25%

引例

2014年巴西成功举办了第20界世界杯足球赛，但巴西在场馆建设上饱受诟病。依照与国际足联达成的协议，巴西世界杯的12座球场须在2013年12月31日之前交付使用，但时至2013年11月底，仍有6座球场未能按期竣工。这6座球场分别是即将举行揭幕战的圣保罗的伊塔盖拉球场，其工程进度为91%；北部城市马瑙斯的亚马孙球场，其工程进度为90.5%；东北部城市纳塔尔的沙丘球场，其工程进度为90%；西部城市库亚巴的潘塔纳尔球场，其工程进度为89%；南部城市库里蒂巴的下城球场，其工程进度为82.7%；南部城市阿莱格里港的河滨球场，其工程进度为92%。

【巴西世界杯球场
工期延误视频】

假设每座场馆的建设工期均为12个月，假如你是这6座场馆中某一座场馆的项目经理，为了保证场馆能如期交付使用，后续的施工进度你该怎么安排？

7.1 施工进度控制概述

7.1.1 施工进度控制的概念

施工进度控制是指在既定的工期内，根据进度总目标及资源优化配置的原则编制出最优的施工进度计划，在执行该施工进度计划的施工过程中，经常检查施工实际进度情况，并将其与计划进度相比较，若出现偏差，便分析产生的原因和对工期的影响程度，并采取补救措施或进行调整，修改原计划后再付诸实施，不断地如此循环，直至工程竣工验收。施工进度控制的总目标是确保施工项目既定目标工期的实现，或者在保证施工质量和不因此而增加施工实际成本的条件下，适当缩短施工工期。

施工进度控制的基本对象是工程项目，包括工程项目各层次上的单元（如单位工程、单项工程等）、子项目、工作包等。工程施工实际进度状况通常要通过构成网络施工项目的各项工作（活动）进展（完成量与计划量的差值或完成量占计划量的百分比）由下而上逐层统计汇总计算得到，由此，进度指标的确定对进度控制有着直观的影响。

 知识链接

常用的进度指标有以下几种。

（1）持续时间（工程活动的或者整个项目的），它是进度的重要指标，常用实际工期与计划工期相比较来说明进度计划的完成程度。

（2）施工完成的实物量，反映分部分项工程所完成的进度和任务量，比较反映实际。

（3）表示进度的可比性指标，较好的可比性指标有劳动工时的消耗、产值等。

施工进度控制就其全过程而言，主要的工作环节就是采用科学的方法确定进度目标，编制进度计划与资源供应计划，进行进度控制，在与质量、费用、安全目标协调的基础上，实现工期目标。由于进度计划实施过程中目标明确，而资源有限，不确定因素多，干扰因素多，这些因素有客观的、主观的，随着这些主客观因素的不断变化，计划也随之改变，因此，在项目施工过程中必须不断掌握计划的实施状况，并将实际情况与计划进行对比分析，出现偏差则及时采取有效措施，并更新计划，使项目进度按预定的目标进行，确保目标的实现。简而言之，施工进度控制就是一个规划（计划）、检查、控制、调整、协调的循环过程，也是一个动态的、全过程的控制管理，直至项目施工活动全部结束。

7.1.2　影响施工进度的因素

由于建筑工程项目的施工特点，尤其是较大的和复杂的施工项目，其工期较长、影响进度的因素较多。编制和执行施工进度计划时必须充分认识和估计这些因素，才能克服或减小其影响，使施工进度尽可能按计划进行。当出现偏差时，应考虑有关影响因素，分析产生的原因。施工进度的主要影响因素有以下几方面。

1. 有关单位的影响

施工项目的主要施工单位对施工进度起决定性作用，但是与工程建设有关的单位（如建设单位与业主、设计单位、监理单位、银行信贷单位、材料设备供应部门、运输部门、水电供应部门及政府的有关主管部门）的工作都可能给施工的某些方面造成困难从而影响施工进度，所以，做好各单位之间的协调工作，对施工进度是极其有利的。在有关单位的影响中，设计单位图纸提供不及时或图纸出现错误，以及有关部门或业主对设计方案的变更是经常发生和影响最大的因素；材料和设备不能按期供应，或质量、规格不符合要求，都将使施工进度受到影响；资金不能保证也会使施工进度中断或速度减慢等。此外，在协调各单位之间的进度关系过程中，也应预留足够的机动时间安排那些无法进行协调的进度关系。

2. 施工条件的变化

施工工地的工程地质条件和水文地质条件与勘查设计不符，如地质断层、溶洞、地下障碍物、软弱地基，以及恶劣的天气和洪水等都会对施工进度产生影响，造成临时停工或破坏。

3. 技术失误

施工单位采用技术措施不当，施工中发生技术事故，以及应用新技术、新材料、新结构缺乏经验，不能保证质量等都会影响施工进度。

4. 施工组织管理不利

施工方案不当、流水施工组织不合理、劳动力和施工机械调配不当、施工平面布置不合理、管理不善等都将影响施工进度计划的执行。

5. 意外事件的出现

施工现场的情况千变万化，施工过程中如果出现意外或者不可预见的事件，如战争、严重自然灾害、火灾、重大工程事故、工人罢工等都会影响施工进度计划。

 **特别提示**

除了以上主要影响因素外，还有社会因素、风险因素等。

7.1.3　施工进度控制的内容及措施

1. 施工进度控制的内容

1）施工前的进度控制

（1）确定进度控制的工作内容和特点，控制方法和具体措施，进度目标实现的风险分析，以及还有哪些尚待解决的问题。

（2）编制施工组织总进度计划，对工程准备工作及各项任务做出时间上的安排。

（3）编制工程进度计划，重点考虑以下内容。

① 所动用的人力和施工设备是否能满足完成计划工程量的需要。

② 基本工作程序是否合理、实用。

③ 施工设备是否配套，技术状态是否良好。

④ 运输通道规划得是否合理。

⑤ 工人的工作能力是否与工作岗位相适应。

⑥ 工作空间安排得是否合理。

⑦ 清理现场的时间是否足够，材料、劳动力的供应计划是否符合进度计划的要求。

⑧ 分包工程计划是否合理。

⑨ 临时工程计划是否合理。

⑩ 竣工、验收计划是否合理。

⑪ 还有哪些可能影响进度的施工环境和技术问题。

（4）编制年度、季度、月度工程计划。

2）施工过程中的进度控制

（1）定期收集数据，预测施工进度的发展趋势，实行施工进度控制。施工进度控制的周期应根据计划的内容和管理目的来确定。

（2）随时掌握各施工过程持续时间的变化情况、设计变更等引起的施工内容的增减、施工内部条件与外部条件的变化等，及时分析研究，采取相应措施。

（3）及时做好各项施工准备工作，加强作业管理和调度。在各施工过程开始之前，应对施工技术物资供应、施工环境等做好充分准备，不断提高劳动生产率，减轻劳动强度，提高施工质量，节省费用，做好各项作业的技术培训与指导工作。

3）施工后的进度控制

施工后的进度控制是指完成工程后的进度控制工作，包括组织工程验收，处理工程索赔，工程进度资料的整理、归类、编目和建档等。

2. 施工进度控制的措施

施工进度控制采取的主要措施有：组织措施、技术措施、经济措施、合同措施、信息管理措施等。

1）组织措施

组织是目标能否实现的决定性因素，施工进度控制的组织措施主要包括以下内容。

（1）建立进度控制目标体系，明确建设工程现场监理组织机构中负责进度控制的人员及其职责分工。

（2）建立工程进度报告制度及进度信息沟通网络。

（3）建立进度计划审核制度和进度计划实施中的检查分析制度。

（4）建立进度协调会议制度，包括协调会议举行的时间、地点，协调会议的参加人员等。

（5）建立图纸审查、工程变更和设计变更管理制度。

2）技术措施

施工进度控制的技术措施主要包括以下内容。

（1）审查承包商提交的进度计划，使承包商能在合理的状态下施工。

（2）编制进度控制工作细则，指导监理人员实施进度控制。

（3）采用网络计划技术及其他科学适用的计划方法，并结合电子计算机的应用，对建设工程进度实施动态控制。

3）经济措施

施工进度控制的经济措施主要包括以下内容。

（1）及时办理工程预付款及工程进度款支付手续。

（2）对应急赶工给予优厚的赶工费用。

（3）对工期提前给予奖励。

（4）对工程延误收取误期损失赔偿金。

4）合同措施

施工进度控制的合同措施主要包括以下内容。

（1）推行 CM 承发包模式，对建设工程实行分段设计、分段发包和分段施工。

（2）加强合同管理，协调合同工期与进度计划之间的关系，保证合同中进度目标的实现。

（3）严格控制合同变更，对各方提出的工程变更和设计变更，监理工程师应严格审查后再补入合同文件之中。

（4）加强风险管理，在合同中应充分考虑风险因素及其对进度的影响，以及相应的处理方法。

（5）加强索赔管理，公正地处理索赔。

5）信息管理措施

信息管理措施是指不断地收集施工实际进度的有关资料，对其进行整理统计，并将其与计划进度进行比较，定期向建设单位提供比较报告。

 特别提示

CM 承发包模式是一种建设管理模式，就是在采用快速路径法进行施工时，从开始阶段就雇用具有施工经验的施工管理（CM）单位参与到建设工程实施过程中来，以便为设计人员提供施工方面的建议，且随后负责施工过程的管理。

这种模式改变了过去那种设计完成后才进行招标的传统模式，而采取分阶段发包，由业主、施工管理单位和设计单位组成一个联合小组，共同负责组织和管理工程的规划、设计和施工，施工管理单位负责工程的监督、协调及管理工作，在施工阶段定期与承包商会晤，对成本、质量和进度进行监督，并预测和监控成本和进度的变化。

 知识链接

施工进度控制的主要任务如下。

（1）编制施工总进度计划，并控制其执行，按期完成整个施工项目的任务。

（2）编制单位工程施工进度计划，并控制其执行，按期完成单位工程的施工任务。

（3）编制分部分项工程施工进度计划，并控制其执行，按期完成分部分项工程的施工任务。

（4）编制季度和月（旬）作业计划，并控制其执行，完成规定的目标等。

7.1.4 施工进度控制原理

1. 动态控制原理

施工进度控制是一个不断进行的动态控制，也是一个循环进行的过程。它是从工程项目施工开始，实际进度就出现了运动的轨迹，也就是计划进入执行的动态。当实际进度按照计划进度进行时，两者相吻合；当实际进度与计划进度不一致时，便产生超前或落后的偏差。此时应分析偏差产生的原因，采取相应的措施，调整原来的计划，使

【动态控制原理图】

两者在新的起点上重合，继续按其进行施工活动，使实际工作按计划进行。但是在新的干扰因素作用下，又会产生新的偏差，然后再进行控制和调整，这样循环往复地进行。

2. 系统原理

1）施工项目计划系统

为了对施工项目实行进度控制，首先必须编制施工项目的各种进度计划。其中有施工项目总进度计划、单位工程进度计划、分部分项工程进度计划、季度和月（旬）作业计划等，这些计划组成了一个施工项目的进度计划系统。计划的编制对象由大到小，计划的内容从粗到细。编制时从总体计划到局部计划，逐层进行控制目标的分解，以保证计划控制目标落实。执行计划时，从月（旬）作业计划开始实施，逐级按目标控制，从而达到对施工项目整体进度目标的控制。

2）施工项目进度实施组织系统

施工项目实施全过程的各专业队伍都是遵照计划规定的目标去努力完成一个个任务的。施工项目经理部和有关劳动调配、材料设备、采购运输等各职能部门都按照施工进度规定的要求进行严格管理，落实和完成各自的任务。施工组织各级负责人，从项目经理、施工队长到班组长组成了施工项目实施的完整组织系统。

3）施工项目进度控制组织系统

为了保证施工项目进度的实施还有一个项目进度的检查控制系统。自公司经理、项目经理，一直到作业班组都设有专门的职能部门或人员负责检查汇报，统计整理实际施工进度的资料，并与计划进度进行比较分析和调整。当然不同层次人员负有不同的进度控制职责，他

们分工协作，形成一个纵横连接的施工项目控制组织系统。事实上，有的领导可能既是计划的实施者又是计划的控制者。实施是计划控制的落实，控制是保证计划按期实施。

3. 信息反馈原理

信息反馈是施工进度控制的主要环节，施工的实际进度通过信息反馈给基层施工项目进度控制的工作人员，在分工的职责范围内，经过对其加工，再将信息逐级向上反馈，直到主控制室，主控制室整理统计各方面的信息，经比较分析做出决策，调整进度计划，仍使其符合预定的工期目标。若不应用信息反馈原理不断地进行信息反馈，则无法进行计划控制。施工进度控制的过程就是信息反馈的过程。

4. 弹性原理

施工项目施工工期长、影响进度的原因多，其中有的已被人们掌握，可以根据统计经验估计出影响的程度和出现的可能性，并在确定进度目标时，进行进度目标的风险分析。计划编制者具备了这些知识和实践经验后，在编制施工进度计划时就会留有余地，即使施工进度计划具有弹性。在进行施工进度控制时，便可以利用施工进度计划的弹性，缩短有关工作的时间，或者改变它们之间的搭接关系，使检查之前拖延了的工期，通过缩短剩余计划工期的方法，仍然能达到预期的计划目标。这就是施工项目进度控制中对弹性原理的应用。

5. 封闭循环原理

项目施工进度控制的全过程是计划、实施、检查、比较分析、确定调整措施、再计划。从编制项目施工进度计划开始，经过实施过程中的跟踪检查，收集有关实际进度的信息，比较和分析实际进度与计划进度之间的偏差，找出偏差产生的原因和解决办法，确定调整措施，再修改原进度计划，形成一个封闭的循环系统。

6. 网络计划技术原理

在项目施工进度控制过程中一般是利用网络计划技术原理编制进度计划，根据收集的实际进度信息，比较和分析进度计划，又利用网络计划的工期优化、费用优化和资源优化的理论调整进度计划。网络计划技术原理是施工进度控制完整的计划管理和分析计算的理论基础。

 特别提示

本节关于巴西世界杯球场工期延误的引例中，据了解，造成其工程延误的原因多种多样，但综合起来主要有三点：一是财政问题，包括资金不到位或拨付延迟；二是劳工问题，如缺乏劳力和工人罢工；三是接二连三地发生事故，致使工程停工和接受相关调查。针对上述原因，可以运用施工进度控制原理进行纠偏，具体的纠偏分析方法见7.3节的内容。

7.2 施工进度计划的实施与检查

 引例

某建筑工程公司承建了一栋6层的办公楼施工项目，工程概况为：结构形式为现浇钢筋混凝土框架结构，底层层高为 4.2m，2～6 层层高为 3.6m，总建筑面积为 6200m²，总造价为 1200 万元。该项目位于城市中心区边缘地带，处在一条主干道和次干道的交汇处，该施工区域地势较高，受地下水的影响可以忽略不计，全年的气候条件对土建施工及安装无较大影响，施工安排不受限制。合同要求工期 6 个月，对工程提前交付和延期交付均附有具体的奖励和惩罚条文。

7.2.1 施工进度计划的实施

施工进度计划的实施就是工程施工活动的进展，也即用施工进度计划指导施工活动，落实并完成施工计划。施工进度计划逐步实施的进程就是工程项目施工完成的过程。为保证工程项目施工进度计划的实施，应尽量按编制的时间计划逐步进行，保证各进度目标按期保质保量完成，要做好如下工作。

1. 检查各层次的计划，编制月（旬）作业计划

施工项目的施工总进度计划、单位工程施工进度计划、分部分项工程施工进度计划均是为实现项目的总目标而编制的，这其中高层次进度计划是低层次进度计划编制及控制的依据，低层次进度计划则是高层次进度计划的深入和具体化。在贯彻执行的过程中，要检查各层次的进度计划是否紧密配合、协调一致，进度目标是否跟随层次降低做到层层分解、互相衔接；同时在施工顺序、空间及时间安排、人力和物力等资源供应方面有无矛盾，以组成一个可靠的、可实施的计划体系。

【施工进度计划及施工任务书样表】

月（旬）作业计划的编制要明确应完成的施工任务，并附有各类资源消耗的进度计划表，制定出能提高施工效率、保证施工质量和节约资源消耗的有效措施；同时要平衡好不同施工项目，编制好流水施工方案，施工项目要做好分解工作，要做到分解到工序，以满足指导施工作业的要求。

2. 综合平衡，优化配置生产要素

建筑施工项目由于其特点，导致其不能孤立地完成，而必须结合大量的人力、物力等生产要素在特定的地点才能完成，而在这一过程中，对这些生产要素的需求又是一个动态的过程，因此，在编制进度计划的过程中，要将施工生产要素在项目间动态组合、优化配置，以满足项目在不同时间对生产要素的需求，从而保证施工进度计划的顺利实施。

3. 签订承包合同，签发施工任务书

按已经通过的各层次进度计划和承包单位签订承包合同，并向承包队和施工班组签发施工任务书。这其中，总承包单位与分包单位、施工企业与项目经理、项目经理部与各承包队和职能部门、承包队与施工班组间应分别签订承包合同，按照计划明确合同工期及双方的权利和义务。

将月（旬）作业计划中的每项具体任务以签发施工任务书的形式向施工班组下达。施工任务书是向施工班组下达任务、实行责任承包、进行全面管理的综合性文件，它明确了具体的施工任务、技术措施、质量要求、劳动量、工期等内容。同时，要建立相应的责任机制，敦促各施工班组采取有效措施按时保质保量完成施工任务。

4. 实施计划交底，保证全员参与施工计划实施

在施工进度计划实施前，需根据施工任务进度文件的要求层层交底，让有关施工和管理人员都明确各项计划的目标、任务、实施方案预备措施，以及开始和结束日期、有关保证条件、协作配合要求等，使项目的管理层和作业层能协调一致工作，从而保证施工作业按计划、有步骤、连续均衡地进行。

5. 完整准确记录施工日志，掌控现场实际情况

在计划任务完成的过程中，各级施工进度计划的执行者要跟踪记录好施工日志，实事求是、完整准确地记录计划实施过程中的作业情况，以便准确掌握施工进度计划的实施情况。

6. 合理安排施工调度，预防突发情况

施工过程中的调度工作主要是针对施工中遇到的不协调和不平衡的，甚至是矛盾的状况进行的调整，以期建立新的平衡，实现动态平衡，以维持正常的施工秩序，是保证施工进度计划得以正常顺利实施的重要手段。其主要的内容就是协调各方的协作配合关系，消除影响进度计划实施的各种不利条件，加强薄弱的环节，最终实现作业任务和进度控制目标。此外，还要对施工进度计划实施过程中可能遇到的风险因素进行预测和防范，做好相关的控制措施和防范措施。

7.2.2 施工进度计划的检查

在施工进度计划的实施过程中，为了把控进度，必须经常性地、定期性地对施工实际进度进行跟踪检查，其主要的目的就是收集施工项目的进度资料，而后进行整理统计和对比分析，确定实际进度和计划进度是否存在偏差。

检查施工的实际进度是项目施工进度控制的关键措施。跟踪检查的时间、方式、内容和收集数据的质量，将直接影响控制工作的质量和效果。一般要根据施工项目的类型、规模、施工条件等来合理确定检查的时间间隔，同时还要考虑不利的自然因素（如台风、暴雨等）、资源供应不足等情况下对施工进度的影响，合理调整检查的时间间隔和频率。

对施工进度计划进行检查应依据施工进度计划的实施记录进行。施工进度计划检查分日检查或定期检查。检查和收集资料的方式可采取经常、定期地收集进度报表资料，定期召开进度工作汇报会，或派驻现场代表检查进度的实际执行情况等方式进行。检查的内容一般包括以下几个方面。

① 检查期内实际完成和累计完成的工程量。
② 实际参加施工的人力、机械数量及生产效率。
③ 窝工人数、窝工机械台班数及其原因分析。
④ 进度偏差情况。
⑤ 进度管理情况。
⑥ 影响进度的特殊原因及分析。

施工进度计划的检查要建立报告制度。进度报告是把检查比较的结果、有关施工进度现状和发展趋势，以最简练的书面报告形式提供给项目经理及各级业务职能负责人。进度报告的编写，原则上由计划负责人或进度管理人员负责与其他管理人员协作编写。进度报告一般每月报告一次，重要的、复杂的项目每旬报告一次。进度报告应包括下列内容。

① 进度执行情况的综合描述。

② 实际施工进度图。

③ 工程变更、价格调整、索赔及工程款收支情况。

④ 进度偏差的状况和导致偏差的原因分析。

⑤ 解决问题的措施。

⑥ 计划调整的意见。

施工进度计划的检查方法主要是对比法，也即将实际进度与计划进度相比较，通过对比分析发现偏差，以便调整或修改施工进度计划，保证施工进度目标的实现。

 特别提示

本节的引例中，项目工程的施工条件良好，从施工合同可以看出，业主对工期比较看中，显然工期是重点，因此在编制施工进度计划时，要充分做好相应的准备工作，把控好资源需要量计划，做好施工过程中对进度的控制。

 【应用案例 7-1】

一群小朋友在公园游玩，为了避免小朋友乱跑，老师让他们排成一定长度的队列游玩。但随着时间的推进，队伍中的第一个小朋友和最后一个小朋友之间的距离会越来越远，因为中途有的小朋友要系鞋带，有的要上厕所，有的因观看风景或好奇其他的东西而耽搁了。那么为了保持前后小朋友之间的距离，后面的小朋友就必须要快步追上之前耽搁落下的距离，但是前面的小朋友也可能出现后面小朋友出现的系鞋带、看风景等问题。假如你是老师，如何才能使队伍长度保持不变，小朋友能愉快、有序、安全地完成本次游园活动呢？这跟我们建筑工程项目施工有没有相似的地方？

【案例解析】要实现上述目标有多种办法可以采取：其一，让每一个小朋友保持一样的速度前进，遇到系鞋带等情况时全体小朋友停止前进，令行禁止。这种办法虽然理论上是可行的，但实际上很难做到。其二，让小朋友手拉手一起游玩前进，这样就将队伍串联起来了，这也意味着对每一个小朋友都要关注，但这样也可能导致谁也关注不了，最终可能导致延时结束游园活动。其三，可以让队伍的第一个和最后一个小朋友拉一根绳子，其他的小朋友有了参照物，不能越过或者落后于绳子，这样有了控制的焦点，也能够在一定的时间内控制好队伍的长度，使整个队伍匀速前进，并且中间的小朋友位置可以变动，相对比较自由灵活。

建筑工程项目施工与此类小朋友游园活动有相似之处，项目施工有一定的顺序，其包含的内容越多，参与的人员越多，项目的工期可控性就越差，工期延误的可能性就越大。为保证建筑工程项目能按期完工，就需要找出其中影响进度的"关键点"，并将其控制好。

7.3 实际进度与计划进度的比较方法

施工进度计划的检查方法主要是对比法，即将实际进度与计划进度进行对比，发现偏差便调整或修改计划。常用的比较方法有横道图比较法、S形曲线比较法、香蕉形曲线比较法、前锋线比较法和列表比较法。

7.3.1 横道图比较法

横道图比较法是指将项目实施过程中检查实际进度收集到的数据，经加工整理后直接用横道线平行绘于原计划的横道线处，进行实际进度与计划进度比较的方法。采用横道图比较法，可以形象、直观地反映实际进度与计划进度的比较情况。

某工程项目的计划进度和实际进度比较如图 7-1 所示，其中双线条表示该工程的计划进度，粗实线表示该工程的实际进度。

从图 7-1 中实际进度与计划进度的比较可以看出，到第 9 天检查实际进度时，A 工程和 B 工程已经完成；C 工程按计划也该完成，但实际只完成了 3/4，任务量拖欠 1/4；D 工程按计划应该完成 3/5，而实际只完成了 1/5，拖欠任务量 2/5。

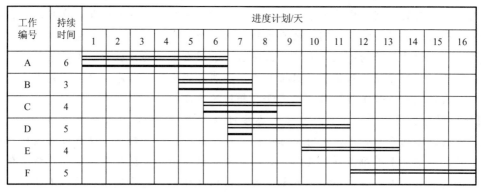

图 7-1 某工程项目的计划进度与实际进度比较

根据各项工作的进度偏差，进度控制者可以采取相应的纠偏措施对施工进度计划进行调整，以确保该工程按期完成。

图 7-1 所表达的比较方法仅适用于工程项目中的各项工作都是均匀进展的情况，即每项工作在单位时间内完成的任务量都相等的情况。事实上，工程项目中各项工作的进展不一定是匀速的。根据工程项目施工中各项工作速度相同或不同，以及进度控制要求和提供的进度信息的不同，可以采用以下几种比较方法。

1. 匀速进展横道图比较法

匀速进展是指在工程项目中，每项工作在单位时间内完成的任务量都是相等的，即工作的进度是均匀的。此时，每项工作累计完成的任务量与时间的线性关系曲线如图 7 – 2 所示。完成的任务量可以用实物工程量、劳动消耗量或费用支出表示。为了便于比较，通常用上述物理量的百分比表示。

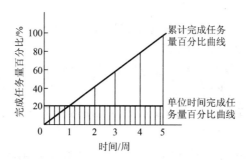

图 7 – 2 工作匀速进展时每项工作累计完成的任务量与时间的线性关系曲线

采用匀速进展横道图比较法时，其步骤如下。

（1）编制横道图进度计划。

（2）在进度计划上标出检查日期。

（3）将检查收集的实际进度数据按比例用涂黑的粗线标于计划进度线的下方。

（4）比较分析实际进度与计划进度。

① 涂黑的粗线右端与检查日期相重合，表明实际进度与计划进度相一致。

② 涂黑的粗线右端在检查日期的左侧，表明实际进度拖后。

③ 涂黑的粗线右端在检查日期的右侧，表明实际进度超前。

图 7 – 3 所示为匀速进展横道图比较图。

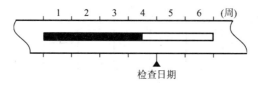

图 7 – 3 匀速进展横道图比较图

匀速进展横道图比较法仅适用于工作从开始到结束的整个过程中其进度为固定不变的情况。如果工作的进度是变化的，则不能采用这种方法进行实际进度与计划进度的比较，否则会得出错误的结论。

2. 非匀速进展横道图比较法

当工作在不同单位时间里的进度不相等时，累计完成的任务量与时间的关系就不可能是线性关系。此时，应采用非匀速进展横道图比较法进行工作实际进度与计划进度的比较。

非匀速进展横道图比较法适用于工作的进度按变速进展的情况下，工作实际进度与计划进度的比较。它是在用涂黑粗线表示工作实际进度的同时，还要标出其对应时刻完成任务量的累计百分比，将该百分比与其同时刻计划完成任务量的累计百分比相比较，判断工作实际进度与计划进度之间关系的一种方法。

其比较方法的步骤如下。

（1）编制横道图进度计划。

（2）在横道线上方标出各主要时间工作的计划完成任务量累计百分比。

（3）在横道线下方标出相应时间工作的实际完成任务量累计百分比。

（4）用涂黑粗线标出工作的实际进度，从开始之日标起，同时反映出该工作在实施过程中的连续与间断情况。

（5）通过比较同一时刻实际完成任务量累计百分比和计划完成任务量累计百分比，判断工作实际进度与计划进度之间的关系。

① 如果同一时刻横道线上方累计百分比大于横道线下方累计百分比，则表明实际进度拖后，拖欠的任务量为二者之差。

② 如果同一时刻横道线上方累计百分比小于横道线下方累计百分比，则表明实际进度超前，超前的任务量为二者之差。

③ 如果同一时刻横道线上下方两个累计百分比相等，则表明实际进度与计划进度一致。

【应用案例 7－2】

某工程项目中的基槽开挖工作按施工进度计划安排需要 7 周完成，每周计划完成的任务量百分比如图 7－4 所示。

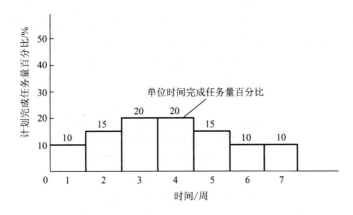

图 7－4　基槽开挖工作进展时间与计划完成任务量关系图

【解】（1）编制横道图进度计划（图 7－5）。

（2）在横道线上方标出基槽开挖工作每周计划累计完成任务量百分比，分别为 10%、25%、45%、65%、80%、90% 和 100%。

（3）在横道线下方标出第 1 周至检查日期（第 4 周）每周实际累计完成任务量的百分比，分别为 8%、22%、42%、60%。

（4）用涂黑粗线标出实际投入的时间，该工作实际开始时间晚于计划开始时间，在开始后连续工作，没有中断。

（5）比较实际进度与计划进度。该工作在第 1 周实际进度比计划进度拖后 2%，以后各周末累计拖后分别为 3%、3% 和 5%。

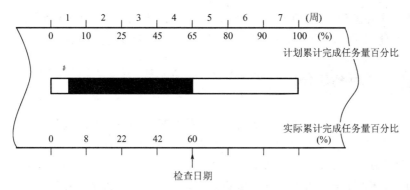

图 7 - 5 非匀速进展横道图

由于工作的施工速度是变化的，因此非匀速进展横道图中的进度横线，不管是计划的还是实际的，都只表示工作的开始时间、持续天数和完成时间，并不表示计划完成量和实际完成量，这两个量分别通过标注在横道线上方及下方的累计百分比数量表示。实际进度的涂黑粗线是从实际工程的开始日期画起的，若工作实际施工间断，也可在图中将涂黑粗线做相应的空白。

采用非匀速进展横道图比较法，不仅可以进行某一时刻（如检查日期）实际进度与计划进度的比较，而且还能进行某一时间段实际进度与计划进度的比较。当然，这需要实施部门按规定的时间记录当时的任务完成情况。

【**课堂练习 7 - 1**】

某工作计划进度与第 8 周周末之前的实际进度如图 7 - 6 所示，从图中可获得的正确信息有（   ）。

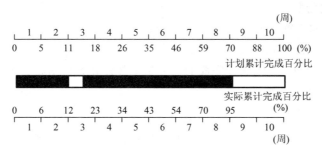

图 7 - 6 非匀速进展横道图

A. 原计划第 3 周至第 6 周为匀速进展

B. 第 3 周前半周内未进行本工作

C. 第 5 周内本工作实际进度正常

D. 前 8 周内每周实际进度均未慢于计划进度

E. 该工作已经提前完成

横道图比较法虽有记录和比较简单、形象直观、易于掌握、使用方便等优点，但由于其以横道计划为基础，因而带有局限性。在横道图进度计划中，各项工作之间的逻辑关系表达不明确，关键工作和关键线路无法确定。一旦某些工作实际进度出现偏差，则难以预测其对后续工作和工程总工期的影响，也就难以确定相应的进度计划调整方法。因此，横道图比较法主要用于工程项目中某些工作实际进度与计划进度的局部比较。

7.3.2 S形曲线比较法

S形曲线比较法与横道图比较法不同，它不是在编制的横道图进度计划上进行实际进度与计划进度的比较，而是以横坐标表示时间，以纵坐标表示累计完成任务量，绘制出一条按计划时间累计完成任务量的S形曲线，将工程项目实施过程中各检查时间实际累计完成任务量的S形曲线也绘制在同一坐标系中，并进行实际进度与计划进度比较的一种方法。

从项目施工的全过程而言，一般是开始和结尾阶段单位时间投入的资源量较少，中间阶段单位时间投入的资源量较多，与对应的单位时间完成的任务量也是呈同样变化的[图7-7(a)]，而随时间进展累计完成的任务量则呈S形变化。由于曲线形似英文字母"S"，S形曲线因此而得名，如图7-7(b)所示。

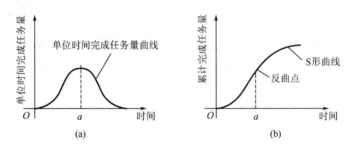

图 7-7　时间与完成任务量关系曲线

1. S形曲线的绘制

S形曲线的绘制步骤如下。

（1）确定单位时间计划完成任务量。

（2）计算规定时间 j 计划累计完成的任务量。其计算方法是将各单位时间完成的任务量累加求和。其计算公式如下。

$$Q_j = \sum q_j \tag{7-1}$$

（3）按各规定时间的 Q_j 值（累计完成任务量），绘制S形曲线。

2. S形曲线的比较方法

S形曲线比较法同横道图比较法一样，是在图上直观地进行施工项目实际进度与计划进度的比较。一般情况下，计划进度控制人员应在计划实施前绘制出S形曲线。在项目施工过程中，按规定时间将检查的实际完成情况绘制在与计划S形曲线相同的图上，可得出实际进度S形曲线，如图7-8所示。

比较两条S形曲线可以得到如下信息。

（1）工程项目实际进展状况。如果工程实际进展点落在计划S形曲线左侧，则表明此时实际进度比计划进度超前，如图7-8中的 a 点；如果工程实际进展点落在计划S形曲线右侧，则表明此时实际进度拖后，如图7-8中的 b 点；如果工程实际进展点正好落在计划S形曲线上，则表明此时实际进度与计划进度一致。

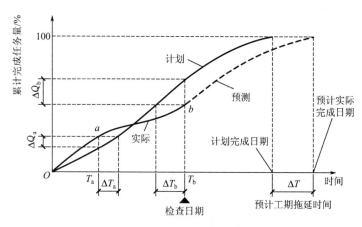

图 7-8 S形曲线比较图

（2）工程项目实际进度超前或拖后的时间。在S形曲线比较图中可以直接读出实际进度比计划进度超前或拖后的时间。如图7-8所示，ΔT_a表示T_a时刻实际进度超前的时间；ΔT_b表示T_b时刻实际进度拖后的时间。

（3）工程项目实际超额或拖欠的任务量。在S形曲线比较图中也可直接读出实际进度比计划进度超额或拖欠的任务量。如图7-8所示，ΔQ_a表示T_a时刻超额完成的任务量，ΔQ_b表示T_b时刻拖欠的任务量。

（4）后期工程进度预测。如果后期工程按原计划速度进行，则可作出后期工程计划S形曲线，如图7-8中虚线所示，从而可以确定工期拖延预测值ΔT。

7.3.3 香蕉形曲线比较法

1. 香蕉形曲线的绘制

香蕉形曲线是由两条S形曲线组合成的闭合图形。如前所述，工程项目的计划时间和累计完成任务量之间的关系都可用一条S形曲线表示。在工程项目的网络计划中，各项工作一般可分为最早开始时间和最迟开始时间，于是根据各项工作的计划最早开始时间安排进度，可绘制出一条S形曲线，这条S形曲线称为ES曲线；而根据各项工作的计划最迟开始时间安排进度，也可绘制出一条S形曲线，这条S形曲线称为LS曲线。这两条曲线都是起始于计划开始时刻，终止于计划完成之时，因而图形是闭合的。一般情况下，其余时刻ES曲线上的各点均落在LS曲线相应点的左侧，形成一个形如香蕉的曲线，故此称为香蕉形曲线，如图7-9所示。

在项目的实施中施工进度控制的

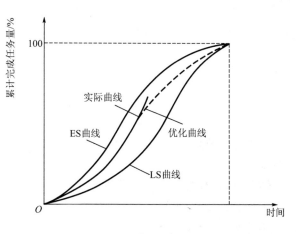

图 7-9 香蕉形曲线比较图

建筑工程施工组织

理想状况是任一时刻按实际进度描绘的点，均应落在该香蕉形曲线的区域内。

2. 香蕉形曲线比较法的作用

香蕉形曲线比较法能直观地反映工程项目的实际进展情况，并可以获得比 S 形曲线更多的信息。其主要作用如下。

（1）合理安排工程项目进度计划。如果工程项目中的各项工作均按其最早开始时间安排进度，将导致项目的成本增加；而如果各项工作都按其最迟开始时间安排进度，则一旦受到进度影响因素的干扰，又将导致工期拖延。因此，一个科学合理的进度计划优化曲线应处于香蕉形曲线所包络的区域之内。

（2）进行施工实际进度与计划进度比较。在工程项目的实施过程中，根据每次检查收集到的实际完成任务量，绘制出实际进度 S 形曲线，便可以与计划进度进行比较。工程项目施工进度的理想状态是任一时刻工程实际进展点均落在香蕉形曲线的范围之内。如果工程实际进展点落在 ES 曲线左侧，则表明此刻实际进度比各项工作按其最早开始时间安排的计划进度超前；如果工程实际进展点落在 LS 曲线右侧，则表明此刻实际进度比各项工作按其最迟开始时间安排的计划进度拖后。

（3）利用香蕉形曲线可以对后期工程的进展情况进行预测。确定在检查状态下，后期工程的 ES 曲线和 LS 曲线的发展趋势。

3. 香蕉形曲线的作图方法

香蕉形曲线的作图方法与 S 形曲线的作图方法基本一致，其不同之处在于香蕉形曲线是分别以工作的最早开始时间和最迟开始时间而绘制的两条 S 形曲线的结合。其具体步骤如下。

（1）确定各项工作每周（天）的劳动消耗量。

（2）计算工程项目的劳动消耗总量。

（3）根据各项工作按最早开始时间安排的进度计划，确定工程项目每周（天）计划劳动消耗量及各周累计劳动消耗量。

（4）根据各项工作按最迟开始时间安排的进度计划，确定工程项目每周（天）计划劳动消耗量及各周累计劳动消耗量。

（5）根据不同的累计劳动消耗量分别绘制 ES 曲线和 LS 曲线，得到香蕉形曲线。

在工程项目实施过程中，根据检查得到的实际累计完成任务量，按同样的方法在原计划香蕉形曲线图上绘出实际进度曲线，便可以进行实际进度与计划进度的比较。

【应用案例 7-3】

某工程项目双代号网络图如图 7-10 所示，图中箭线上方括号内数字表示各项工作计划完成的任务量，以劳动消耗量表示；箭线下方数字表示各项工作的持续时间（周）。假设各项工作均为匀速进展，即各项工作每周的劳动消耗量相等。试绘制该工程项目的香蕉形曲线。

【解】（1）确定各项工作每周的劳动消耗量。

工作 A：$45 \div 3 = 15$ 　　　　工作 B：$60 \div 5 = 12$

工作 C：$54 \div 3 = 18$ 　　　　工作 D：$51 \div 3 = 17$

工作 E：$26 \div 2 = 13$ 　　　　工作 F：$60 \div 4 = 15$

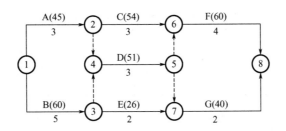

图 7-10 某工程项目双代号网络图

工作 G：$40 \div 2 = 20$

（2）计算工程项目劳动消耗总量 Q。

$$Q = 45 + 60 + 54 + 51 + 26 + 60 + 40 = 336$$

（3）根据各项工作按最早开始时间安排的进度计划，确定工程项目每周计划劳动消耗量及各周累计劳动消耗量，如图 7-11 和表 7-1 所示。

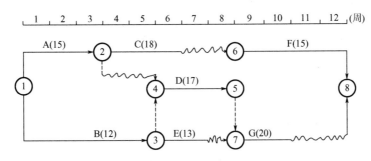

图 7-11 按最早开始时间安排进度的时标网络图

表 7-1 劳动消耗量

时间/周	1	2	3	4	5	6	7	8	9	10	11	12
每周劳动消耗量	27	27	27	30	30	48	30	17	35	35	15	15
累计劳动消耗量	27	54	81	111	141	189	219	236	271	306	321	336

（4）根据各项工作按最迟开始时间安排的进度计划，确定工程项目每周计划劳动消耗量及各周累计劳动消耗量，如图 7-12 和表 7-2 所示。

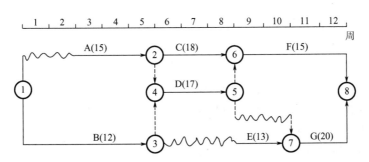

图 7-12 按最迟开始时间安排进度的时标网络图

表 7-2 劳动消耗量

时间/周	1	2	3	4	5	6	7	8	9	10	11	12
每周劳动消耗量	12	12	27	27	27	35	35	35	28	28	35	35
累计劳动消耗量	12	24	51	78	105	140	175	210	238	266	301	336

（5）根据不同的累计劳动消耗量分别绘制 ES 曲线和 LS 曲线，便得到香蕉形曲线，如图 7-13 所示。

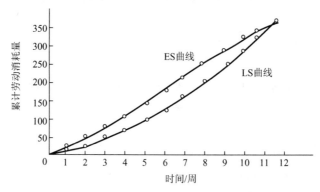

图 7-13 香蕉形曲线

7.3.4 前锋线比较法

前锋线比较法也是一种简单地进行工程实际进度与计划进度比较的方法。它主要适用于时标网络计划。其主要方法是从检查时刻的时标点出发，首先连接与其相邻的工作箭线的实际进度点，由此再去连接该箭线相邻工作箭线的实际进度点，依此类推，将检查时刻正在进行工作的点都依次连接起来，组成一条一般为折线的前锋线。按前锋线与箭线交点的位置可以判定工程实际进度与计划进度的偏差。实际上，前锋线比较法就是通过工程项目实际进度前锋线比较工程实际进度与计划进度偏差的方法。

采用前锋线比较法进行实际进度与计划进度的比较，其步骤如下。

1. 绘制时标网络计划图

工程项目实际进度前锋线是在时标网络图上标示的，为清楚起见，可在时标网络图的上方和下方各设一时间坐标。

2. 绘制实际进度前锋线

一般从时标网络图上方时间坐标的检查日期开始绘制，依次连接相邻工作的实际进展位置点，最后与时标网络图下方时间坐标的检查日期相连接。

工作实际进展位置点的标定方法有两种。

（1）按该工作已完任务量比例进行标定。

（2）按尚需作业时间进行标定。

3. 进行实际进度与计划进度的比较

前锋线可以直观地反映出检查日期有关工作实际进度与计划进度之间的关系。对某项工作来说，其实际进度与计划进度之间的关系可能存在以下情况。

（1）工作实际进展位置点落在检查日期的左侧（右侧），表明该工作实际进度拖后（超前），拖后（超前）的时间为两者之差。

（2）工作实际进展位置点与检查日期重合，表明该工作实际进度与计划进度一致。

4. 预测进度偏差对后续工作及总工期的影响

通过实际进度与计划进度的比较确定进度偏差后，还可根据工作的自由时差和总时差预测该进度偏差对后续工作及项目总工期的影响。由此可见，前锋线比较法既适用于工作实际进度与计划进度之间的局部比较，又适用于工程项目整体进度状况的分析和预测。

值得注意的是，以上比较是针对匀速进展的工作的。对于非匀速进展的工作，比较方法较复杂，此处不赘述。

【应用案例 7 - 4】

某分部工程时标网络图如图 7 - 14 所示，第 6 周周末进行实际进度检查绘制前锋线如下，试用前锋线比较法进行实际进度与计划进度的比较。

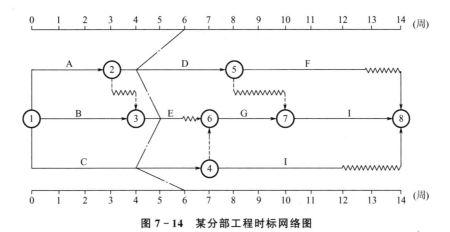

图 7 - 14 某分部工程时标网络图

【解】（1）工作 C 实际进度拖后 2 周，将使其后续工作 G、H、I 的最早开始时间推迟 2 周。由于工作 G、I 开始时间推迟，从而使总工期延长 2 周。

（2）工作 D 实际进度拖后 2 周，将使其后续工作 F 的最早开始时间推迟 2 周，并使总工期延长 1 周。

（3）工作 E 实际进度拖后 1 周，既不影响总工期，也不影响其后续工作的正常进行。

【课堂练习 7 - 2】

某工程时标网络计划执行到第 3 周周末和第 9 周周末时，检查其实际进度如图 7 - 15 前锋线所示，检查结果表明（　　）。

A. 第 3 周周末检查时，工作 E 拖后 1 周，但不影响总工期

B. 第 3 周周末检查时，工作 C 拖后 2 周，将影响总工期 2 周

C. 第 3 周周末检查时，工作 D 进度正常，不影响总工期

D. 第 9 周周末检查时，工作 J 拖后 2 周，但不影响总工期

E. 第 9 周周末检查时，工作 K 提前 1 周，不影响总工期

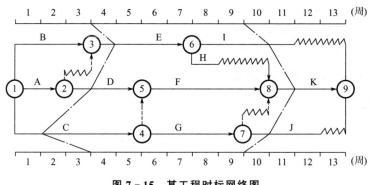

图 7 - 15　某工程时标网络图

7.3.5　列表比较法

当工程进度计划用无时标网络图表示时，可采用列表比较法进行实际进度与计划进度的比较。这种方法是记录检查日期应该进行的工作名称及其已经作业的时间，然后列表计算有关时间参数，并根据工作总时差进行实际进度与计划进度比较的方法。

采用列表比较法进行实际进度与计划进度的比较，其步骤如下。

（1）对于实际进度检查日期应该进行的工作，根据已经作业的时间，确定其尚需作业的时间。

（2）根据原进度计划，计算检查日期应该进行的工作从检查日期到原计划最迟完成时间的尚余时间。

（3）计算工作尚有总时差，其值等于工作从检查日期到原计划最迟完成时间的尚余时间与该工作的尚需作业时间之差。

（4）比较实际进度与计划进度，可能有以下几种情况。

① 如果工作尚有总时差与原有总时差相等，说明该工作实际进度与计划进度一致。

② 如果工作尚有总时差大于原有总时差，说明该工作实际进度超前，超前的时间为两者之差。

③ 如果工作尚有总时差小于原有总时差，且仍为非负值，说明该工作实际进度拖后，拖后的时间为两者之差，但不影响总工期。

④ 如果工作尚有总时差小于原有总时差，且为负值，说明该工作实际进度拖后，拖后的时间为两者之差，此时工作实际进度偏差将影响总工期。

7.4　施工进度计划的调整

将正式的施工进度计划报请有关部门审批后，即可组织实施。在施工进度计划执行过程中，由于资源、环境、自然条件等因素的影响，往往会造成实际进度与计划进度产生偏差，如果这种偏差不能及时纠正，必将影响进度目标的实现。因此，在施工进度计划执行过程中采取相应措施来进行管理，对保证计划目标的顺利实现具有重要意义。

7.4.1　施工进度计划的调整内容

通常，对施工进度计划进行调整的内容包括：调整关键线路长度；调整非关键线路时差；增、减工作项目；调整逻辑关系；调整某些工作的持续时间；调整资源。调整内容具体如图 7 - 16 所示。

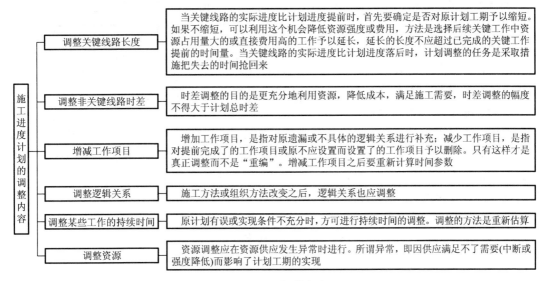

图 7 - 16　调整内容

在进行施工进度计划调整时，既可以只调整上述六项中的一项，也可以同时调整多项，还可以将几项结合起来调整。例如将工期与资源，工期与成本，工期、资源及成本结合起来调整，以求取得最佳综合效益。不过只要能达到预期目标，调整越少越好。

在建筑工程项目施工进度计划实施过程中，一旦发现实际进度偏离计划进度，即出现进度偏差时，就必须认真分析产生偏差的原因及其对后续工作和总工期的影响，要采取合理、有效的纠偏措施对施工进度计划进行调整，以确保进度总目标的实现。

1. 分析进度偏差产生的原因

通过对建筑工程项目实际进度与计划进度的比较，当发现进度偏差时，为了采取有效的纠偏措施调整施工进度计划，必须进行深入而细致的调查，分析产生进度偏差的原因。

2. 分析进度偏差对后续工作和总工期的影响

当查明进度偏差产生的原因之后，要进一步分析进度偏差对后续工作和总工期的影响程度，以确定是否应采取措施进行纠偏。

3. 采取措施调整施工进度计划

采取纠偏措施调整施工进度计划，应以后续工作和总工期的限制条件为依据，确保要求的进度目标得以实现。

建筑工程施工组织

4. 实施调整后的施工进度计划

施工进度计划调整之后，应执行调整后的施工进度计划，并继续检查其执行情况，进行实际进度与计划进度的比较，不断循环此过程。

7.4.2 施工进度计划的调整方法

施工进度计划的调整方法，主要有以下两种。

1. 改变某些工作间的逻辑关系

若检查的实际进度产生的偏差影响了总工期，在工作之间的逻辑关系允许改变的条件下，可以改变关键线路和超过计划工期的非关键线路上的有关工作之间的逻辑关系，从而达到缩短工期的目的。

用这种方法调整的效果是很显著的，例如可以把依次进行的有关工作改做平行施工，或将工作划分成几个施工段组织流水施工都可以达到缩短工期的目的。

2. 缩短某些工作的持续时间

这种方法是不改变工作之间的逻辑关系，而通过采取增加资源投入、提高劳动效率等措施缩短某些工作的持续时间，使施工进度加快，并保证实现计划工期。一般情况下，我们选取关键工作压缩其持续时间，而这些工作也是关键线路上可压缩持续时间的工作。这种方法实际上就是网络计划优化中的工期优化方法和费用优化方法。

◖ **项目小结** ◗

【施工进度控制综合案例】

　　　本项目首先阐述了施工进度控制的概念，分析了影响施工进度的因素，讲解了施工进度计划的实施与检查方法，以及施工进度计划的调整内容和方法，其中实际进度与计划进度的比较方法是本项目学习的重点，学生应重点掌握横道图比较法、S 形曲线比较法、香蕉形曲线比较法、前锋线比较法及列表比较法。

◖ **习　题** ◗

一、单选题

1. 建筑施工进度控制的总目标是（　　　）。

A. 建设工期　　　B. 合同工期　　　C. 定额工期　　　D. 确保提前交付使用

2. 采用 CM 承发包模式，属于控制施工进度的（　　　）。

A. 合同措施　　　B. 技术措施　　　C. 经济措施　　　D. 组织措施

3. 由于项目实施过程中主观和客观条件的变化，进度控制必须是一个（　　　）的管理过程。

278

A. 反复　　　　　B. 动态　　　　　C. 经常　　　　　D. 主动

4. 签订并实施关于工期和进度的承包责任制度是（　　）。

A. 组织措施　　　B. 技术措施　　　C. 合同措施　　　D. 经济措施

5. 建筑工程项目施工进度控制的目的是（　　）。

A. 编制进度计划

B. 进度计划的跟踪检查与调整

C. 通过控制以实现工程的进度目标

D. 论证进度目标是否合理

6. 背景材料：甲建设单位分别与乙设计院和丙建筑公司签订了某公路的设计合同与施工承包合同，合同约定工程于 10 月 12 日正式投入运营，参建各方按此要求均编制了相应的施工进度控制计划。

根据以上背景材料，回答以下问题。

（1）该公路建筑工程项目总进度目标控制是（　　）项目管理的任务。

A. 甲建设单位　　　　　　　　　B. 乙设计院

C. 丙施工单位　　　　　　　　　D. 工程的主要材料供货商

（2）甲建设单位施工进度控制的任务是控制整个项目的（　　）。

A. 施工进度　　　　　　　　　　B. 实施阶段的进度

C. 前期阶段和实施阶段的进度　　D. 前期阶段的进度

（3）丙建筑公司施工进度控制的任务是依据（　　）控制施工进度。

A. 业主方对施工进度的要求和工期定额

B. 业主方对施工进度的要求

C. 建筑工程工期定额

D. 施工任务承包合同对施工进度的要求

7. 在工程施工实践中，必须树立和坚持一个最基本的工程管理原则，即在确保（　　）的前提下，控制工程的进度。

A. 工程质量　　　B. 安全施工　　　C. 设计标准　　　D. 经济效益

8. 当采用匀速进展横道图比较工作实际进度与计划进度时，如果表示实际进度的横道线右端落在检查日期的右侧，则表明（　　）。

A. 实际进度超前　　　　　　　　B. 实际进度拖后

C. 实际进度与进度计划一致　　　D. 无法说明实际进度与计划进度的关系

9. 当利用 S 形曲线进行实际进度与计划进度的比较时，如果检查日期实际进展点落在计划 S 形曲线的右侧，则该实际进展点与计划 S 形曲线的水平距离表示工程项目（　　）。

A. 实际进度超前的时间　　　　　B. 实际进度拖后的时间

C. 实际超额完成的任务量　　　　D. 实际拖欠的任务量

10. 应用 S 形曲线比较法时，通过比较实际进度 S 形曲线和计划进度 S 形曲线，可以（　　）。

A. 表明实际进度是否匀速开展

B. 得到工程项目实际超额或拖欠的任务量

C. 预测偏差对后续工作及工期的影响

D. 表明对工作总时差的利用情况

二、多选题

1. 影响施工进度的不利因素有很多，其中属于组织管理因素的有（　　　）。

A. 地下埋藏文物的保护及处理　　　B. 临时停水停电

C. 施工安全措施不当　　　D. 计划安排原因导致相关作业脱节

E. 向有关部门提出各种申请审批手续的延误

2. 当采用匀速进展横道图比较法比较工作的实际进度与计划进度时，如果表示实际进度的横道线右端点落在检查日期的左侧，则该横道线右端点与检查日期的差距表示该工作实际（　　　）。

A. 超额完成的任务量　　　B. 拖欠的任务量

C. 超前的时间　　　D. 拖后的时间

E. 少花费的时间

3. 某工作第 4 周之后的计划进度与实际进度如图 7-17 所示，从图中可获得的正确信息有（　　　）。

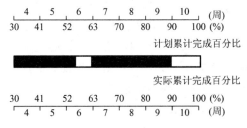

图 7-17　多选题第 3 题图

A. 到第 3 周周末，实际进度超前

B. 在第 4 周内，实际进度超前

C. 原计划第 4 周至第 6 周为匀速进度

D. 第 6 周后半周未进行本工作

E. 本工作提前 1 周完成

4. 某工程时标网络计划执行到第 4 周周末和第 10 周周末时，检查其实际进度如图 7-18 前锋线所示，检查结果表明（　　　）。

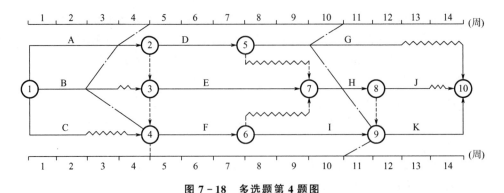

图 7-18　多选题第 4 题图

A. 第 4 周周末检查时工作 B 拖后 1 周，但不影响工期

B. 第 4 周周末检查时工作 A 拖后 1 周，影响工期 1 周

C. 第 10 周周末检查时工作 I 提前 1 周，可使工期提前 1 周

D. 第 10 周周末检查时工作 G 拖后 1 周，但不影响工期

E. 在第 5 周到第 10 周内，工作 F 和工作 I 的实际进度正常

5. 在应用前锋线比较法进行工程实际进度与计划进度比较时，工作实际进展点可以按该工作的（　　　）进行标定。

A. 已完任务量比例 　　　　　　　B. 尚余自由时差

C. 尚需作业时间 　　　　　　　　D. 已消耗劳动量

E. 尚余总时差

三、计算题

1. 某分部工程时标网络计划执行到第 3 周周末及第 8 周周末时，检查实际进度后绘制的前锋线如图 7-19 所示，试用前锋线进行实际进度与计划进度的比较。

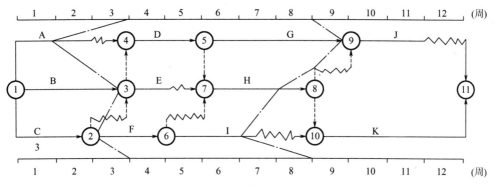

图 7-19　计算题第 1 题图

2. 已知某双代号网络图如图 7-20 所示，在第 5 天检查时，发现 A 工作已经完成，B 工作已经进行了 1 天，C 工作已经进行了 2 天，D 工作尚未进行，试用列表比较法进行实际进度与计划进度的比较。

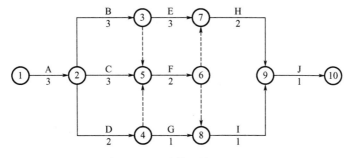

图 7-20　计算题第 2 题图

参 考 文 献

郝永池，2012.建筑施工组织［M］.2版.北京：机械工业出版社.

李源清，2011.建筑工程施工组织设计［M］.北京：北京大学出版社.

李忠富，2013.建筑施工组织与管理［M］.3版.北京：机械工业出版社.

刘兵，刘广文，2013.建筑施工组织与管理［M］.北京：北京理工大学出版社.

全国一级建造师执业资格考试用书编写委员会，2017.建设工程项目管理［M］.北京：中国建筑工业出版社.

全国咨询工程师（投资）职业资格考试参考教材编写委员会，2016.工程项目组织与管理：2017年版［M］.北京：中国计划出版社.

申永康，2013.建筑工程施工组织［M］.重庆：重庆大学出版社.

王春梅，2014.建筑施工组织与管理［M］.北京：清华大学出版社.

危道军，2014.建筑施工组织［M］.3版.北京：中国建筑工业出版社.

肖凯成，王平，2014.建筑施工组织［M］.2版.北京：化学工业出版社.

姚玉娟，2013.建筑施工组织［M］.2版.武汉：华中科技大学出版社.

余群舟，宋协清，2012.建筑工程施工组织与管理［M］.2版.北京：北京大学出版社.